형제가 함께 간

한국의 3대 트레킹

해파랑길 편

형제가 함께 간

한국의 3대 트레킹

해파랑길 편(큰글자도서)

초판인쇄 2023년 1월 31일
초판발행 2023년 1월 31일

지은이 최병욱 · 최병선
발행인 채종준
발행처 한국학술정보(주)

주소 경기도 파주시 회동길 230(문발동)
문의 ksibook13@kstudy.com
출판신고 2003년 9월 25일 제406-2003-000012호

ISBN 979-11-6983-069-0 03980

형제가 함께 간

한국의 3대 트레킹

해파랑길 편

최병욱 · 최병선 지음

머리말

365×20＝7,300

100세 시대를 맞이하여 90세까지 건강하게 활동하며 산다면 얼마나 행복할까? 나름대로는 열심히 살았다고 자부하면서 삶을 되돌아보니 별로 한 것이 없다. 그저 남들처럼 학교 다니고, 결혼하고, 직장 다니고, 자녀들 키우고, 취미생활하고……. 돈도 권력도 명예도 별것 없이 그저 평범하게 살아왔다. 아무 생각 없이! 공수래공수거?

삶을 보람되고 의미 있게 살고 싶었다. 앞으로 살아갈 날이 8천 일도 안 남았다. 진해의 벚꽃도, 영취산의 진달래도 살아생전에 몇 번이나 더 볼 수 있을까? 남은 인생, 나를 위한 시간을 넉넉히 갖고, 하고 싶은 것 마음껏 하면서 멋지게 살고 싶었다. 푸른 동해바다를 바라보며 해파랑길을 걸어보고 싶었다.

소원이 간절하면 반드시 이루어진다고 했던가? 오직 해파랑길을 완주하겠다는 일념 하나로 치밀하게 계획을 세우고, 강력히 추진하여 드디어 버킷리스트 하나를 또 완성했다.

길, 길, 길!

부산의 이기대 해안산책로, 오시리아 해안산책로, 경주의 주상절리 파도소리길, 포항의 호미반도 해안둘레길, 칠포해변의 연안녹색길, 영덕의 영덕블루로드, 삼척의 새천년도로, 속초의 영랑호반길 등은 파도가 넘실대는 푸른 바다를 벗 삼아 걸으면서 가슴이 펑 뚫려서 좋았다.

울산의 십리대숲길, 삼척 한섬해변의 해송숲길, 강릉 옥계해변의 해송숲길은 대나무 향과 솔향에 취해 몸과 마음의 피로를 확 날려버렸다.

부산의 달맞이길, 문탠로드, 갈멧길, 간절곶 소망길, 울산의 솔마루길, 경주의 감포 깍지길, 울진의 낭만가도, 삼척의 삼척수로부인길, 동해의 논골담길, 강릉의 수로부인헌화로, 강릉바우길, 청량학동길, 고성의 관동팔경 녹색경관길 등 아름다운 길들이 너무 많았다. 정말로 아름다운 금수강산 우리나라다.

부산의 대변항 월드컵 등대, 칠암항 야구등대, 경주의 송대말등대, 연동항 황룡사 치미등대, 포항의 호미곶등대, 영덕의 창포말등대, 울진의 후포등대, 죽변등대, 동해의 묵호등대, 강릉의 주문진등대, 고성의 거진등대에서 밤에 바닷길을 다니는 배들이 무사히 길을 찾도록 안내해 주는 불빛을 보았다. 나도 남을 위해서 조금이라도 등대불빛이 될 수 있는 일을 하고 싶었다.

부산구간의 대변고개를 넘어 봉대산 부근에서, 기장군 장안읍의 월내교 부근에서, 포항구간의 용한해변 해병대훈련장에서, 삼척구간의 수릉삼거리에서는 이정표가 부정확하여 길을 찾느라고 무척 고생을 했다. 정확한 표기와 옛 이정표를 제거했으면 좋을 것 같다는 생각이 들었다.

오늘 내가 가는 이 발자국이 후일에 이 길을 가는 사람들에게 한줄기 빛이 될 수 있도록 정말로 똑바로 걸었다. 지도에 표시된 대로 한 발자국도 빼먹지 않고, 죽을힘을 다하여!

맛, 맛, 맛!

'적시 적량 공급'

내가 가장 강조하는 건강식사법이다. 하루 삼시 세끼, 한 끼도 굶지

말고 일정한 시간에 꼭 밥을 먹자!

하지만 현실은 냉혹했다. 매일 아침 새벽에 출발하다 보니 아침식사를 할 수 있는 식당이 별로 없었고 저녁 늦게 도착하니 시골에서는 오후 7시가 넘으면 식당이 문을 닫는다. 숙식을 해결하는 것이 가장 큰 문제였다. 그래서 가장 가까운 도시로 접근했다.

부산 해운대 기와집 대구탕, 기장곰장어, 일광아구찜, 전산가든 아구찜, 감포항과 임원항의 강도다리회, 구룡포항의 과메기, 물가자미(미주가리), 포항 죽도시장 수향회식당의 우럭물회, 청기와횟집의 참가자미회, 동해 해왕해물탕의 가오리조림, 묵호항 까막바위회마을 청보횟집의 우럭회, 강릉의 초당순두부, 안목해변 강릉항회센터의 돌도다리회 등 각 지방마다 맛집이 정말 많았다.

울진읍의 월변식당, 삼척시 근덕면의 금메달 한식뷔페는 가정식 백반으로 푸짐하며 맛도 좋았다. 울진 사동항 부근의 꼭지슈퍼에서는 주인의 소개로 중국집에 짜장면을 시켰는데 자동차로 그 먼 해변까지 배달해주는 것을 보고 배달민족의 우수성에 감탄했다. 교통이 불편한 곳에서는 교통수단으로 사용해도 좋겠다는 생각이 들었다.

강릉에는 산토리니, 테라로사, 보헤미안의 3대 커피집이 있었다. 날씨가 너무 덥고 땀을 많이 흘려서 갈증이 몹시 심했다. 물 한 모금, 냉커피 한 잔, 아이스크림 한 개가 그렇게도 맛이 좋을 줄이야! 목구멍을 통과한 한 줄기의 물이 식도를 타고 내려가는 것이 짜릿하게 느껴졌다. 살아있다는 것이 실감 났다.

사람, 사람, 사람!

울산의 태화강전망대 아래에서 도로포장을 하던 아저씨가 우리를 보고 한심하다는 듯 '그렇게 하면 누가 돈 주냐?'라고 한다. 하기야 이 무더위에 얼굴을 감싸고 대낮에 돌아다니니 정상은 아니지. 미친놈들로 보였나보다. 둘이라서 다행이었다.

울산 선암호수공원에서는 노래방 아주머니가, 고성 거진항에서는 모텔 주인이 우리에게 장기로 숙소를 구해주겠다고 한다. 뱃일을 하러 일자리를 구하러 온 사람들로 보였나 보다. 아무리 얼굴이 햇볕에 그을

려서 탔다고는 하지만 막일할 사람으로 보였나? 우리는 서로 쳐다보며 한바탕 웃었다.

어느 곳을 지나다 보니 공무원시험에 합격했다고 플래카드가 붙었고, 어느 곳에서는 누구 아들 박사학위를 취득했다고 플래카드가 붙었다. 훈장 받은 교사와 에이즈 박사가 함께 가는데 알아주는 사람이 아무도 없다. 외모도 중요하지만 속을 가득 채우면 더욱 아름답지 않을까?

포항의 석병리항 부근과 호미반도해안둘레길에서 해안의 쓰레기를 주워서 소각하는 사람들, 고래불해변의 병곡파출소 순경아저씨, 포항 7번 국도 변의 과일노점상 공주엄마, 더운 날씨에 가면서 먹으라고 냉커피와 매실엑기스를 싸주신 지경항 청기와횟집 아주머니, 도화동산의 울진군수 등, 고마운 분들이 너무 많았고, 포항 죽도시장, 삼척 번개시장, 영해 새벽시장에서 이른 새벽 삶을 여는 상인들, 감포항, 구룡포항, 죽변항, 임원항, 주문진항 등에서 새벽에 열심히 살아가는 어민들의 모습이 역동적이었고 아름다웠으며 우리에게 용기를 주었다.

피는 물보다 진했다!

매일 37도를 오르내리는 폭염이다. 몇십 년 만에 찾아온 더위라고 한다.

형은 대전에서, 동생은 서울에서 출발하여 도중에서 만나 하루에 약 20km씩 40여 일간을 걸어가다 보니 지칠 대로 지쳤다. 내 몸 하나 간수하기도 힘들었다.

감포항, 임원항, 강릉항, 어달항, 영금정, 거진항에서 매일 아침 이글이글 솟아오르는 태양을 바라보며 새로운 에너지를 충전하여 해파랑길을 기필코 완주하겠다는 의지를 굳건히 했다.

식사를 할 때나, 길을 걸을 때나, 배낭을 꾸릴 때나, 잠을 잘 때도 항상 서로를 배려하고 격려하며 조금씩 양보했다. 형님부터, 아니 아우 먼저…….

검봉산 소공대비에서 수십 마리의 멧돼지와 만났을 때도 형제는 서로 텔레파시가 통하여 현명하게 위험을 극복했고, 경주에서는 폭우를 만나 강물에 휩싸여서도 서로 격려하며 슬기롭게 헤쳐 나왔다. 한 달 이상 함께 고생하였으니 눈빛만 보아도 마음을 이해했다.

늘 서로를 걱정하며 건강하기를 빌었다. 정이란 이런 건가?

통일전망대에 섰다. 철조망 너머로 북한땅인 말무리반도와 구선봉이 보였다. 금강산 육로길과 동해선 철도는 북으로 달리지만 우리는 더 이상 앞으로 갈 수가 없다.

이제 그만!

오늘 우리 두 형제가 땀으로 성취한 이 길이 뒷사람들에게 한줄기 빛이 되었으면!

2020년 5월

대전한라산 최병욱

목차

해파랑길이란?

해파랑길의 '해'는 '뜨는 해' 또는 '바다 해(海)', '파'는 '파란 바다' 또는 '파도', '랑'은 '누구누구랑'의 함께할 때의 '랑'을 의미하는 '동해의 상징인 떠오르는 해와 푸른 바다를 벗 삼아 함께 걷는다'라는 뜻을 지니고 있는 동해안 걷기 여행길로, 부산 오륙도해맞이공원에서 출발하여 강원도 고성군 통일전망대까지 이어지는 대한민국 최장거리 초광역 도보 여행길이다.

총연장 770km의 길이로 부산, 울산, 경주, 포항, 영덕, 울진, 삼척-동해, 강릉, 양양-속초, 고성의 10개 구간, 총 50개 코스로 구성되어 있다. 문화체육관광부가 2010년 9월 15일 이 동해안 탐방로 이름을 해파랑길이라 선정하고 2016년 5월 7일 '해파랑길 770 걷기축제'로 전체 코스를 개장한 이래 (사)한국의 길과 문화와 각 지방자치단체 및 지역민간단체가 이 동해안 길을 함께 조성하여 운영하고 있다.

각 구간별 거리, 주요 관광지를 요약하면 표와 같다.

구간	코스	구역	거리 [km]	주요 관광지
부산	1 2 3 4	오륙도 해맞이공원 – 진하해변	73.8	오륙도, 광안대교, 민락공원, 민락교, 마린시티 동백섬, 누리마루 APEC하우스, 해운대 달맞이공원 죽도공원, 송일정, 시랑대, 해동용궁사, 오랑대 대변항 월드컵기념등대, 죽성리해송, 해동성취사 칠암항 야구등대, 간절곶 광안리해수욕장, 해운대해수욕장, 송정해수욕장 일광해수욕장, 임랑해수욕장, 진하해수욕장 이기대 해안산책로, 달맞이길, 문탠로드, 갈멧길 오시리아 해안산책로, 간절곶소망길
울산	5 6 7 8 9	진하해변 – 정자항	82.1	명선도, 명선교, 회야강, 온산읍둔치공원, 덕하역 선암호수공원, 울산대공원, 태화강전망대 태화강, 십리대숲, 태화루, 태화강대공원 태화강 억새군락지, 울산대교 전망대 현대미포조선소, 방어진항, 대왕암, 현대중공업단지 봉호사, 주전봉수대, 용바위, 당사해양낚시공원 일산해수욕장 솔마루길, 십리대숲길
경주	10 11 12	정자항 – 양포항	46.4	강동화암주상절리, 선돌바위, 경주양남주상절리 읍천항벽화마을, 월성원자력, 문무대왕수중릉 감은사지 삼층석탑, 이견대, 감포항, 송대말등대 연동항 황룡사 치미등대, 소봉대 정자해수욕장, 나정해수욕장 주상절리 파도소리길, 감포 깍지길
포항	13 14 15 16 17 18	양포항 – 화진해변	102.4	일출암, 장길복합낚시공원, 보릿돌, 구룡포항 호미곶 해맞이광장, 상생의 손, 호미곶등대 독수리바위, 구룡소, 장군바위, 선바위 연오랑세오녀 테마공원, 형산강변공원 영일대, 영일신항만, 방석항 대진해수욕장, 송도해수욕장, 영일대해수욕장 호미반도 해안둘레길, 칠포해변의 연안녹색길

구간	코스	구역	거리 [km]	주요 관광지
영덕	19 20 21 22 23	화진해변 – 후포항	75.6	장사상륙작전 전적지, 삼사해상공원 강구항 영덕대게거리, 영덕해파랑공원, 고불봉 영덕풍력발전단지, 창포말등대, 영덕해맞이공원 경정3리 오매향나무, 경정리 백악기 퇴적암 영덕대게원조탑, 죽도산 전망대, 축산항 대소산 봉수대, 목은이색 기념관, 용머리공원 장사해수욕장, 고래불해수욕장 영덕블루로드 D, A, B, C 코스
울진	24 25 26 27 28	후포항 – 호산 버스터미널	76.6	후포등대, 등기산공원, 울진대게유래비 울진바다목장 해상낚시공원, 월송정, 대풍헌 망양정옛터, 황금대게 조형물, 오징어목장 망양정해맞이공원, 망양정, 울진엑스포공원 울진은어다리, 연호공원, 죽변등대 폭풍 속으로 드라마 세트장, 도화동산 기성망양해수욕장 낭만가도, 삼척수로부인길
동해 삼척	29 30 31 32 33 34	호산 버스터미널 – 옥계시장	99.6	소공대비, 임원항, 수로부인헌화공원, 장호항 삼척해상케이블카, 삼척해양레일바이크 황영조기념공원, 초곡항 황영조 생가, 한재소공원 삼척문화예술공원, 죽서루, 삼척장미공원 해가사의 터, 이사부 사자공원, 추암조각공원 촛대바위, 호해정, 만경대, 묵호등대 용화해수욕장, 맹방해수욕장, 망상해수욕장 삼척수로부인길, 새천년도로, 한섬해변의 해송숲길, 논골담길
강릉	35 36 37 38 39 40	옥계시장 – 주문진해변	89.5	정동진 모래시계공원, 풍호마을연꽃단지 굴산사지 당간지주/석불좌상, 학산오독떼기전수관 장현저수지, 강릉단오공원, 강릉중앙시장 솔바람다리, 안목해변의 강릉커피거리 강문솟대다리, 경포호, 초당순두부, 경포대 주문진항, 주문진등대, 아들바위공원 안목해변, 송정해수욕장, 강문해수욕장, 사천진해변 수로부인 헌화로, 강릉바우길 9구간, 8구간, 7구간 강릉바우길 6구간(청량학동길), 5구간, 12구간

구간	코스	구역	거리 [km]	주요 관광지
속초 양양	41 42 43 44 45	주문진해변 – 장사항	60.9	향호, 휴휴암, 죽도전망대, 부채바위 38선 휴게소, 하조대, 수산항, 쏠비치호텔 낙산도립공원, 낙산사, 의상대, 홍련암 황금연어공원, 설악해맞이공원, 대포항, 외옹치항 아바이마을, 설악대교, 속초항, 영금정, 영랑호 지경해수욕장, 하조대해수욕장, 낙산해수욕장 영랑호반길
고성	46 47 48 49 50	장사항 – 통일전망대	66.4	청간정, 천학정, 능파대, 송지호, 고성왕곡마을 공현진해변의 수뭇개바위, 평화누리길 북천철교 거진항, 거진등대, 응봉, 화진포호, 김일성별장 이승만별장, 초도항, 대진등대, 금강산콘도 통일전망대 출입신고소, 제진검문소 고성 통일전망대, 망향탑, DMZ박물관 삼포해수욕장, 반암해수욕장, 화진포해수욕장 관동팔경 녹색경관길

East Sea of Korea
Haeparang Trail Route Information
50 routes 770km

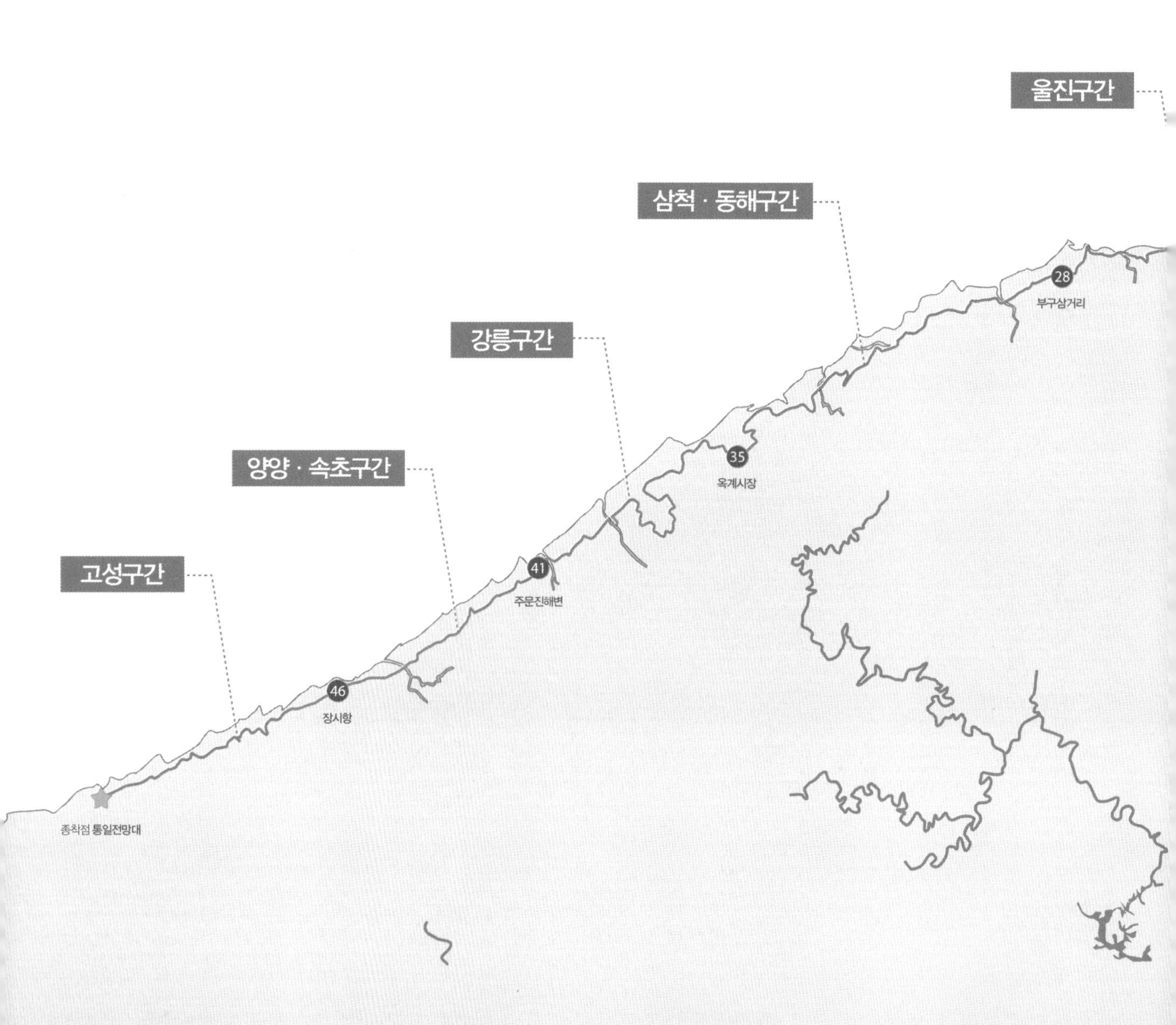

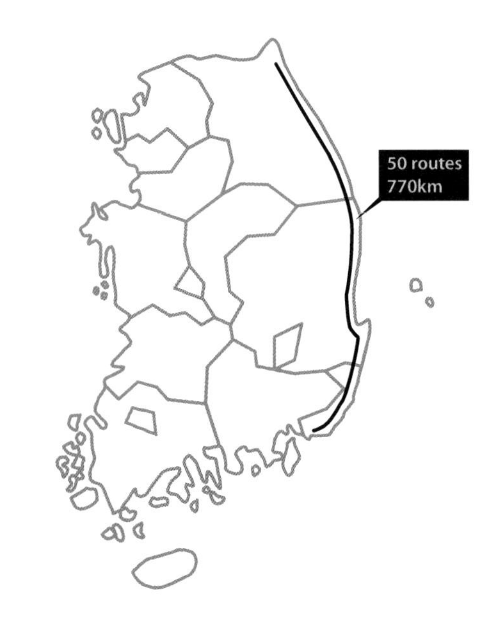
50 routes
770km

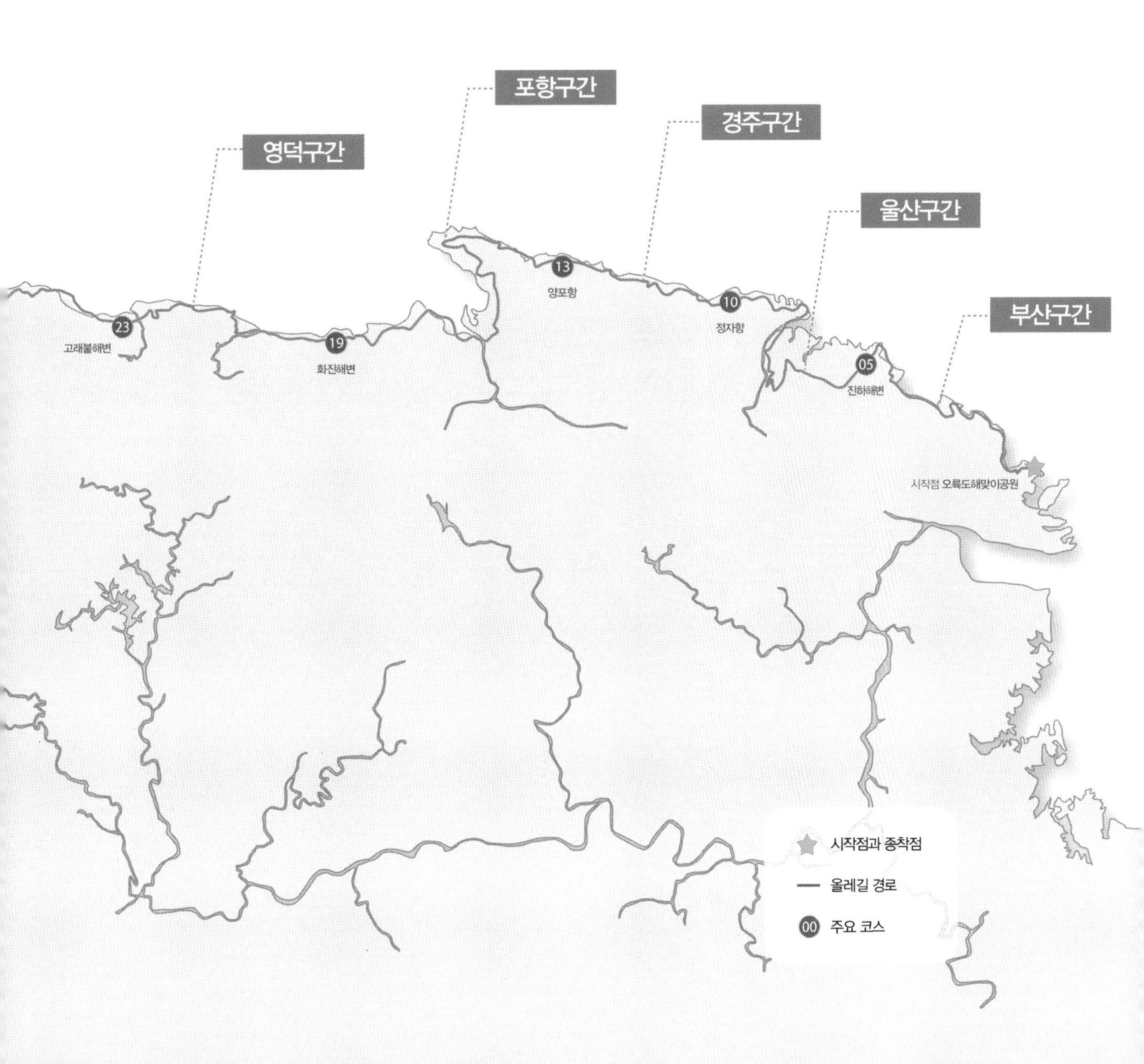
영덕구간
포항구간
경주구간
울산구간
부산구간
23
고래불해변
19
화진해변
13
양포항
10
정자항
05
진하해변
시작점 오륙도해맞이공원
시작점과 종착점
올레길 경로
00 주요 코스

오륙도해맞이공원 → 미포

절경의 이기대 해안산책로와 해운대해수욕장

도보여행일: 2018년 06월 26일

★ 꼭 들러야 할 필수 코스!

05
부산구간

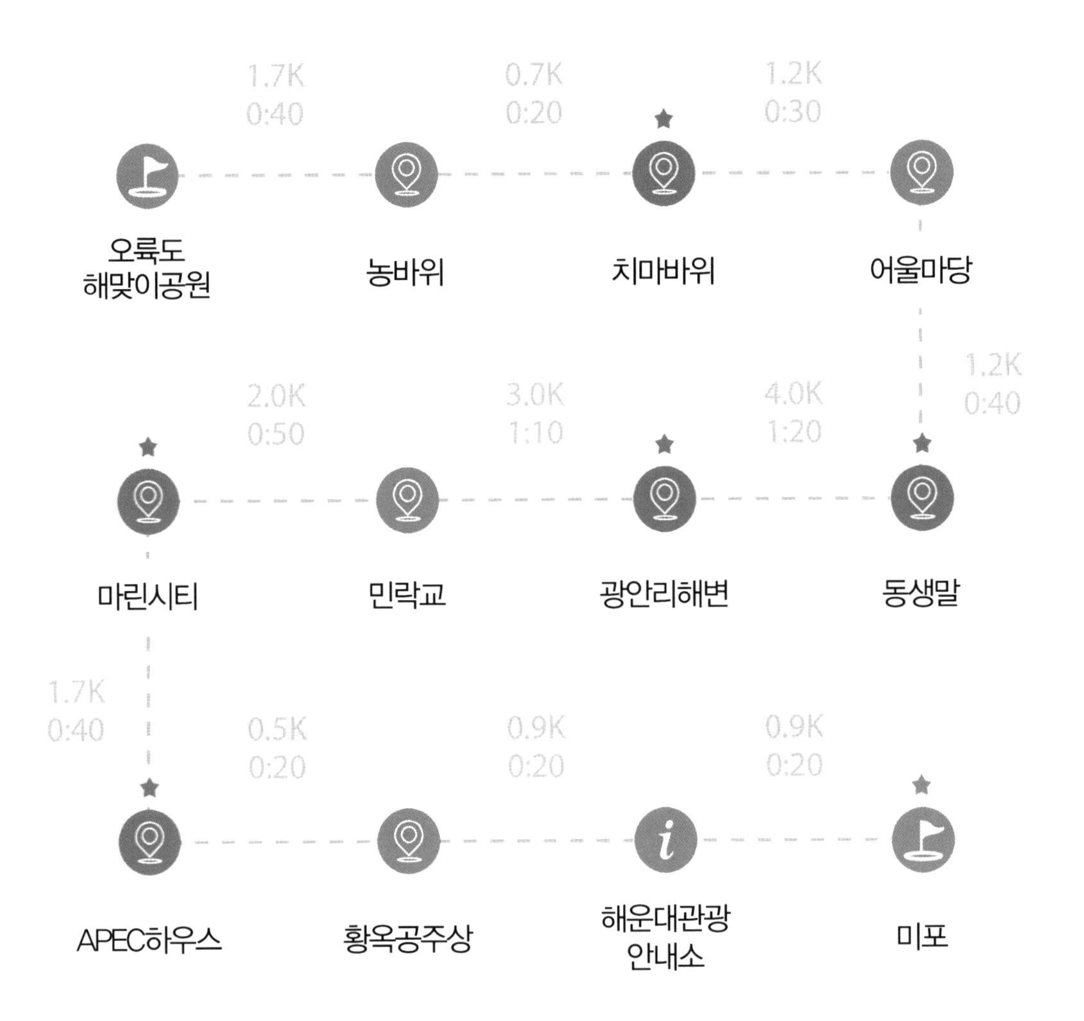
오륙도 해맞이공원
1.7K 0:40
농바위
0.7K 0:20
★ 치마바위
1.2K 0:30
어울마당
1.2K 0:40
★ 동생말
4.0K 1:20
★ 광안리해변
3.0K 1:10
민락교
2.0K 0:50
★ 마린시티
1.7K 0:40
★ APEC하우스
0.5K 0:20
황옥공주상
0.9K 0:20
해운대관광 안내소
0.9K 0:20
★ 미포

해운대해수욕장

3박 4일 동안에 부산구간을 완주할 계획으로 아침 7시에 대전역을 출발했다. KTX로 8시 40분에 부산역에 도착하여, 부산역 앞의 차이나타운에서 아침식사를 하려고 하였으나 너무 일찍이라 문을 연 곳이 없었다. 오륙도 부근에서 식사를 하기로 하고 부산역 앞에서 27번 시내버스를 타고 오륙도해맞이공원의 해파랑길 관광안내소에 도착했다. 아침 식사는 어쩔 수 없이 굶었다. 비는 억수같이 쏟아졌고, 스카이워크는 통행금지였으며, 시계는 불량하여 오륙도가 하나도 안 보였다. 해파랑길 종합안내소에 들렀는데 안내원은 무슨 기분 나쁜 일이라도 있었는지 물어봐도 시큰둥하며 불친절했다. 간단한 해파랑길 안내 책자만 겨우 얻었다. 오늘 첫 출발인데……. 왠지 기분이 꿀꿀했다.

오륙도

오륙도해맞이공원

오륙도해맞이공원

해파랑길 관광안내소

오륙도스카이워크

오륙도는 12만 년 전에는 육지였으나, 오랫동안 거센 파도와 비바람으로 풍화되어 지금의 모습이 되었다고 한다. 1740년 편찬된《동래부지 산천조》에 의하면 서쪽에서 보면 섬이 5개(방패섬과 솔섬을 합쳐서 우삭도라 불림), 동쪽에서 보면 섬이 6개(방패섬, 솔섬, 수리섬, 송곳섬, 굴섬, 등대섬)로 보인다고 하여 오륙도라고 불리게 되었다고 한다. 오륙도 선착장 근처에 세워진 해파랑길 시작 표지석에서 인증샷을 찍고, 해파랑길 770km의 대장정을 시작했다.

오륙도해맞이공원과 자연마당을 지나 이기대 해안산책로에 접어들었다. 이기대 해안산책로는 승두말에서 동생말까지 4.7km의 해안절경지대로 수십 개의 바위가 해면에 돌출되어 있고 주변의 바위와 바다가 조화되어 멋진 풍경을 연출하는 곳이다. 이기대 해안산책로를 걸으며 뺨에 부딪치는 바닷바람과 바다 내음, 이른 아침 숲속에서 내뿜는 숲 향기가 상쾌해 기분이 너무 좋아 어깨춤이 저절로 났다.

농바위

치마바위

멍석을 깔아 폭신하게 정비된 산책로를 걸으며 용호중대 삼거리를 지나 농바위에 도착했다. 바위 모양이 옷 따위를 넣어두는 농을 닮았다고 해서 농바위라고 불린다. 아낙네 치마를 닮았다는 치마바위를 지나자 해무가 걷히면서 이기대 해안산책로의 절경이 보이기 시작했다. 어울마당은 넓은 반원형 모양의 계단으로 되어있는데, 탁 트인 바다와 광안리해수욕장을 가로지르는 거대한 광안대교를 한눈에 볼 수 있었다. 이기대의 유래는 향토사학자 최한복에 따르면 임진왜란 때 왜군이 수영성을 함락시키고 경치 좋은 이곳에서 축하연을 벌였는데, 수영의 기

이기대 해안산책로

어울마당

녀 두 명이 논개처럼 술 취한 왜장과 함께 바닷물로 투신하였다고 한다. 풍전등화의 시기에 나라를 위하여 자신의 목숨을 초개처럼 던진 두 기생이 묻혀있던 무덤이 있었다고 해서 이기대라고 한다.

전망대 부근 해안가에는 마치 공룡발자국과 같은 둥근 모양의 웅덩이들이 여기저기서 발견되는데, 이를 '해양 돌개구멍'이라고 부른다. 돌개구멍은 바위의 빈틈에 들어간 자갈이나 모래가 파도에 의해 회전하면서 바위를 깎아 만들어진 구멍이라고 한다. 자연의 힘이 얼마나 경이롭고 대단한지를 느낄 수 있는 광경이었다. 지압보도를 지나 해안가 절벽을 가로질러 놓인 구름다리에서 해무를 뚫고 센텀시티로 빨려 들어가는 광안대교를 바라보고 있노라니 감탄사가 저절로 나왔다. 이기대 해안산책로 종착지인 동생말을 지나서 광안리해수욕장으로 갔다.

동생말에서 바라본 마린시티

광안리해수욕장에 들어서자 정면으로 구름에 뒤덮인 광안대교와 광안리 해변의 백사장이 시선을 압도했다. 오후 2시, 광안리해수욕장의 '삼천각'에서 해물잡채밥으로 점심식사를 하였는데 아침식사도 굶어서인

광안대교

광안리해수욕장

부산 요트경기장

마린시티

영화의 거리

지 너무나도 맛있게 잘 먹었다. 수영수변공원을 걸으며 바라본 마린시티의 초고층 주상복합 건물 숲과 민락교에서 내려다본 신세계백화점과 초고층 주상복합건물, 부산요트경기장 풍경도 매우 인상적이고 아름다웠다. 영화의 거리를 지나 동백사거리에서 동백섬 산책로로 향했다.

황옥공주 인어상을 구경하고 오후 4시 40분에 누리마루에 도착했는데 관람시간이 촉박하여 대충 둘러보고 사진만 찍고 황급히 돌아 나왔다. 하루 종일 비가 내리니 사진은 조망이 별로였다. 해운대 해안산책로를 걸으며 해안절경도 감상하고 해변을 따라 걸었다. 해운대는 통일신라 말 석학 고운 최치원 선생의 자(字) 해운에서 유래되었다고 한다. 고운 최치원 선생이 벼슬을 버리고 낙향하여 가야산으로 들어가던 중 우연히 해운대에 들렀는데, 주변 해안 절경이 너무 아름다워 동백섬 암벽에 해운대라는 글을 음각하였다고 한다. 현재 해운대 동백섬에는 최치원 선생의 동상과 시비가 있다.

누리마루, APEC 하우스

황옥공주 인어상

시원한 바닷바람과 촉촉한 짠 내음을 맡아가며 해운대 관광안내소에 도착하여 1코스 완주스탬프를 찍었다. 미포항 근처의 '전망좋은모텔'에 숙소를 정하고 해운대전통시장에 가서 곰장어구이와 열기구이로 저녁식사를 하였는데 위생상태가 엉망이고 가격도 결코 싸지 않았다. 다음부터는 맛집에서 품위 있게 먹어야겠다.

MIPO
OCEANSIDE HOTEL
COMING SOON
BEER
마라도 횟집 2F

미포

해금강
곰장어
746-6976
곰장어전문점
맛집
연탄석쇠구이
족발맛집

해운대 전통시장

미포 → 대변항

해동용궁사와 대변항 월드컵등대

도보여행일: 2018년 06월 27일

★ 꼭 들러야 할 필수 코스!

05
부산구간

2.4K
0:50
2.5K
0:45
2.0K
0:45
미포
달맞이
어울마당
구덕포
송정해변
1.2K
0:40
0.3K
0:10
2.8K
1:40
해동용궁사
시랑대
죽도공원
(송일정)
1.0K
0:20
1.5K
0:40
2.7K
0:40
동암항
오랑대
용왕단
대변항

해파랑길 2코스(미포~대변항)

해동용궁사와 대변항 월드컵등대

해동용궁사

새벽에 일찍 일어나 창밖을 보니 비바람이 강하게 몰아치고 있었다. 아침 7시, 숙소에서 나와 문탠로드로 산책을 나갔다. 비바람이 세차게 불어서 몸을 가누기도 힘들었고 우산이 뒤집어져서 걷기도 힘들었다.

문탠로드는 '달빛을 받으며 가볍게 걷는 길'이란 뜻으로 총 길이 3.1 km의 5개 테마길(꽃잠길 0.6 km, 가온길 0.6 km, 바투길 0.9 km, 함께길 0.3 km, 만남길 0.7 km)로 조성된 길이다. 야간에도 걸을 수 있으며 새벽 5시부터 일출 때까지, 일몰부터 밤 11시까지 조명이 켜져 있다. 문텐로드 입구 전망대에서 해운대해수욕장의 아름다운 경치를 감상하면서 문탠로드를 걸었다. 빗방울이 낙엽에 톡톡 떨어지는 소리, 새들이 지지배배 지저귀는 소리, 철퍼덕철퍼덕 파도치는 소리, 상큼한 풀 내음이 함께 어우러져 마치 무릉도원을 걷는 것 같았다.

해운대기와집 대구탕

해월정

문탠로드

달맞이길은 해운대를 지나 와우산을 거쳐 송정까지 해안절경을 따라 15번이나 굽어지는 고갯길로 일명 15곡도라고 하며 이곳에서 보는 저녁달은 아름답기 그지없어 대한팔경의 하나로 손꼽힌다. 달맞이길이 시작되는 이곳은 소가 누워있는 형상이라 하여 와우산이라 불리며

1997년 건립된 해월정은 일출과 월출의 장관을 함께 감상할 수 있는 장소로 유명하다. 특히 달맞이 언덕 주변에는 여러 화랑들이 밀집해 있고 그림 같은 카페와 관광식당 들이 즐비해 동양의 몽마르뜨언덕이라 불리며 새로운 문화명소로 각광받고 있다.

산책을 마치고 내려오다가 부산에서 대구탕으로 유명한 '해운대기와집 대구탕'에서 맑은 대구탕으로 아침식사를 했다. 맛이 구수하고 음식도 깔끔하며 속이 뻥 뚫렸다.

소나기가 쏟아지고 바람이 세차게 부는데 우산을 쓰고 출발했다. 십오굽이 달맞이길을 따라 구덕포까지 구불구불하게 이어지는 숲길을 재미있게 걸었다. 미포와 구덕포 사이에 있는 청사포에는 수령이 400년 된 소나무인 망부송이 있었다.

구덕포를 지나 송정해수욕장에 도착했다. 이곳은 파도가 심해 윈드

송정해수욕장

죽도공원

송정항

서핑을 하기에 적합한 장소로 많은 학생들이 열심히 물살을 가르고 있었다. 다른 한편에서는 노란색, 빨간색 우비를 입은 유치원생들이 줄지어 서서 종종걸음으로 해변가를 걷고 있었는데, 그 광경을 보니 마치 햇병아리들을 해수욕장에 풀어 놓은 것 같았다. 죽도공원 정상의 송일정

기장곰장어

에서 바라본 바다 전경과 송정해변 백사장이 너무 아름다웠다.

송정해수욕장을 지나 기장읍의 '기장곰장어'에서 점심식사를 했다. 대한명인 제 07-154호인 기장곰장어의 명인 김영근 씨가 직접 운영하는 '기장곰장어'에서 양념구이로 소주를 곁들여 맛있게 먹었다. 짚불구이도 있는데 아직은 양념구이가 나에게는 더 맛있는 것 같다. 나도 식성이 많이 발전했다. 옛날에는 근처에도 못 갔었는데…….

공수어촌체험마을을 지나고 공수항을 거쳐 기장팔경의 하나인 시랑대에 도착했다. 주변 경치를 감상하고 '해동용궁사'에 도착했다. 해동용

공수항

시랑대에서 바라본 해동용궁사 전경

해동용궁사

일출암

궁사는 1376년 나옹대사가 창건한 절로 한국삼대관음성지 중 한 곳이라고 한다. 대웅보전, 포대화상, 해수관음상, 십이지상, 7층석탑, 득남불, 용문석굴, 감로약수, 용암, 일출암 등 경내를 두루두루 구경했는데 경치가 너무 좋았다.

오랑대

대변항

국립수산과학원과 동암마을을 지나 오시리아 해안산책로에 접어들었다. 거대한 리조트인 힐튼호텔과 아난티펜트하우스를 지나면서 오시리아 해안산책로를 걸으며 바다 풍광을 만끽했다. 오랑대는 바닷가 바위 위에 용왕단이 모셔져 있었고, 용왕님께 소원을 비는 신령스러운 장소처럼 해안가 주변에는 굿당들이 많았다. 속된 말로 '기도빨' 좋은 명소임이 분명했다.

오늘의 마지막 종착지인 대변항에 도착하여 엔제리너스 커피 건너편에서 도착스탬프를 찍고 월드컵기념등대를 구경 갔다. 대변항의 붉은색 '월드컵기념등대'는 이곳의 랜드마크로 2002년 월드컵을 기념하기 위하여 그 당시 사용한 월드컵 축구공 모양의 등대를 만들었다고 한다. 월드컵 등대를 직접 찾아와보니 2002년의 열기가 다시 살아나는 것 같았다. 대변항의 '남항횟집'에서 가오리찜으로 저녁식사를 하였는데 맛도 좋고, 양도 푸짐하고, 주인도 친절하고, 대박이었다.

도착스탬프 찍는 곳

가오리찜

월드컵기념등대

대변항 → 임랑해변

성취마니주 기도도량 해동성취사와 칠암항의 야구등대

도보여행일: 2018년 06월 28일

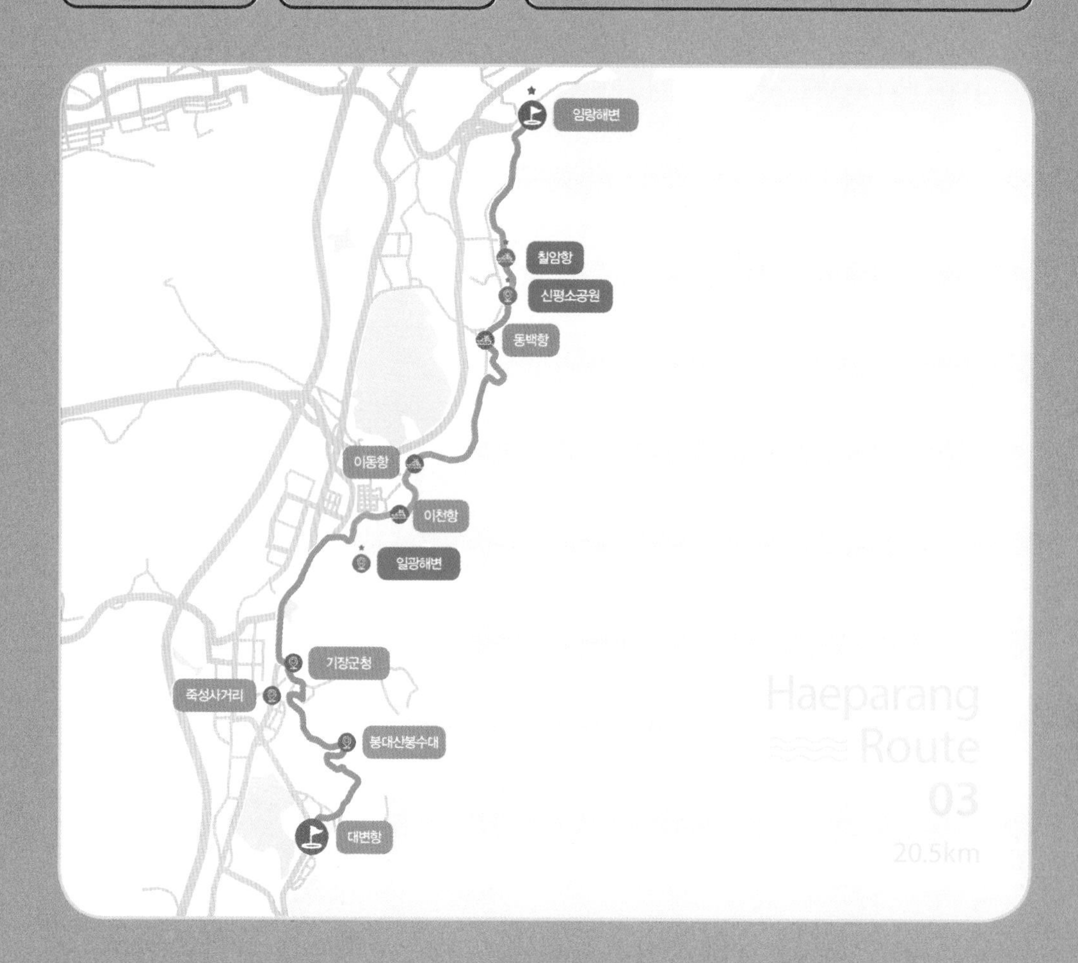

★ 꼭 들러야 할 필수 코스!

05
부산구간

0.6K
0:10
5.1K
1:35
1.9K
0:50
대변항
대변숲속길
봉대산 봉수대
죽성사거리
0.4K
0:10
0.5K
0:10
1.8K
0:30
2.9K
1:05
이동항
이천항
일광해변
기장군청
3.1K
2:00
1.1K
0:25
0.7K
0:10
2.4K
0:45
동백항
신평소공원
칠암항
임랑해변

해파랑길 3코스 (대변항~임랑해변)

성취마니주 기도도량 해동성취사와 칠암항의 야구등대

칠암항 야구등대

대변항의 모텔에서 새벽에 창밖을 보니 비바람이 심하게 불었다. 바다식당에서 갈치조림으로 아침식사를 하였는데 정말로 맛이 없었다. 하지만 선택의 여지가 없었다. 문을 연 집은 그 집뿐이었으니까! 숙소로 돌아와서 한참을 망설이다가 우비와 우산으로 완전 무장한 다음, 하늘에 구멍이 난 것처럼 쏟아붓는 폭풍우 속을 헤치며 3코스 트레킹을 시작했다. 아마 다른 사람들이 이 광경을 보았다면 미쳐도 단단히 미친놈들이라고 말했을 테다.

대변항을 돌아 봉대산으로 올랐다. 폭우로 인하여 봉대산으로 오르는 길은 빗물이 콸콸 넘치는 계곡으로 변했다. 등산화와 양말은 비에 다 젖었고, 우비를 입어서 찜질방에 들어간 것처럼 온몸에 땀이 비 오듯 펑펑 흘러내렸다. 한참을 기어올라 봉대산 봉수대에 도착하니 해파랑길 표지판이 기장문화원 방향으로 내려가도록 안내되어 있었다. 표지판을 따라 걸으니 봉대산을 한 바퀴 돌아 기장군청 내 기장군보건소 앞으로 내려왔다. 해파랑길 안내책자에서 제시된 죽성리왜성과 죽성리해송이 있는 해안산책로를 지나쳐 버렸다. 무언가 문제가 생겼다는 것을 직감하고 인터넷으로 검색해보니 해파랑길 홈페이지에서 제공되는 업데이트 코스 지도에서도 죽성리해송을 들리지 않는 것으로 되어 있었다. 갑자기 허탈해지며 온몸에 기운이 다 빠져버렸다. 자료가 엉터리였다. 앞으로는 해파랑길 도보여행자들이 길을 잃지 않도록 해파랑길 안내책자를 조속히 업데이트해주었으면 좋겠다.

대변항

대변고개

기장군청을 지나 기장체육관 앞 버스정류장에서 파김치가 된 몸도 추스르고 잠시 비도 피할 겸 벤치에 앉았다. 빗물이 가득 찬 등산화와 양말을 벗어 물기를 빼고 젖은 발을 바람에 잠시 말렸다. 비가 억수같이 내리고 있어서 버스정류장으로 들어오는 사람들도 없었다. 어제저녁에 산 맥반석 오징어와 쥐포도 먹어가며 잠시 쉬었다. 비 맞은 생쥐처럼 정류장에 처량하게 앉아 오징어를 씹고 있는 광경이라니…. 그것도 형제가 사이좋게 나란히……. 코미디의 한 장면 같았다.

일광해수욕장으로 걸어가는 길에 비가 좀 멈추기 시작했다. 드디어, 너른 백사장과 풍광이 아름다운 일광해수욕장에 도착했다. 이곳에는 아귀찜으로 유명한 식당이 몇 군데 있는데, 일광역 근처에 있는 '일광아구찜'과 '전산아구찜'이다. 일광아구찜은 휴무일이라 학리에 있는 '전산아구찜'으로 갔다. '전산아구찜'에서 싱싱한 생아귀로 만든 아귀찜으로 맛있게 점심식사를 했다. 독특한 산초향과 방아향으로 풍미를 낸 아귀찜이 입맛에 딱 맞아 너무 좋았다.

일광해수욕장

이천항

이동항

해동성취사 대웅전

해조류육종융합연구센터를 지나 이동항으로 들어서니 기상악화로 선박들이 항구에 줄지어 정박해 있었다. 저 멀리 수평선 위로 뭉게구름이 띠를 두르며 떠 있고, 항구 입구 좌우측으로 붉은색 등대와 초록색 등대가 나란히 서 있는 풍경과 선박들이 어울려 한 폭의 멋진 풍경화를 연출했다. 이동항 마을 정자에서 잠시 쉬면서 다시 물먹은 양말을 짜고 퉁퉁 부은 발을 바람에 말렸다. 동백리에 도착하기 전에 해동성취사에 들어갔다. 해동성취사는 대한불교 법화종 소속의 사찰로 2000년 법종이 창간하였다고 한다. 지장보살 입상, 해수관음상, 지장전 앞의 경전을

성취마니주

해동성취사 화장실

굴리는 마니보주인 성취마니주, 입상삼존불, '미타인행 사십팔원'이 새겨진 불경판 등을 구경했다. 해동성취사 입구에 있는 장구 모양의 해우소는 독특한 디자인으로 내가 본 가장 아름다운 화장실이었다.

칠암항에 도착하니 '야구등대'라고 불리는 테마 등대가 우리를 반겼다. 부둣가에 세워진 조형물 사이로 야구등대를 바라보니 멋진 작품사진 하나가 만들어졌다. 언덕 너머로 임랑해수욕장이 들어오고 맞은편에 고리 원자력발전소 단지가 보였다. 임랑행정봉사실 앞에서 오늘의 트레킹을 마무리하였다. 숙소와 식당을 찾아보았으나 마땅치 않아서 180번 시내버스를 타고 일광해수욕장 입구로 가서 발리모텔에 숙소를 정하고 '추바우 삼겹살'에서 저녁식사로 솥뚜껑 삼겹살을 4인분이나 먹었다.

발리모텔 여사장님이 대전 구즉 사람으로 대흥초등학교를 나오셨다면서 동향이라고 반가워하셨다. 서비스도 좋고, 친절하며, 대우가 극진했다. 오늘은 선택이 아주 좋았다. 하루 종일 거센 비바람과 씨름하느라 체력이 고갈되어 기진맥진했다. 저녁을 넉넉하게 먹었으니 빨리 회복하여 내일 또 전진해야지! 등산화에 키친타월을 잔뜩 말아 넣고, 옷을 빨아서 말리면서 일과를 마무리했다.

도착스탬프 찍는 곳

동백항

배조형물전망대

칠암항

임랑해수욕장

임랑해변 → 진하해변

한반도에서 가장 먼저 해가 뜨는 간절곶

도보여행일: 2018년 06월 29일

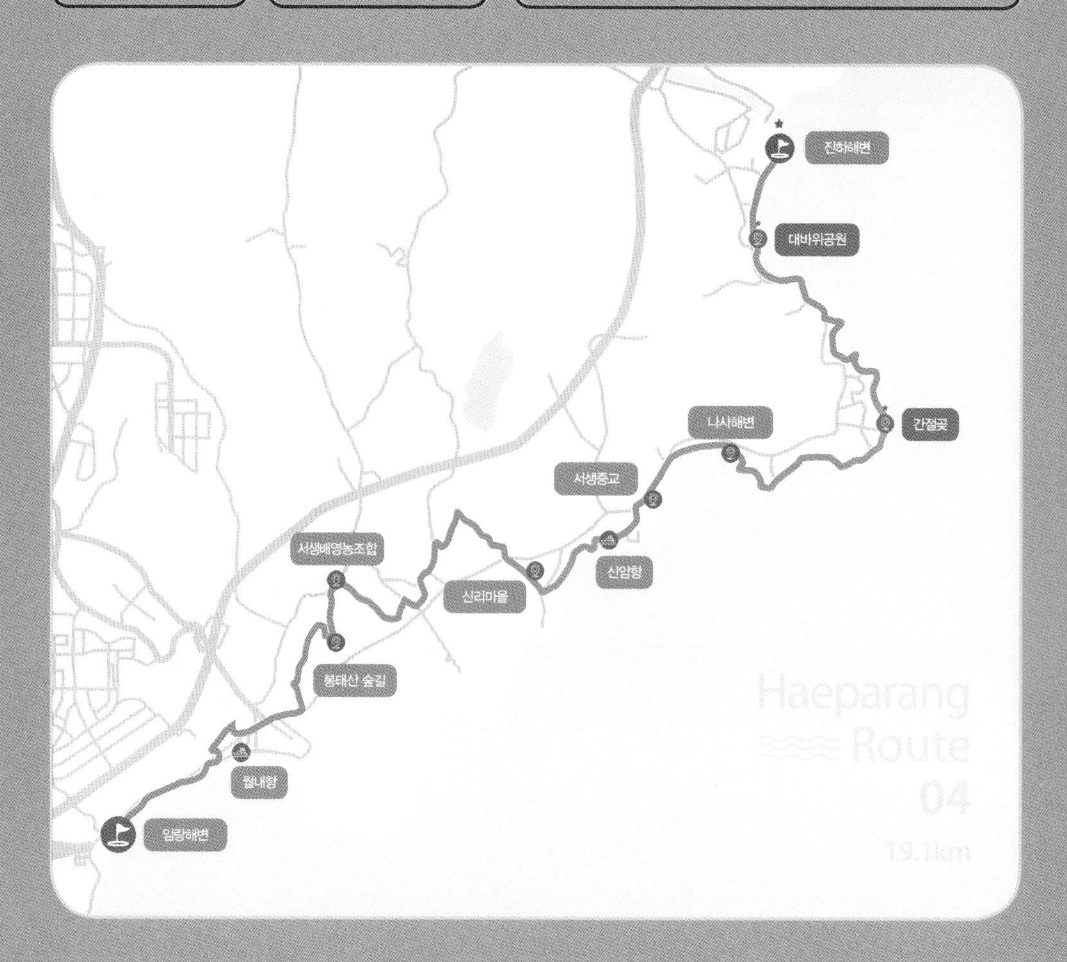

★ 꼭 들러야 할 필수 코스!

05
부산구간

1.0K
0:50
2.0K
0:50
2.2K
0:40
임랑해변
월내항
봉태산 숲길
서생배 영농조합
3.0K
0:40
2.0K
0:20
1.0K
0:20
1.0K
0:20
나사해변
서생중교
신암항
신리마을
2.5K
1:20
3.2K
2:10
1.2K
0:20
간절곶
대바위공원
진하해변

해파랑길 4코스 (임랑해변~진하해변)

한반도에서 가장 먼저 해가 뜨는 간절곶

간절곶

부산구간을 걷는 4일간 계속해서 비가 내렸다. 옷도 다 젖고 신발도 칙칙하고, 구질구질했다. 어제 키친타월로 신발 내부를 채웠지만 대충 습기만 제거됐다. 그래도 오늘은 부산구간 마지막 날이었다. 이제 이 구간을 끝내면 집에 갈 수 있다. 누가 반갑게 기다리지도 않는데 마냥 좋았다.

만수식당에서 백반정식으로 아침식사를 하고 일광해수욕장 입구의 발리 모텔에서 180번 시내버스를 타고 임랑해수욕장으로 왔다. 월내마을로 들어가기 직전 고스락 레스토랑이 우리의 시선을 사로잡았다. 고스락 레스토랑을 지나고, 고리원자력발전소를 바라보면서 월내항 해변길을 걸었다. 월내교를 지나고, 갈천교차로에서 잠시 쉬었다가 봉태산 숲길로 접어들어 고개를 넘었다. 배 밭을 지나서 효암천 둑길로 가는데,

고스락 레스토랑

고리원자력발전소

비가 온 뒤라서 길에 물이 고여서 엉망이었다. 신발은 다 젖었고, 길을 제대로 가는지 알 수도 없고, 표지판도 없으며, 인적도 없고, 만사가 엉망진창이었다. 무조건 가다가 방향을 알 수 없어서 주변의 주유소에서 길을 물었으나 아는 사람이 없었다. 물어보면 대답하는 사람은 동문서

답! 해파랑길 자체를 몰랐다. 이리저리 헤매다가 어찌어찌하여 고리원자력 5, 6호기 건설현장에 도착하여 후문의 신리마을에 도착했다. 천우신조다. 이 구간은 문제가 많았다.

신리마을로 들어서니 항구에 소나무 군락지가 있었다. 다른 항구에서는 좀처럼 보기 드문 풍경이라 인상적이었다. 신암마을에서는 조용한 항구 가운데 정자쉼터가 깨끗이 정돈되어 있어서 잠시 여정을 풀고 쉬었다. 도보여행자를 위한 마을 사람들의 배려가 감사했다. 나사마을 표

신리항

신암항

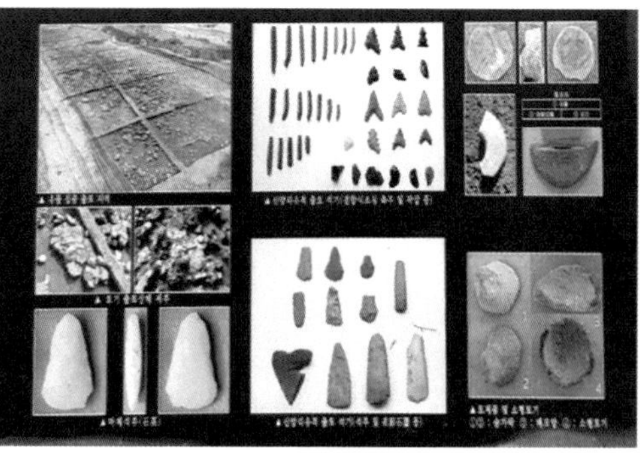

신암리유적

나사해변

지석을 지나 나사해수욕장에 도착했다. 나사해수욕장에서 간절곶으로 넘어가는 해안가 언덕에는 아름다운 카페들이 옹기종기 모여 있었다. 언덕 꼭대기 나사쉼터에 위치한 할리스 커피숍에서 팥빙수를 시켜놓고 더위를 식히면서 아름다운 동해바다 풍광을 감상했다. 이곳이 파라다이스다.

나사쉼터

한반도에서 해가 가장 일찍 뜨는 곳으로 유명한 간절곶에 도착했다. 2017년, 2018년 한국인이 꼭 가봐야 할 한국관광 100선에 선정된 유명한 관광명소인 간절곶에서는 새천년(2000년)을 시작으로 매년 해맞이

간절곶등대

간절곶

행사가 열리고 있고, 간절곶등대는 1920년 3월 불을 밝힌 후 지금까지 운영되고 있으며, 소망우체통에 소망이나 사연을 적은 엽서를 부치면 주소지로 배달된다고 한다. 동북아시아에서 해가 가장 먼저 뜨는 간절곶, 유럽 최서단 해가 가장 늦게 지는 호카곶(카보다호카), 태양의 시작과 끝이 만나 세상에 희망의 빛으로 동행한다는 카보다호카탑이 있다. 간절곶 표지석과 소망우체통에서 기념 인증샷을 찍고, 간절곶등대, 간절곶기념비, 반구대 암각화 기념비, 간절곶해올제, 간절곶 드라마하우스, 전망데크, 울산큰애기 노래비, 간절곶관광회센터, 대송항 방파제 프러포즈등대 등, 아름다운 공원일대를 천천히 둘러보고 간절곶소망길을 따라 송정항으로 갔다.

카보다호카

간절곶소망길

송정항

송정항을 거쳐 솔개공원을 지나 진하해수욕장이 훤히 내려다보이는 대바위공원에 도착했다. 날씨가 맑아지면서 바다가 반짝거리는 에메랄드빛으로 변했다. 진하해변의 넓은 백사장과 어우러진 에메랄드빛 바다 풍경이 너무 아름다웠다. 아무리 카메라 셔터를 눌러대도 눈으로 느끼는 현장의 감동을 담기엔 역부족이었다. 진하해수욕장의 명선도 맞은편 투썸플레이스 건너편에서 4코스 도착스탬프를 찍고, 신속하게 시내버스정류장으로 갔으나 버스가 만원이라 택시를 타고 울산고속버스터미널로 갔다. 점심식사를 할 곳이 없어서 하루 종일 굶었다. 울산고속버스터미널 부근의 식당에서 열무국수로 저녁식사를 했다. 우등고속버스 편으로 대전과 서울로 각각 귀환했다.

솔개공원에서 바라본 진하해변

대바위공원

진하해변

도착스탬프 찍는 곳

진하해변 → 덕하역

회야강 굽이굽이 강물 따라 덕하역으로

거리(km)
17.6

시간(시, 분)
6:10

도보여행일: 2018년 07월 10일

★ 꼭 들러야 할 필수 코스!

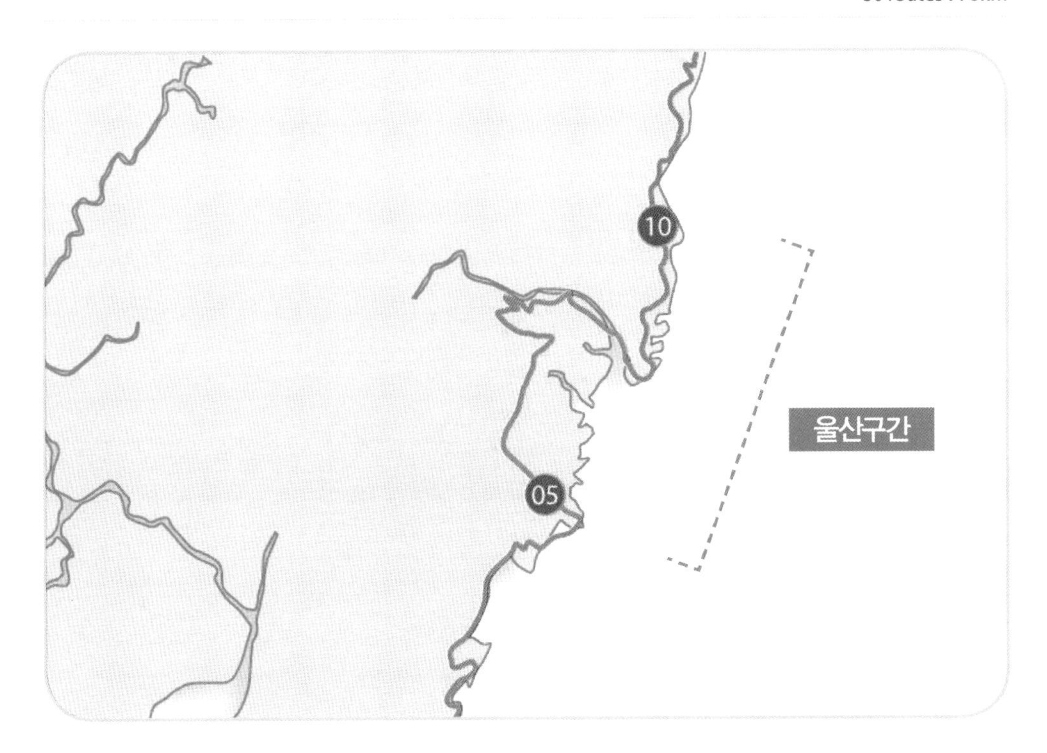
10
05
울산구간

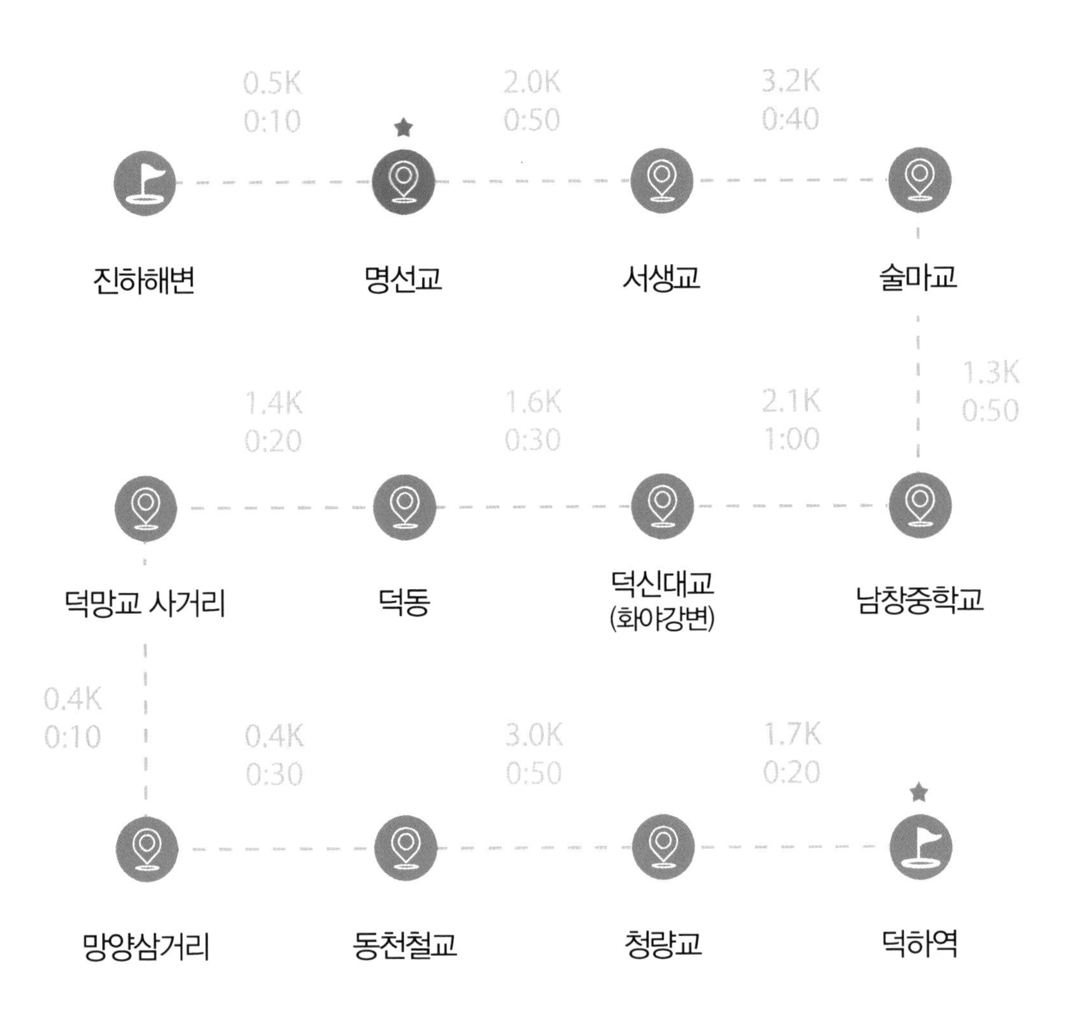
0.5K
0:10
2.0K
0:50
3.2K
0:40
진하해변
명선교
서생교
술마교
1.3K
0:50
1.4K
0:20
1.6K
0:30
2.1K
1:00
덕망교 사거리
덕동
덕신대교
(화야강변)
남창중학교
0.4K
0:10
0.4K
0:30
3.0K
0:50
1.7K
0:20
망양삼거리
동천철교
청량교
덕하역

해파랑길 5코스 (진하해변~덕하역)

회야강 굽이굽이 강물 따라 덕하역으로

명선교에서 바라본 회야강변

3박 4일의 해파랑길 울산구간 트레킹을 계획하고 울산역에서 동생과 만났다. 울산역에서 5001번 급행버스를 타고 울산시청으로 이동한 다음 715번 시내버스로 갈아타고 진하해수욕장에 도착했다. 진하해수욕장의 '등뼈 진하점'에서 해장국으로 아침식사를 하고 명선교로 갔다.

진하해변

명선교

강양항

서생교

명선교 다리 위에서 바라본 넓은 회야강 천변을 따라 집들이 옹기종기 모여 있는 어촌마을들, 맑고 푸르른 하늘, 굽이굽이 흐르는 회야강 물줄기가 함께 어울려 매우 아름다웠다. 회야강 천변을 따라 끝없이 쭉 뻗어있는 도보길을 걸으며 서생교, 술마교를 지나고, 굽이치는 회야강

회야강 변

술마교

물줄기 풍광을 즐기면서 남창중학교를 지나갔다. 강바람도 솔솔 불어 볼에 부딪히는 상쾌한 느낌이 좋고 행복했다.

하서들 남창중학교

덕신대교 덕망교사거리

온양읍에 들어서자 바람에 볏잎들이 하늘거리는 너른 들판을 만났다. 읍내 뒤편으로는 장엄한 영남알프스의 능선들이 병풍처럼 마을을 포근히 감싸고 있었다. 온산읍 둔치공원을 지나고 덕신대교 부근의 '장궤'에서 유니짜장으로 점심식사를 하였다. 매일 느끼는 심정이지만 식사메뉴를 결정하는 것이 가장 어렵다. 아침식사는 일찍 문을 여는 집이 별로 없어서 과일 몇 조각으로 때운다. 점심식사는 대부분 중국요리. 여름이라서 행여나 배탈이 날까 두려워 냉면이나 생선회는 조심한다. 저녁식사는 푸짐하게 먹는데 주로 생선회, 돼지고기 삼겹살, 생선조림 등

청량운동장

이다. 어디서 자고 무엇을 먹을 것인가? 가 가장 관심사다. 계속해서 회야강 변을 따라 걸으며 덕망교사거리, 망양삼거리, 동천철교, 청량운동장을 지나서 덕하역에 도착하여 도착스탬프를 찍었다. 폭염경보로 온몸은 땀으로 뒤범벅되었지만 산, 마을, 들판의 아름다운 풍경으로 마음만은 행복했다.

덕하역

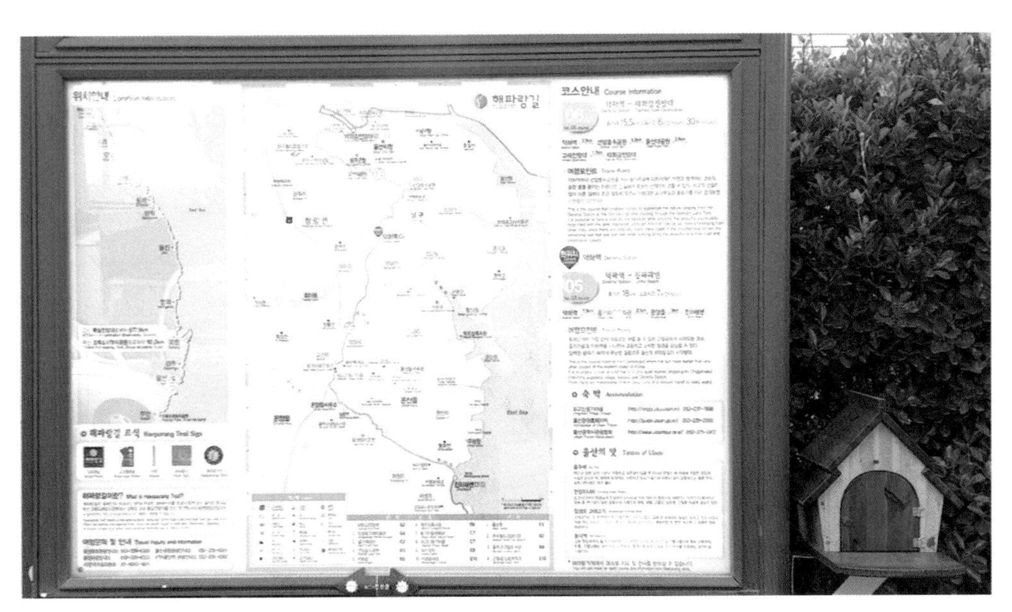

도착스탬프 찍는 곳

덕하역 → 태화강전망대

솔숲향이 향기로운 힐링의 솔마루길

거리(km) 15.6 | 시간(시, 분) 6:30 | 도보여행일: 2018년 07월 11일

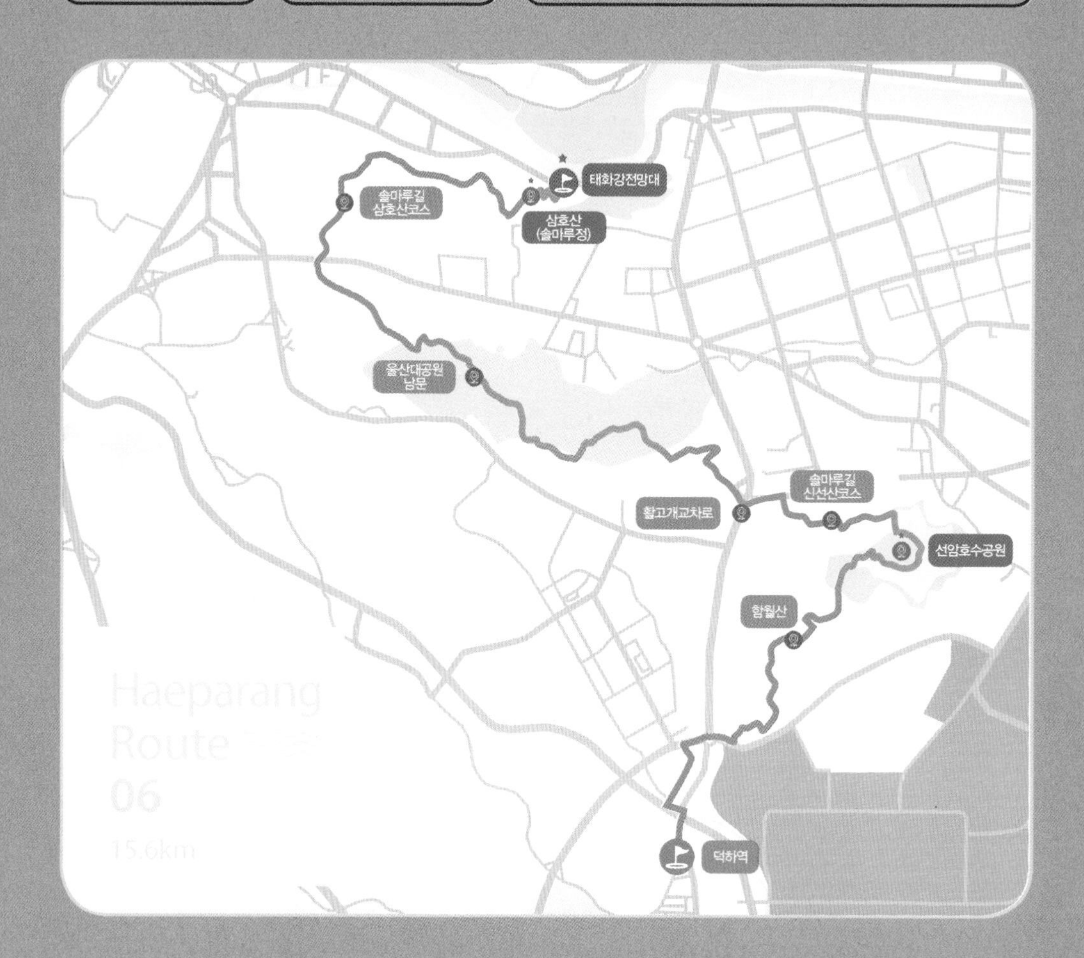

★ 꼭 들러야 할 필수 코스!

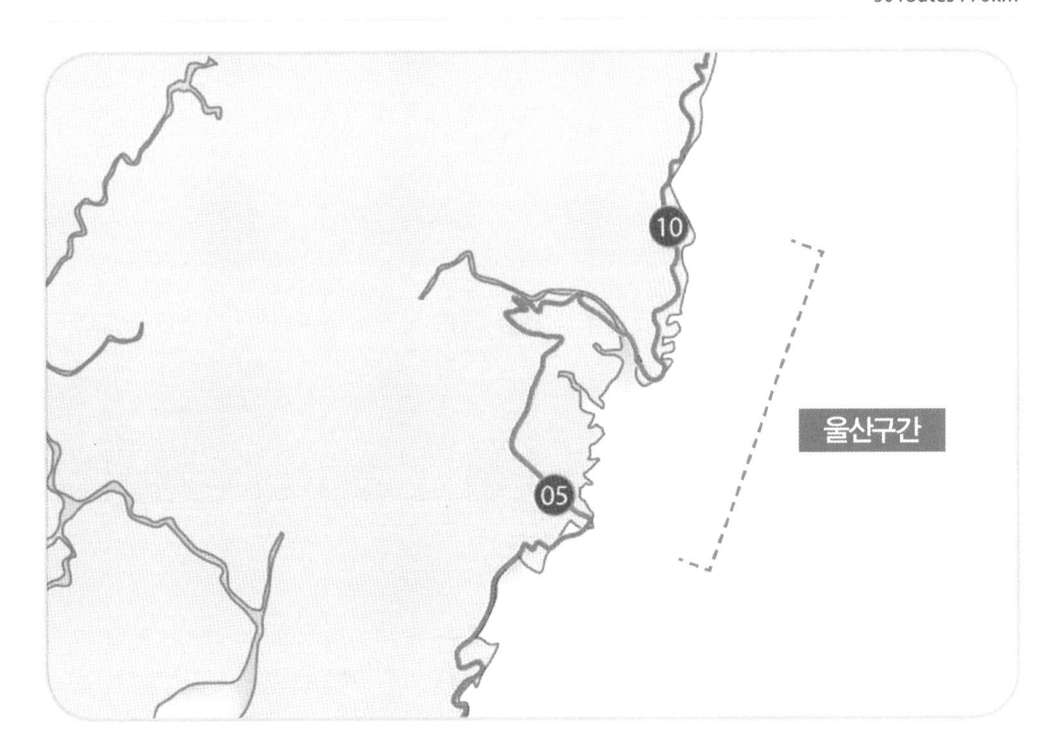
10
05
울산구간

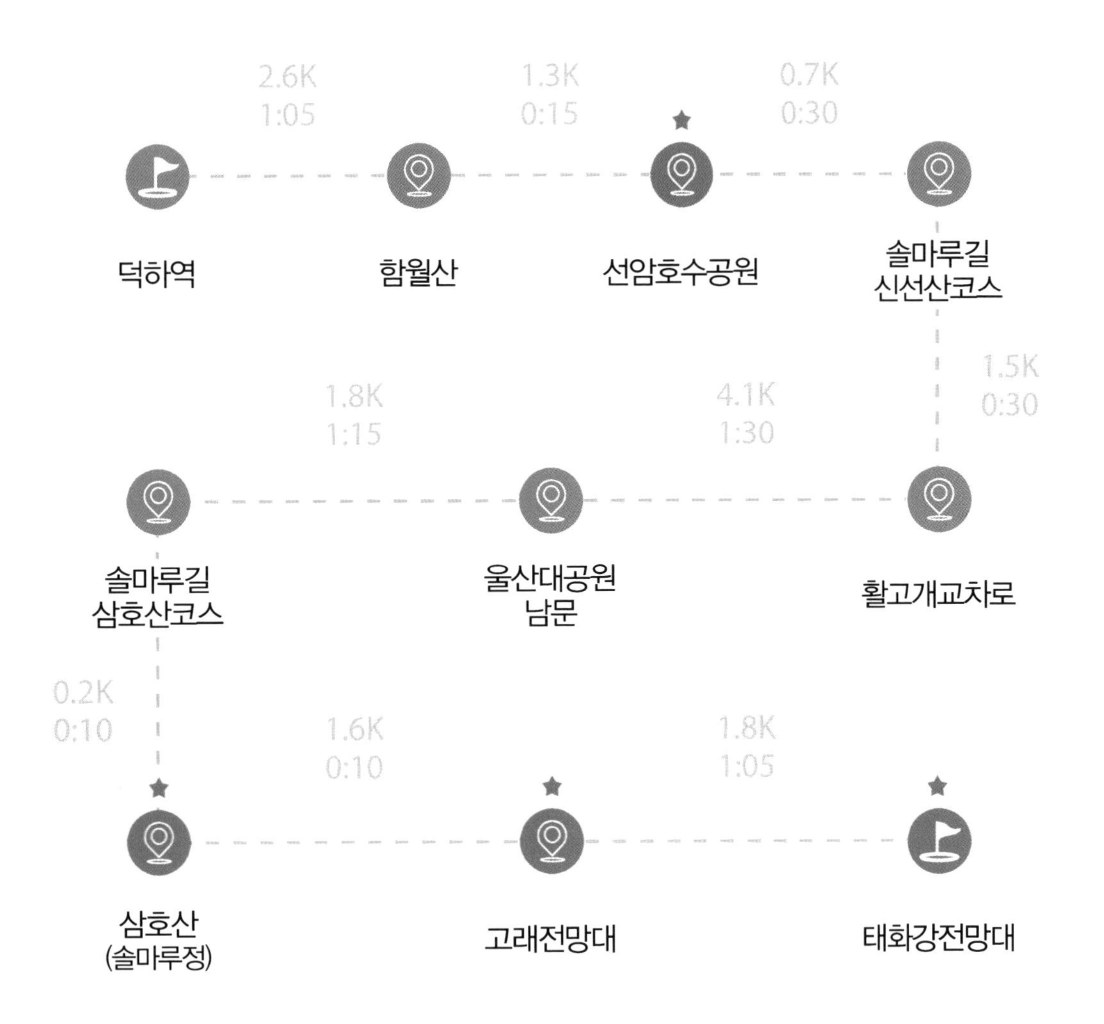
2.6K
1:05
1.3K
0:15
0.7K
0:30
덕하역
함월산
선암호수공원
솔마루길
신선산코스
1.5K
0:30
1.8K
1:15
4.1K
1:30
솔마루길
삼호산코스
울산대공원
남문
활고개교차로
0.2K
0:10
1.6K
0:10
1.8K
1:05
삼호산
(솔마루정)
고래전망대
태화강전망대

해파랑길 6코스 (덕하역~태화강전망대)

솔숲향이 향기로운 힐링의 솔마루길

태화강전망대에서 바라본 십리대숲길

인공암벽훈련장

덕하역을 지나 함월산 등산로를 오르기 시작했다. 소나무숲길이 우리를 반겨 주었다. 소나무에서 뿜어져 나오는 솔향기를 맡으며 솔숲길을 걷노라니 흥겨워 저절로 콧노래가 나왔다. 마음과 몸이 치유되는 건강한 숲길이었다. 함월산을 내려와 선암호수공원에 도착했다. 수십 미터 높이의 인공암벽훈련장이 설치되어 있었는데 이렇게 가파른 암벽을 기어오르는 암벽등반가들의 담력도 대단하다는 생각이 들었다. 저무는 햇살에 비친 선암호수공원의 파릇파릇한 잔디밭 풍경이 아름다웠다.

선암호수 노인복지관에서 마을버스를 타고 시내로 들어가던 길에 마을버스 안에서 한 아주머니를 만났다. 초면인 우리에게 숙소를 직접 잡아주겠다고 했다. 이곳에서 노래방을 운영하고 있는 아주머니이었는데, 우리를 일용직 근로자로 착각하고 몇 달 동안 장기투숙할 숙소를 잡아준다고 한 것이었다. 아주머니는 저녁때 자기 노래방에 놀러 오라고 하며 과분한 친절을 베풀었다. 글쎄! 햇볕에 얼마나 얼굴이 탔길래 일용직으로 보였을까? 그래도 박사님과 같이 간 것이었는데…. 온몸이 땀에 젖어서 간단히 샤워를 마친 다음 근처 먹자골목에 자리한 '프리미엄 고집통'에서 돼지고기 항정살로 저녁식사를 했다. 고기는 무한리필로 마음대로 양껏 가져다 먹으면 되는데…. 왠지 우리에겐 적성이 맞지 않는 것 같다.

아침 6시에 야음동의 '바리바리김밥'에서 김밥으로 아침식사를 하고 선암호수공원으로 가서 공원을 한 바퀴 산책했다. 선암호수공원은 울산남구 시민들이 즐겨 찾는 장소로 이른 아침부터 많은 시민들이 호수주변을 산책하고 있었다. 4km 정도의 선암저수지둘레길을 산책한 후 신선산 정상으로 올라갔다. 신선산 정상의 신선정에서 내려다본 울산시내 전경은 매우 아름다웠다. 예사롭지 않은

선암호수공원

젊은 여인이 신선산 정상 바위에 가부좌를 틀고 앉아 온몸으로 이른 아침 맑은 정기를 받으며 명상을 하고 있었다. 도보여행을 하다 보면 이처럼 종종 재미난 광경들을 목격할 수 있어 여행이 한층 더 즐거웠다.

선암호수공원

신선산

신선정

솔마루길

솔마루다리

솔마루하늘길 육교

신선산을 내려와 울산대공원 솔마루길 입구에 도착했다. 솔마루길은 10km의 소나무 숲길로 울산대공원, 고래전망대, 태화강전망대까지 이어지는 솔숲길이다. 3시간 동안 구불구불한 자태를 자랑하는 소나무 숲길을 솔향을 맡으며 걸었다. 몸과 마음이 힐링되고 행복했다. 울산대공원 남문을 지나고 솔마루하늘길 육교를 건너서 솔마루정에 도착했다.

솔마루정에서 잠시 하산하여 울산보건환경연구원 황숙남 과장님을 만나 점심식사를 함께했다.

삼호산 안내도

점심식사 후에 솔마루정에서 트레킹을 이어갔다. 솔마루정과 태화강전망대에서 바라본 울산시내 전경은 참으로 아름다웠다. 태화강이 울산시내 한가운데로 굽이굽이 흘러 지나가면서 강변 양옆으로 이국적인 십리대숲길이 펼쳐져 있었다. 태화강전망대의 전망대휴게소에서 시원한 팥빙수를 먹으면서 태화강 변의 고층건물들과 주변 풍경을 감상했다.

솔마루정에서 바라본 태화강둔치

태화강전망대에서 바라본 태화강 변 정경

도착스탬프 찍는 곳

태화강전망대 → 염포삼거리

사시사철 푸른 태화강 십리대숲길

거리(km) 17.1

시간(시, 분) 5:50

도보여행일: 2018년 07월 11~12일

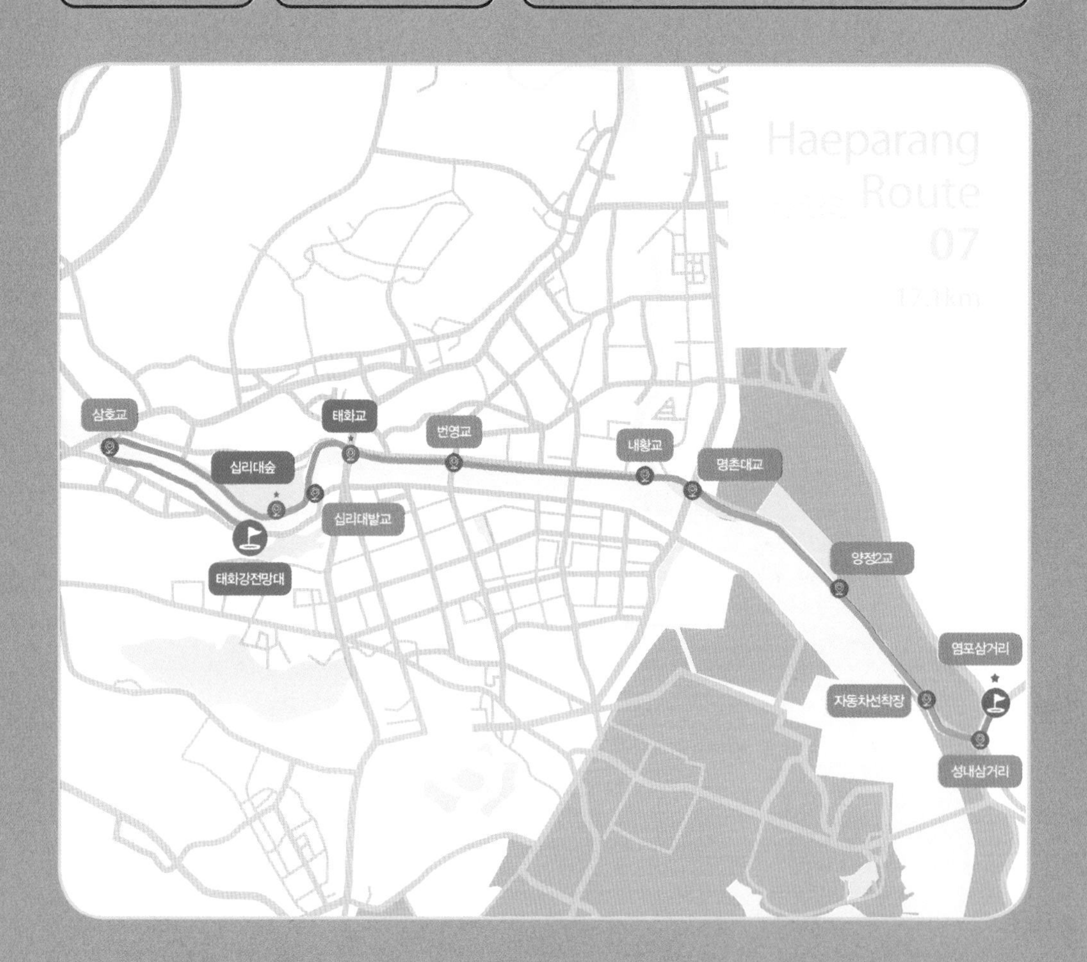

★ 꼭 들러야 할 필수 코스!

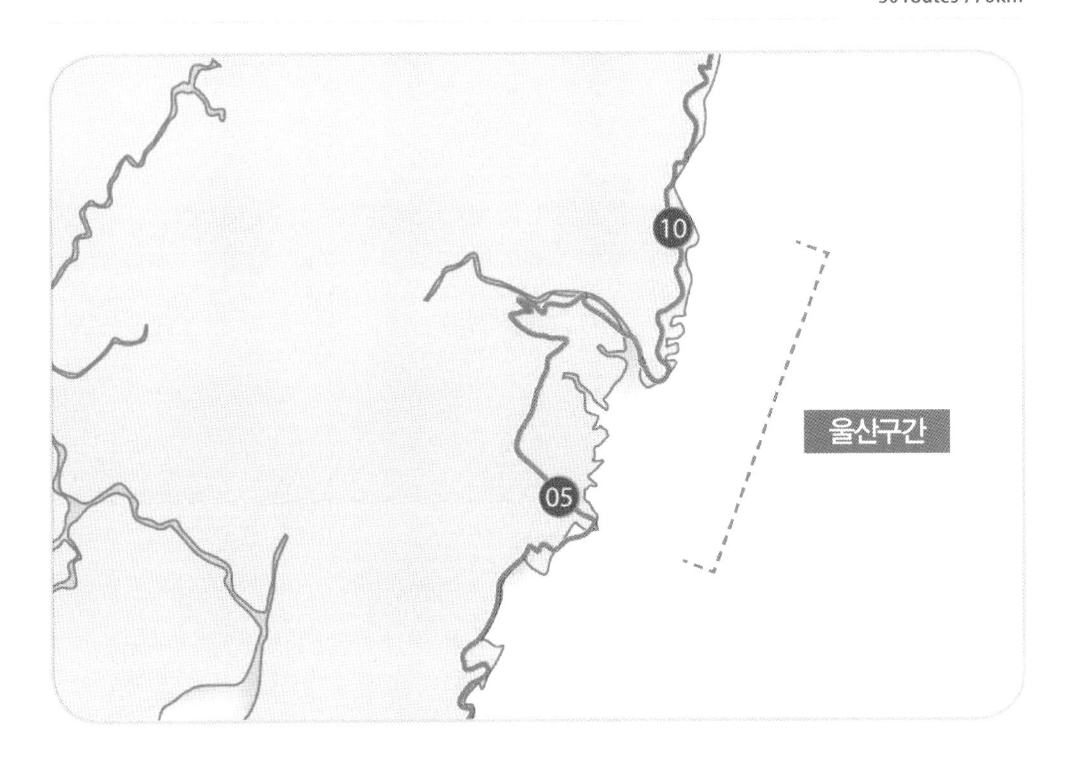
10
05
울산구간

2.5K
1:15
2.3K
1:00
2.5K
0:40
태화강전망대
삼호교
십리대숲
십리대밭교
1.0K
0:10
0.4K
0:15
0.9K
0:45
2.2K
0:10
명촌대교
내황교
번영교
태화교
2.6K
0:45
2.3K
0:30
0.7K
0:15
0.4K
0:05
양정2교
자동차선착장
성내삼거리
염포삼거리

태화강

태화강전망대에서 내려와 태화강 변을 따라서 삼호대숲길을 걷기 시작했다. 태화강 양쪽 천변으로 4km가량의 대나무숲밭은 규모도 대단했지만 도심 한가운데 자리 잡고 있어 이국적이었다. 구 삼호교 다리를 건너 태화강둔치를 지나 십리대숲길로 들어서자 하늘로 쭉쭉 뻗은 푸른 대나무들이 우리를 반겼다. 많은 울산시민들이 삼삼오오 숲길을 걸으며 수다도 떨고 행복하게 산책하는 광경을 보면서, 울산은 지자체가 돈이 많아서 시민들이 즐길 수 있는 문화 공간들을 잘 만들어 놓은 도시라는 것을 새삼 느끼게 되었다. 태화강 십리대숲길은 담양의 죽녹원보다도 규모가 훨씬 크고 아름다웠다. 푸릇푸릇한 대나무에 함박눈이 덮인 대나무 숲길을 상상해보며 눈 내리는 겨울에 태화강 십리대숲길을 보러와야겠다는 생각을 했다.

삼호교

삼호교 위에서 바라본 태화강변

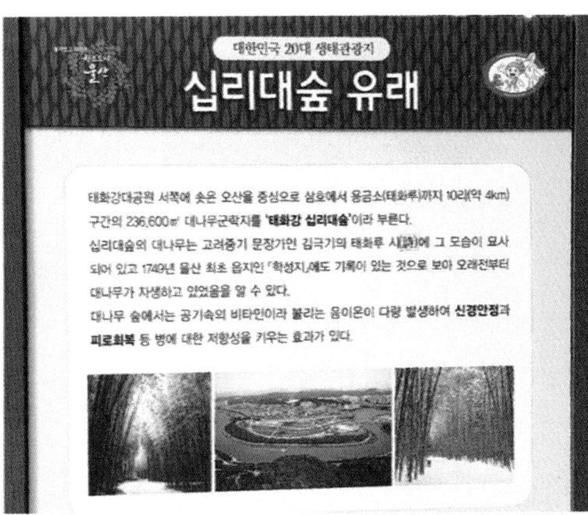

십리대숲 유래

십리대숲

십리대밭교를 지나고 여울다리를 지나서 태화강을 따라 내려가다가 태화루에 도착했다. 태화루는 주변 풍광이 아름다워 고려 시대부터 울주8경 중의 하나이며 고려 성종이 울산에 행차했을 때 잔치를 열었던 장소라고도 한다. 도착시간이 저녁 6시가 넘어서 아쉽게도 내부 구경은 하지 못했다. 중구 성남동 젊음의 거리에 있는 '역전우동'에서 우동으로 저녁식사를 하고, 호텔 마르에 투숙했다.

심리대숲길

태화강둔치

십리대밭교

태화루

젊음의 거리

아침 6시에 호텔을 출발했는데 이른 아침이라 아침식사를 하는 식당이 없다. 태화교를 지나고 태화강 체육공원을 걸었다. 태극기로 조성된 꽃밭도 아름답고 무궁화동산에 무궁화꽃도 만개했다. 무궁화꽃의 종류도 매우 많았다. 번영교를 지나고 학성교도 지났다. 내황교를 지나고 명촌대교를 지나서 태화강 억새군락지에 도착했다. 태화강 천변을 따라 울산항으로 내려가는 도로변으로 6km 이상의 억새군락지가 조성되어 있었다. 억새군락지를 따라 걸으며 태화강에서 물고기들이 물 위로 튀어 오르는 모습을 감상했다. 간간이 두루미들이 물속에 조용히 서서 튀어 오르는 물고기를 낚아채 맛있게 아침식사를 하고 있었다.

무궁화동산

태화교

번영교

명촌대교

이른 아침부터 공복에 뙤약볕 길을 3시간 이상 걷다 보니 허기도 지고 갈증도 나며 정신이 몽롱해지기 시작하면서 어지럽고 몸에서 열이 났다. 아무리 찾아보아도 아침식사를 할 만한 곳이 없다. 죄우지간 가야만 한다. 양정1교, 양정2교를 지나고 현대자동차선착장에 도착했는데 GLOVIS라는 화물선에 자동차를 선적하기 위하여 자동차들이 선착장에 늘어서 있는 모습이 장관이었다. 울산항 주변에는 자동차선적 관련 회사들이 많았다. 울산항을 바라보면서 염포삼거리 방면으로 들어섰다. 아침 9시, 성내삼거리의 '중화요리 로타리'에서 볶음밥으로 아침식사를 했다. 영업하기에는 너무 이른 시간이지만 우리를 위하여 사장님이 특별히 볶음밥을 만들어주셨다. 지금 젊은 사장님께서 만들어주신 이 볶음밥은 허기진 우리에게는 세상의 다른 무엇과도 바꿀 수 없는 소중한

울산항

음식이었다. 행복이란 이런 것인가? 단돈 6천 원으로 해결되는 이 기쁨. 백만장자가 부럽지 않다. 배가 부르고 나니 발걸음도 한결 가볍고 마음에 여유도 생겼다. 염포삼거리에서 도착스탬프를 찍었다.

자동차선적장

도착스탬프 찍는 곳

염포삼거리 → 일산해변

문무왕 · 왕비의 넋이 호국용신이 된 대왕암

도보여행일: 2018년 07월 12일

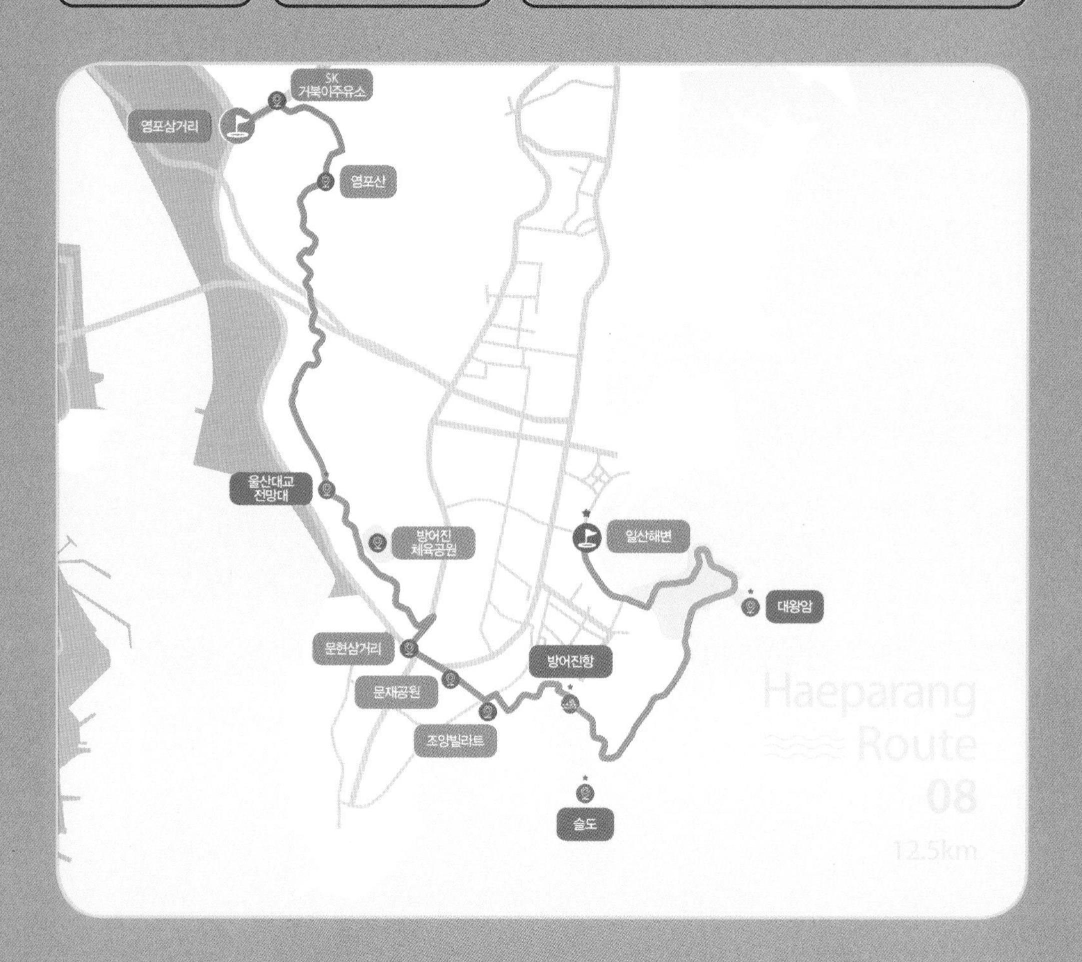

★ 꼭 들러야 할 필수 코스!

10
05
울산구간

염포삼거리
0.1K
0:05
SK
거북이주유소
0.9K
0:40
염포산
3.0K
1:00
울산대교
전망대
0.3K
1:20
방어진
체육공원
1.4K
0:40
문현삼거리
0.3K
0:10
문재공원
0.3K
0:05
조양빌라트
1.2K
0:15
방어진항
0.7K
1:00
슬도
2.2K
1:00
대왕암
2.1K
1:00
일산해변

HAEPARANG
ROUTE
08

해파랑길 8코스 (염포삼거리~일산해변)

문무왕 · 왕비의 넋이 호국용신이 된 대왕암

대왕암

염포삼거리를 지나 염포산으로 올라갔다. 35도 이상의 불볕더위와 땅에서 올라오는 지열로 인해 온몸이 땀으로 뒤범벅이 됐다. 뙤약볕에 물만 마셨다가는 탈진이 될 것 같아 이온 음료와 생수를 번갈아 마셔가며 트레킹을 했다.

울산대교 전망대에 올라 태화강 물줄기가 동해바다로 빠져나가는 울산만 전경을 바라보니 울산대교, 울산항, 가지산, 신불산, 장생포, 온산공단 등, 경치가 환상적이었다. 울산만에 위치한 현대미포조선소의 웅장한 광경, 태화강을 끼고 발달한 현대자동차 선적공장들, 울산항에 정박한 자동차 화물선들, 울산만을 가로지르는 울산대교가 서로 어울려 멋진 풍광을 자아내었다. 울산대교 전망대휴게소에서 시원한 아메리카노 한 잔을 시켜놓고 휴식을 취하면서 갈증도 해소하고 다리의 피로도 풀었다.

울산대교전망대

왼쪽 새끼발가락의 발톱이 새까맣게 변한 걸 보니 조만간 빠질 것 같고, 오른쪽 발바닥과 발가락 사이에는 물집들이 생겨서 걷는 내내 통증을 유발했지만 참고 갈 수밖에 없었다.

방어진항

슬도

염포산을 내려와 방어진항에 도착했다. 고래잡이가 성행하던 예전에는 방어진항이 고래고기를 사고파는 사람들로 북새통을 이루었으나 현재는 평범한 어촌항이었다. 한화장에서 짜장면으로 점심식사를 했다.

슬도 너븐개

울산수협위판장과 슬도등대를 구경하고 해안산책로를 따라 걸으며 고동섬전망대, 몽돌해변을 지나 대왕암공원 남쪽 아래의 몽돌해안으로 1960년대까지 동해의 포경선들이 고래를 이곳으로 몰아서 포획했다는 너븐개에 도착했다.

대왕암

대왕암공원

대왕암은 신라 제30대 문무대왕과 왕비가 죽어서도 나라를 지키겠다는 호국대룡이 되어 동해의 대암 밑으로 잠겼다는 곳으로 주변 경치가 기암괴석으로 아름다웠다. 대왕암이 바로 보이는 몽돌해변에서 잠시

여장을 풀고 양말을 벗고 바닷물로 족욕 마사지를 했다. 수만 보를 걷느라 엉망이 된 두 발을 시원한 바닷물에 담그고 나니 발바닥의 열기도 사라지고 몸의 피로도 한 방에 날아가는 것 같았다.

대왕암 해안산책로를 따라가면서 넙디기, 탕건암, 할머니바위를 구경하고 대왕암공원의 곰솔숲을 지나 반달 모양의 일산해수욕장에 도착해서 도착스탬프를 찍었다. 하얀 백사장과 에메랄드빛 바다가 아름다운 해변가를 따라서 식당들과 모텔촌, 길거리 공연 등이 즐비했다. 모처럼 먹거리와 볼거리가 많은 해변을 만나서 기분이 좋았다. 젊은 연인을 비롯한 많은 관광객들이 저녁 늦게까지 백사장을 거닐면서 폭죽도 터트리며 즐거운 시간을 보내고 있었다. 우리도 일산해변의 '강남회센터'에서 자연산 농어회(1kg, 10만 원)를 시켜놓고 소주를 마시면서 해변의 야경을 즐겼다. 몸은 피로했지만 마음은 행복했다.

넙디기

탕건암

할머니바위

일산해수욕장

도착스탬프 찍는 곳

농어회와 멍게

일산해변 → 정자항

한국 근대화의 본산 현대중공업단지와 당사항 해상낚시공원

거리(km)
19.3

시간(시, 분)
8:55

도보여행일: 2018년 07월 13일

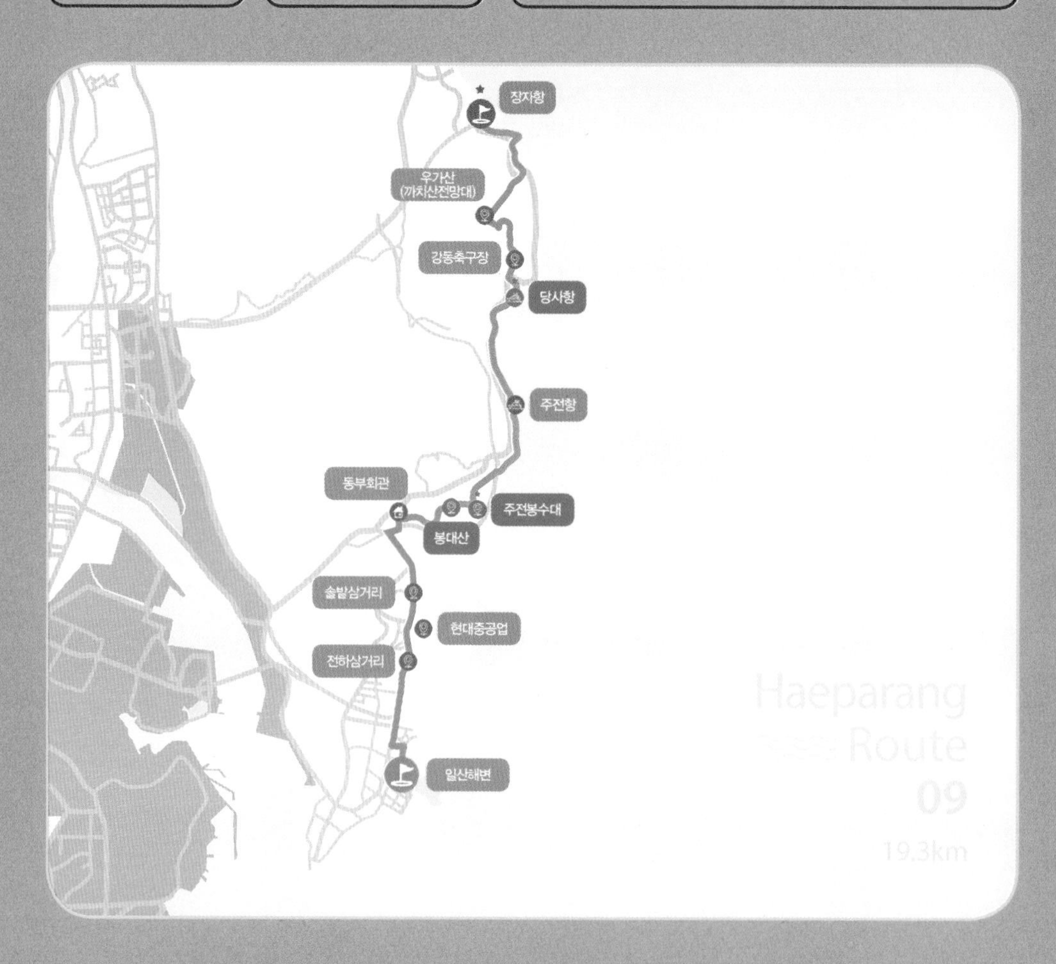

★ 꼭 들러야 할 필수 코스!

10
05
울산구간

2.5K
1:00
0.5K
0:20
0.7K
0:15
일산해변
전하삼거리
현대
중공업
솔밭삼거리
1.8K
0:35
3.4K
1:05
0.6K
0:25
1.8K
1:00
주전항
주전봉수대
봉대산
동부회관
2.5K
1:35
0.7K
0:40
1.3K
0:40
3.5K
1:20
당사항
강동축구장
우가산
(까치산전망대)
장자항

제전항

아침 7시에 숙소를 나와 해변가를 걸었다. 피서철이라 어제밤에는 해변가의 식당들이 시끌벅적하였는데, 이른 아침이라 바다는 고요하고 식당들은 아직 문을 열지 않았다. 트레킹을 하면서 가장 어려운 점 중의 하나가 아침식사를 해결하는 일이다. 일산항 부근에서 현대중공업단지 방향으로 걷기 시작했다. 동해안을 끼고 끝없이 펼쳐져 있는 현대중공업단지를 걸어가다 보니 현대그룹 창시자 정주영 회장이 한국근대화에 끼친 영향을 느낄 수 있었다. 전하삼거리의 '원조 진배기 할매국밥'에서 살코기국밥으로 아침식사를 하였는데 고기도 많이 넣어주고, 국물도 맛있으며, 가격도 7,000원으로 싸고, 반찬도 깔끔했다. 식사 후에 부근의 아파트 입구의 과일장사 아저씨에게서 싱싱한 자두 20개를 사서 배낭에 넣으니 가슴이 뿌듯하고 행복했다.

현대중공업단지를 지나고 한국프렌지공업, 동부회관을 지나 남목체육소공원에서 잠시 쉬면서 싱싱한 자두를 씻어 먹었다. 말이 담을 뛰어넘는 것을 막기 위하여 목장의 둘레를 돌로 쌓은 담장을 '마성(馬城)'이라고 하는데, 조선 시대 국영목장 9곳 중의 하나인 남목마성을 지나서 봉대산 정상에 도착했다. 정상에는 주전봉수대가 있었다. 봉수대는 옛날 군사통신수단의 하나로, 사방이 잘 보이는 산봉우리에 위치하여 밤에는 횃불로, 낮에는 연기로 서로 연락하던 곳이다.

현대중공업

주전봉수대

해수관음보살에서 바라본 현대중공업

이 주전봉수대 옆에는 '봉호사'라는 절과 '해수관음보살'이 있는데, 이 곳에서 동해안을 바라보는 경치가 아주 좋았다.

'큰 바다를 바라보는 좋은 명소'라는 망양대에 올라 주변 경치를 구경하고 하기해수욕장을 지나 해안가를 따라 걸었다. 큰불항 앞의 '그냥카페'에서 옛날손팥빙수를 2개 시켜서 먹었는데, 옛날 향수에 젖어서 분위기는 좋았는데 맛은 별로였다. 고양이들이 테이블 위에 득실거리고, 완전히 고양이 판이라서 주인아주머니 취향을 알 수 없었다.

망양대 그냥 카페

주전마을은 7개의 작은 마을로 구성되어 있는데 각 마을마다 마을의 안녕을 기원하는 제당이 있다고 한다. 또 주전마을 '생태체험 학습장'은 여름휴가철이면 많은 관광객들이 찾아온다고 한다. 붉은색 삼층

주전마을 생태체험장

주전항

주전몽돌해변

어물항

석탑 모양의 주전(朱田)마을 등대를 감상하고 주전몽돌해변에 도착했다. 까만 자갈들로 구성된 주전몽돌해변에 바닷물이 부딪쳐 하얗게 부서지는 파도의 물결이 한 폭의 그림 같았다. 바닷물로 내려가 몽돌 자갈을 밟으며 주전몽돌해변의 아름다움을 만끽하였다.

구암마을, 솔마레엘마린펜션, 금천교를 지나 어물항에 도착했다. 용바위와 당사해상낚시공원을 둘러본 다음 우가산으로 오르면서 강동축구장에 들렀다. 강동축구장은 2002년 한 · 일 월드컵대회를 앞두고 1998년 7월 국가대표 축구팀의 기술훈련을 위해 현대중공업이 건설한 것으로 관리를 잘하고 있었다. 우가산 정상의 까치전망대에서 내려다본 주전몽돌해안과 당사항 전경이 푸른 하늘, 에메랄드빛 바다, 우가산 초록숲과 어울려 장관이었다. 우가산 정상에서 정자항으로 하산하던 길에 굴피나무 군락지를 만났다. 강원도에서는 굴피집을 지을 때 지붕을 굴피나무 껍질로 덮는다고 한다.

용바위

당사해상낚시공원

당사항

우가산을 내려와서 제전항, 판지항을 지나고, 정자천교에 도착하여 도착스탬프를 찍었다. 택시를 이용하여 울산고속버스터미널에 도착하여 '국수맛집'에서 간단히 저녁식사를 하고 각자 귀가했다.

장자항

도착스탬프 찍는 곳

정자항 → 나아해변

천혜의 지질박물관 경주양남주상절리 파도소리길

도보여행일: 2018년 07월 17일

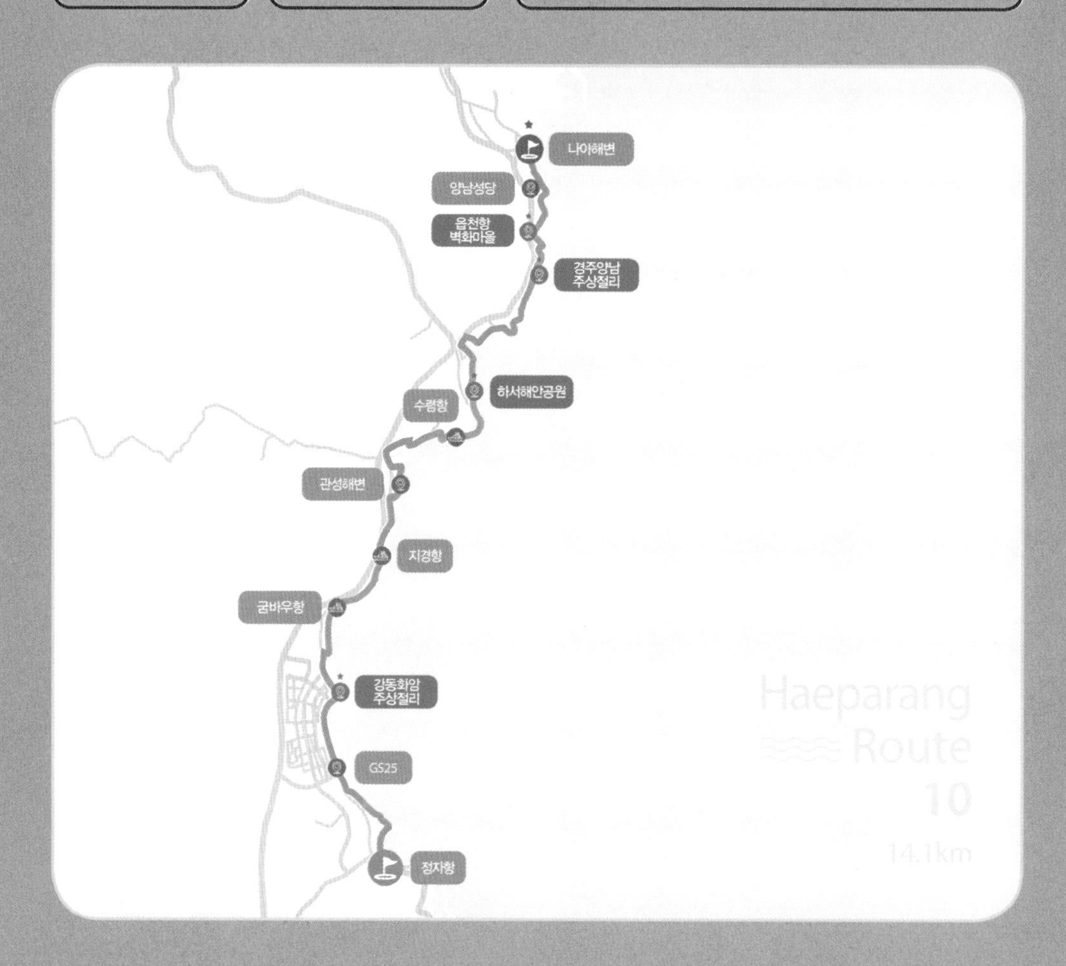

★ 꼭 들러야 할 필수 코스!

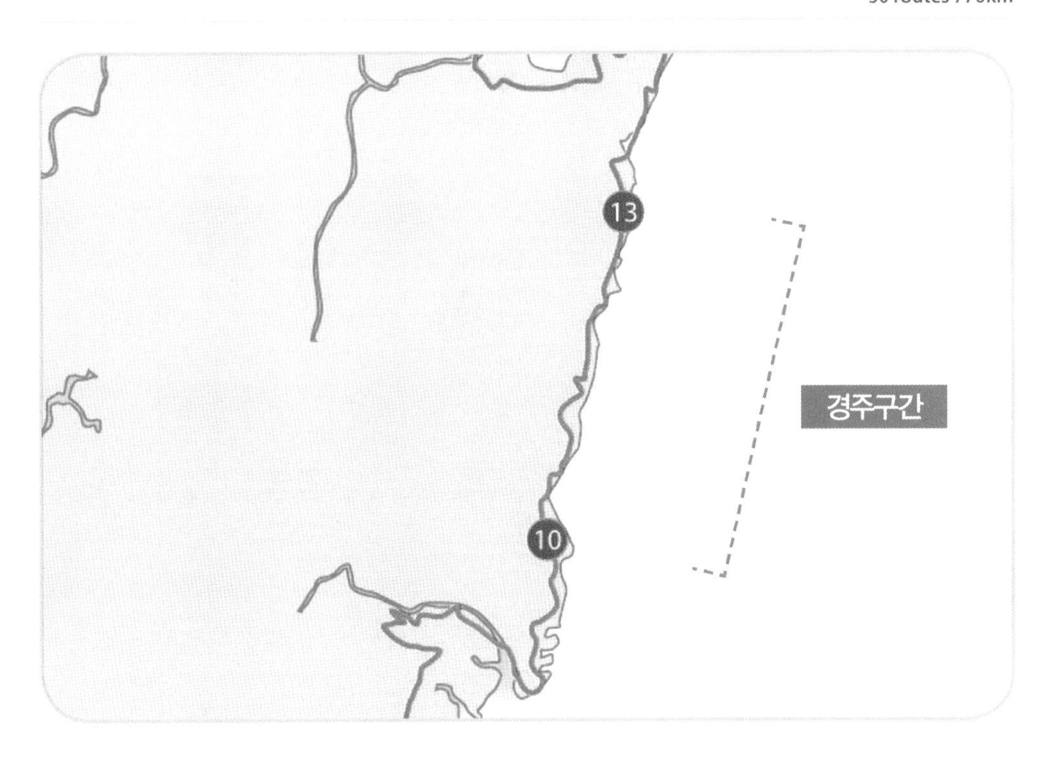
13
10
경주구간

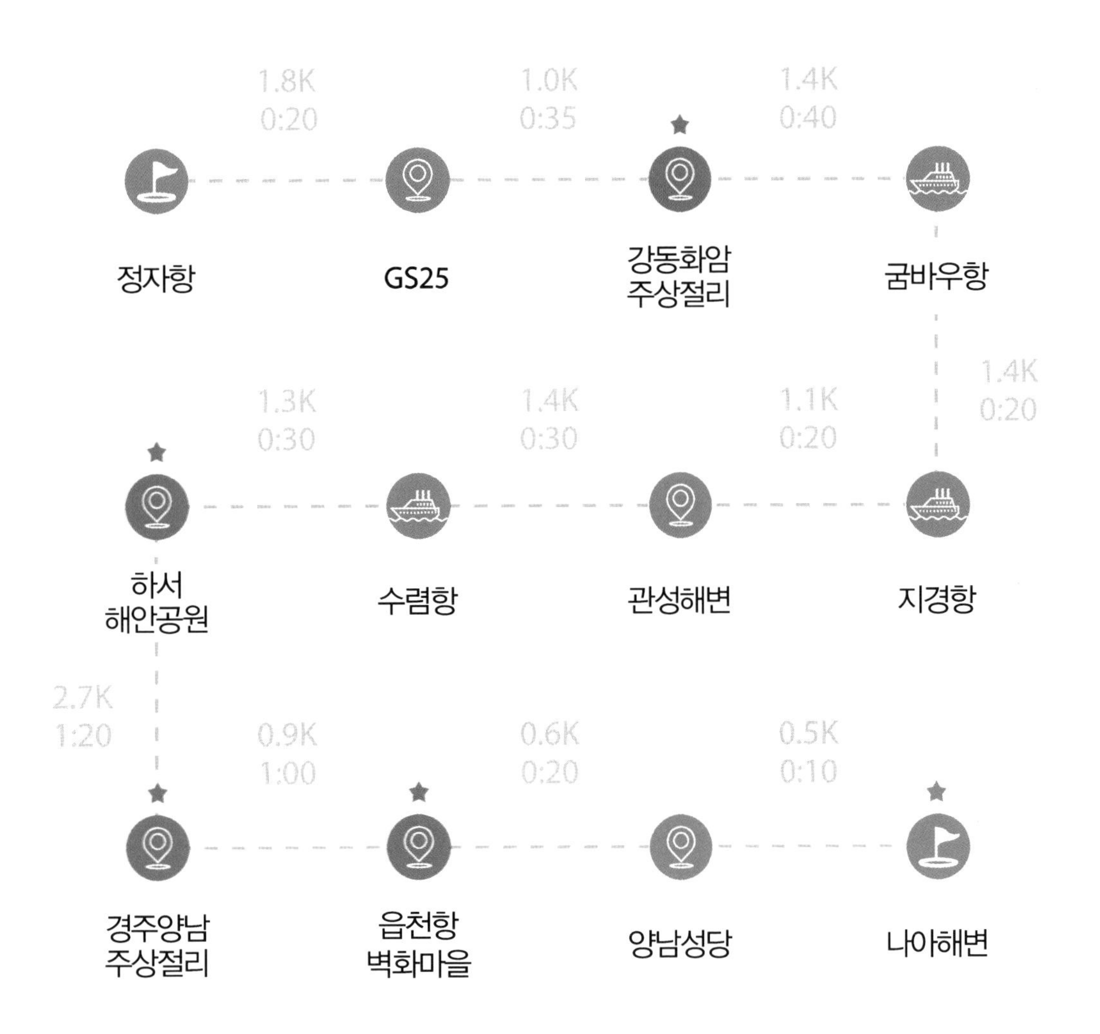
정자항
1.8K
0:20
GS25
1.0K
0:35
★ 강동화암 주상절리
1.4K
0:40
굼바우항
1.4K
0:20
지경항
1.1K
0:20
관성해변
1.4K
0:30
수렴항
1.3K
0:30
★ 하서 해안공원
2.7K
1:20
★ 경주양남 주상절리
0.9K
1:00
★ 읍천항 벽화마을
0.6K
0:20
양남성당
0.5K
0:10
★ 나아해변

해파랑길 10코스 (정자항~나아해변)

천혜의 지질박물관 경주양남주상절리 파도소리길

율포진리항

KTX 울산역에 08시 15분에 도착해서 역내의 '본 우리반상'에서 '활력낙지덮밥반상'으로 아침식사를 했다. 낚지볶음이 감칠맛이 좋았고 반찬도 정갈하고 깔끔했다. 5003번 급행버스를 타고 병영사거리에서 내려 421번 시내버스로 갈아타고 정자항에 도착했다. 해파랑길 10코스 시작점인 정자항에 들어서자 대게직판장, 대게음식점 간판들이 즐비했다.

정자해변

대게는 영덕에서만 유명한 줄 알았는데 정자항에서부터 영덕대게 영향권에 들어선 느낌이었다. 정자항을 지나 백사장이 아름다운 정자해변에 도착했는데, 여름 휴

강동해변

가철 성수기인데도 해변이 한가하고, 관광객들도 별로 없었다. 강동해변도 상황은 비슷했다. 폭염에 의한 날씨 탓도 있겠지만 경기가 매우 나쁜 것 같다. 놀랄 정도였다. 요즘 경기불황이 IMF 구제금융 위기 때보다 훨씬 심각하다는 얘기는 많이 들었지만 현장은 그 이상으로 매우 심각했다.

강동해변을 지나 강동화암주상절리대에 도착했다. 울산광역시 기념물 제42호인 강동화암주상절리는 약 2000만 년 전에 분출한 현무암 용암이 냉각하면서 생성된 것으로, 단면이 육각형 또는 삼각형으로 된 긴 돌기둥 모양의 바위가 겹쳐져 있는 지질이다. 동해안 주상절리 중 용암주상절리로는 가장 오래된 것으로 '화암'이란 마을 이름도 여기에서 유래되었다고 한다. 굼바우항의 바다슈퍼를 지나면서 울산구간과 작별하고 경주구간으로 들어섰다. 신명항과 지경항을 지나고 모래해변이 길고 아름다운 관성해변을 지나 수렴항에 도착했다. 토속적인 풍치를 자랑하는 예쁜 음식점 '옛이야기'에서 제육덮밥으로 점심식사를 맛있게 하였다. 후식으로 아이스커피를 한 잔씩 마시면서 갈증과 더위를 한꺼번에 날려버렸다.

강동화암주상절리

신명항

지경항

수렴항

옛이야기

마을을 편안히 지켜주고 주민들의 소원을 들어준다는 '할매바우'를 지나 하서해안공원에 들어서자 모처럼 만에 여행객들이 해안공원을 거닐고, 바다에서 바나나보트를 타는 풍경을 볼 수 있었다. 양남해수온천랜드를 구경하고 하서교를 지나 물빛사랑교에 도착했다. 물빛사랑마을로 들어서서 하서항 부두를 거닐면서 '큐피드 화살' '사랑의 열쇠' 등 이색적인 것들을 구경했다. 이 하서항 부두길은 '사랑이 이루어지는 곳'으로 젊은 연인들에게 인기 있는 장소라고 한다.

수렴리 할매바우

양남해수온천랜드

율포진리항

하서항에서 시작되는 '경주양남주상절리 파도소리길'은 하서리와 읍천리의 약 1.6km 해안에 걸쳐서 발달한 주상절리대로 경주를 대표하는 관광지다. 기울어진 주상절리, 누워있는 주상절리, 위로 솟은 주상절리, 부채꼴 주상절리 등 다양한 모양의 주상절리들이 해안을 따라 발달되어 있다. 주상절리 조망타워에서 사방을 둘러보고 환상적인 '주상절

기울어진 주상절리

누워있는 주상절리

위로 솟은 주상절리

부채꼴 주상절리

리 파도소리길'을 지나서 읍천항의 '읍천벽화마을'에 도착했다. 읍천마을의 어촌 주택의 벽에 갖가지 그림들을 그려 아름답게 꾸며 놓았다. 벽화를 감상하면서 읍천마을을 걷는 내내 마음이 행복했다. 죽전회관과 양남성당을 지나 나아해변의 해변슈퍼 건너편에서 도착스탬프를 찍었다.

읍천항 벽화마을

도착스탬프 찍는 곳

나아해변 → 감포항

신라 문무대왕의 바다무덤 경주문무대왕릉

거리(km)
18.8

시간(시, 분)
5:10

도보여행일: 2018년 07월 18일

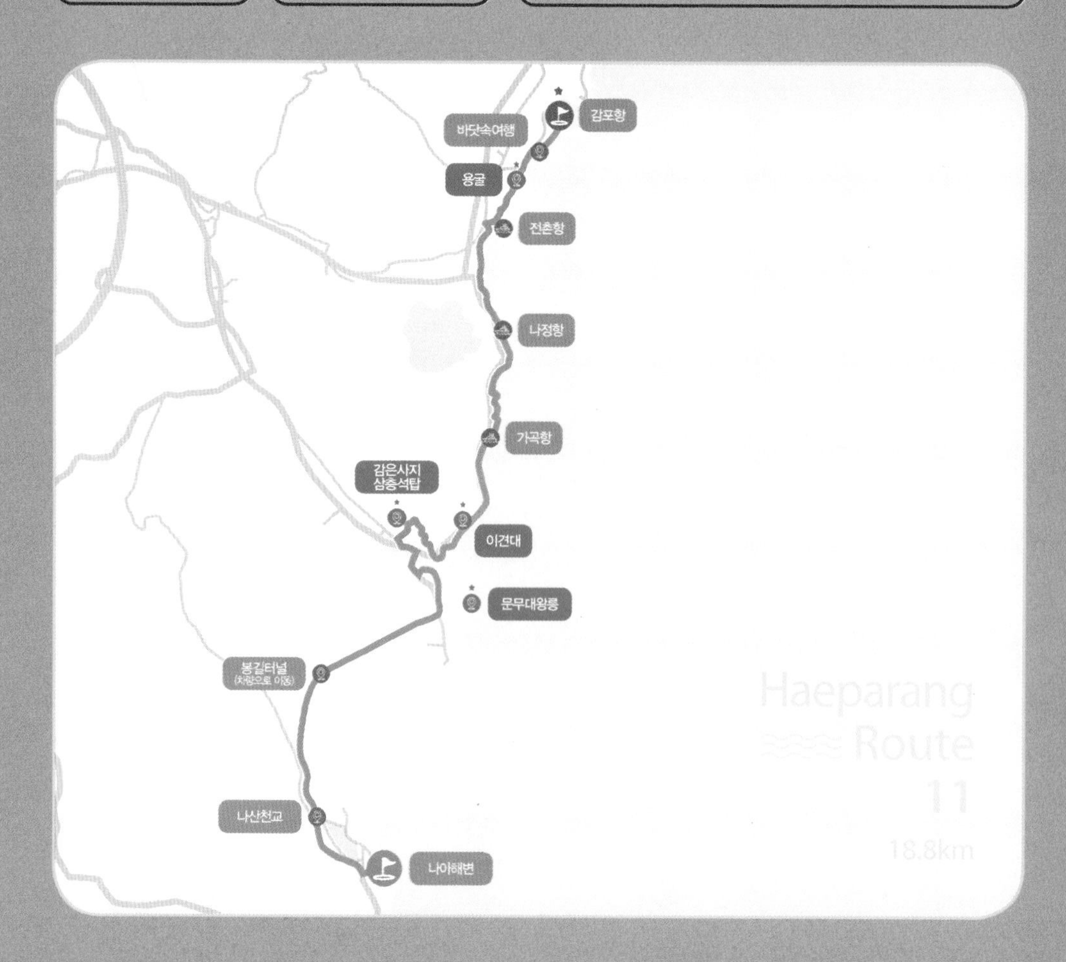

★ 꼭 들러야 할 필수 코스!

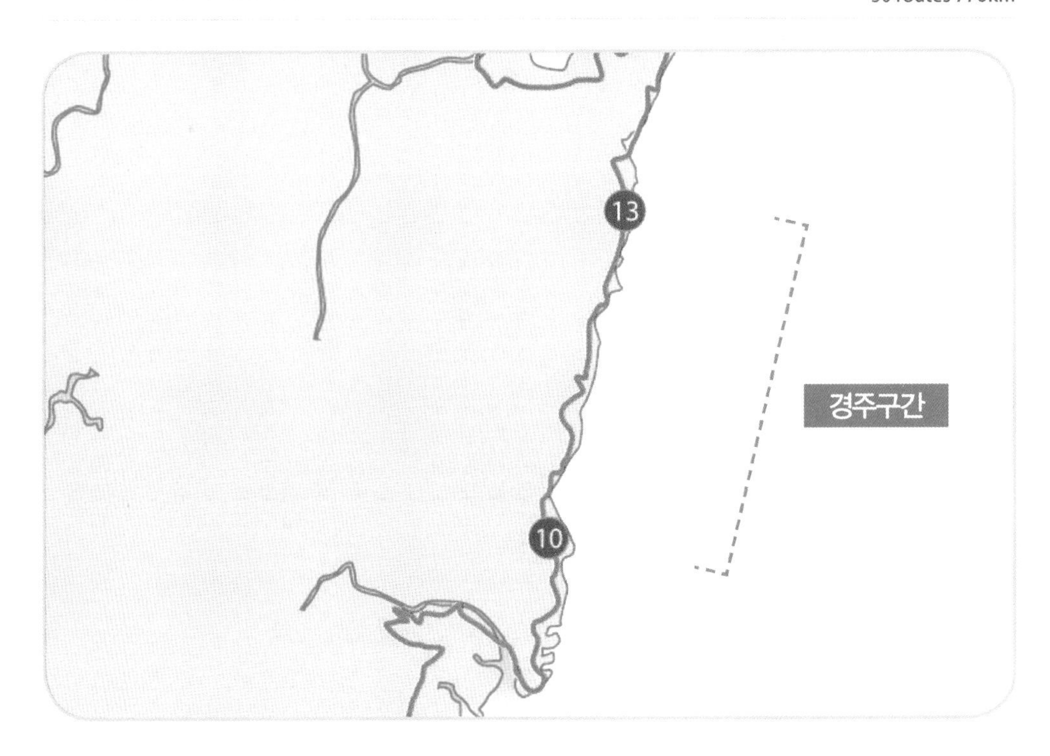
13
경주구간
10

1.9K
0:30
3.4K
0:20
1.0K
0:20
★
나아해변
나산천교
봉길터널
(차량으로 이동)
문무대왕릉
2.4K
0:30
2.3K
0:30
2.3K
0:40
1.2K
0:30
★
★
나정항
가곡항
이견대
감은사지
삼층석탑
2.3K
0:50
1.0K
0:30
0.6K
0:20
0.4K
0:10
★
★
전촌항
용굴
바닷속여행
감포항

해파랑길 11코스 (나아해변~감포항)

신라 문무대왕의 바다무덤 경주문무대왕릉

나정해변

양남면 나아리의 해안지대는 월성원자력발전소가 있어서 해안도로는 통행금지구역이다. 나아해변에서 내륙으로 들어섰다. 나산천교를 지나 나산리 버스정류장에서 봉길터널(2.43km, 차량 이동구간)을 지나갈 버스를 기다리고 있는데, 봉길터널 관리소장(김영범)님이 지나가시다가 해파랑길 트레킹 중인 것을 알고 직원에게 전화해서 터널 작업차량을 제공해주셨다. 덕분에 편하게 봉길터널을 넘어왔다. 살다가 오늘같이 운수 좋은 날도 있었다. 다시 한 번 봉길터널 관리소장님과 직원분께 감사의 인사를 드린다.

나산리 버스정류장

경주 문무대왕릉

봉길터널을 통과해서 경주문무대왕릉에 도착했다. 경주문무대왕릉은 삼국을 통일한 신라 30대 문무대왕의 바다무덤으로 "내가 죽으면 화장하여 동해에 장례하라. 그러면 동해의 호국룡이 되어 신라를 보호하리라"라는 대왕의 유언에 따라 불교식으로 화장하여 수중에 유골을 모신 곳이다. 해중릉이 바라보이는 봉길해변에서는 많은 무속인들이 용왕님께 안전과 풍어를 비는 굿을 올리고 있었다. 늦은 저녁 시간에 가곡항의 은성모텔에 도착하여 숙소를 정하고, 울산횟집에서 우럭, 도다리 모듬회로 저녁식사를 하였다.

다음 날 아침 6시에 일어나 감은사지 삼층석탑과 이견대를 구경하러 갔다. 감은사는 신라 문무왕이 삼국을 통일한 뒤 왜구의 침략을 막고자 이곳에 절을 세우기 시작하여 아

이견대

감은사지 삼층석탑

들 신문왕 2년에 완성된 절이다. 감은사에는 죽어서 용이 된 아버지가 드나들 수 있도록 금당 밑에 특이한 구조로 된 공간이 있었고, 이 금당 앞에 동서로 서로 마주 보고 한 쌍의 삼층석탑이 있었다. 감은사지를 둘러보고 이견대로 왔다. 이견대는 문무대왕의 혼이 깃든 문무대왕릉을 바라보는 언덕 위의 정자이다. 경주 봉길해변에서 문무대왕수중릉, 감은사지삼층석탑, 이견대 3곳을 돌아보며 문무대왕의 나라를 사랑하는 호국정신과 아들 신문왕의 지극한 효심에 가슴이 뭉클했다.

코다리찜

가곡항으로 돌아오는 길에 대본 3리의 '가자미 친구 코다리' 식당에서 코다리찜으로 아침식사를 했다. 주인도 친절하고 음식도 맛이 좋아서 주변 지인에게 선물할 가자미와 코다리를 사서 각각 보냈다. 거금을 썼지만, 맛있는 음식을 함께하니 마음이 흐뭇했다.

가곡제당의 할배.할매 소나무

나정해변

전촌항

가곡마을 가곡제당의 할배 · 할매 소나무를 둘러본 후 감포항 쪽으로 트레킹을 이어갔다. 하트해변을 지나자 넓은 백사장이 아름다운 나

용굴

정고운모래해변과 전촌솔밭해변이 나타났다. 백사장에는 여름 성수기 철을 맞아 많은 파라솔들을 설치해 놓았는데 방문한 관광객들이 너무 적어 아쉬웠다. 전촌솔밭해변을 지나 내륙 숲길로 오르다가 용굴에 도착했다. 2개의 굴로 이루어져 있었는데 용굴을 통하여 바라본 동해바다의 수평선이 무척 아름다웠다.

해안가 언덕을 돌아 내려오는데 아름다운 감포해변과 감포항이 시야에 들어왔다. 푸른 하늘, 에메랄드빛 바다, 감포해변의 하얀 백사장이

감포해변

감포항

잘 어울려 한 폭의 풍경화를 만들었다. 감포항의 늘시원모텔에 숙소를 정하고, 감포항의 전경을 감상한 다음 방파제회센터 앞에서 도착스탬프를 찍었다.

도착스탬프 찍는 곳

감포항 → 양포항

연동항의 명물 황룡사 치미등대

도보여행일: 2018년 07월 18일

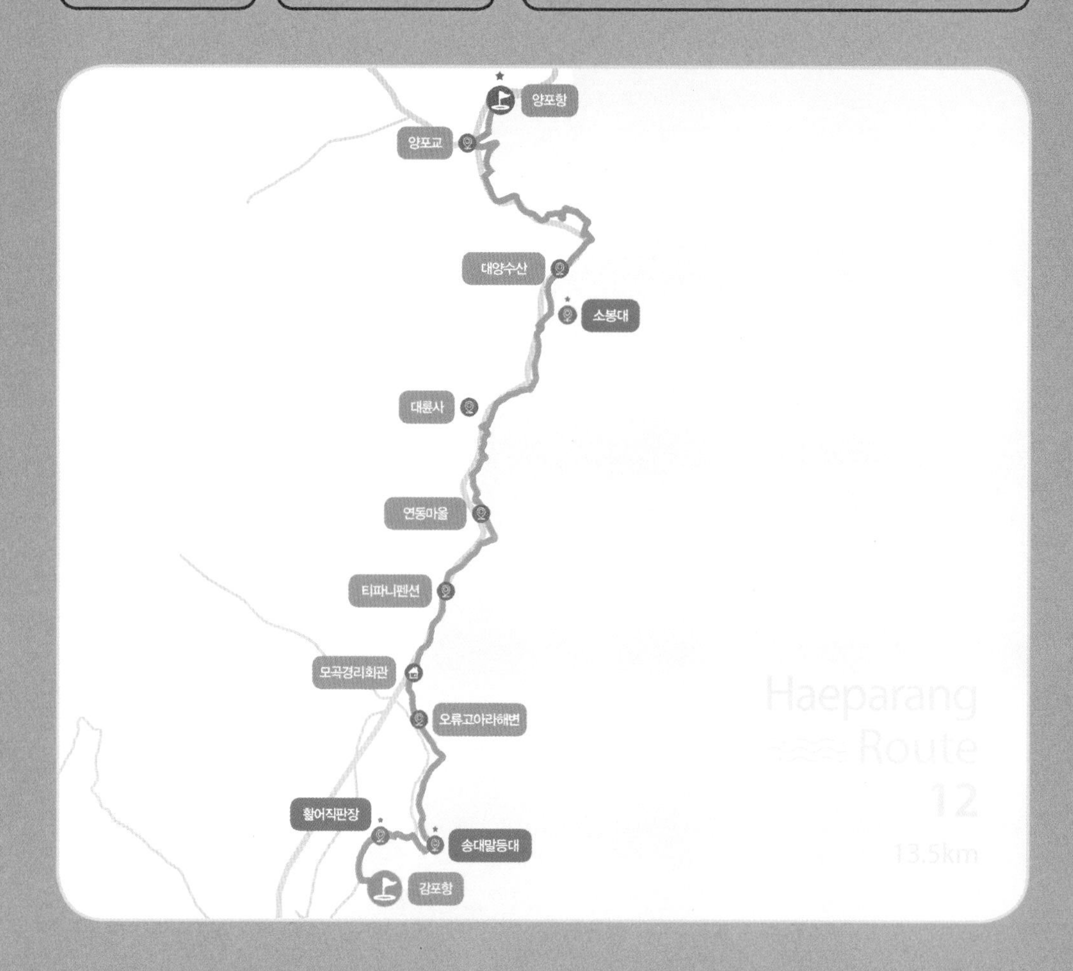

★ 꼭 들러야 할 필수 코스!

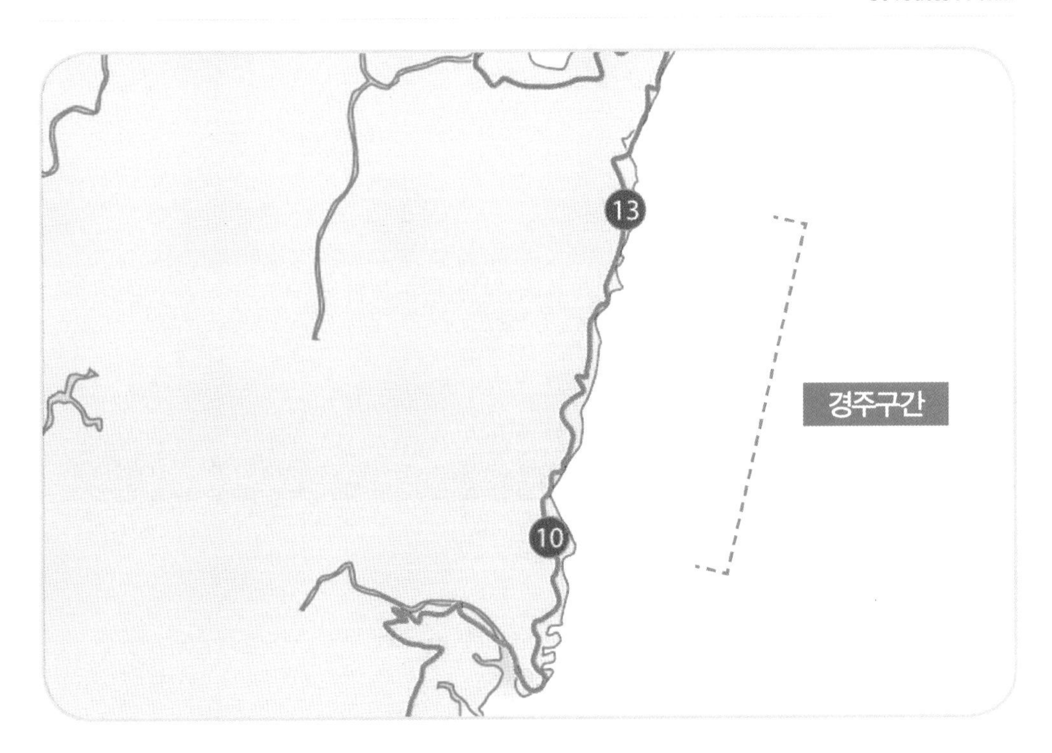
13
10
경주구간

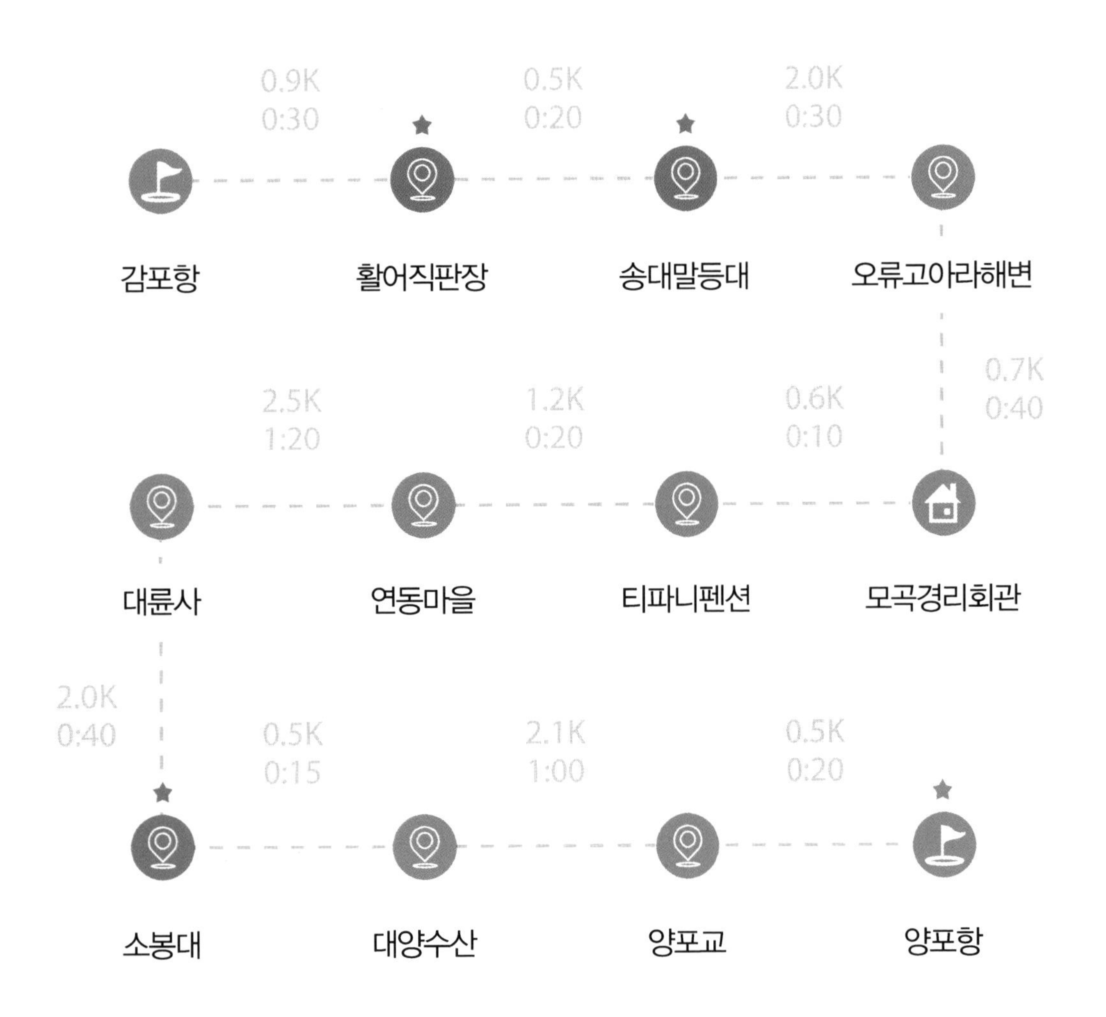
0.9K
0:30
0.5K
0:20
2.0K
0:30
감포항
★ 활어직판장
★ 송대말등대
오류고아라해변
0.7K
0:40
2.5K
1:20
1.2K
0:20
0.6K
0:10
대륜사
연동마을
티파니펜션
모곡경리회관
2.0K
0:40
0.5K
0:15
2.1K
1:00
0.5K
0:20
★ 소봉대
대양수산
양포교
★ 양포항

해파랑길 12코스 (감포항~양포항)

연동항의 명물 황룡사 치미등대

양포항

점심식사로 무엇을 먹을까? 망설이다가 중국집을 찾았는데 감포항을 다 뒤졌다. 감포항 한쪽 구석의 허름한 '주반점'에서 잡채밥으로 점심식사를 했다.

수협활어직판장을 둘러보니 방어, 우럭, 강도다리, 소라 등 싱싱한 생선들이 즐비했다. 저녁에 이곳에서 저녁식사를 하기로 마음먹고 송대말등대로 갔다. '소나무가 우거진 장소 끝부분에 위치한 등대'라고 해서 송대말등대라 불리게 되었다고 한다. 척사항을 지나자 아름다운 오류고아라해변이 나타났다. 관광객들이 삼삼오오 해변가를 걷고 있고, 젊은 관광객들은 바나나보트를 타고 바다 위를 신나게 달리고 있었다. 이곳에 오니 여름 피서철 같은 느낌이 조금 드는 것 같다.

감포항 수협활어직판장

감포항

송대말등대

오류고아라해변

씨뷰펜션

연동항

연동항에 도착하니 등대 모양이 특이했다. 인터넷을 찾아보니 '황룡사 치미등대'라고 불리는 등대였다. 경주 황룡사 사찰의 건물 지붕 제일 끝쪽에 장식된 치미 모양을 본떠서 만든 테마등대였다. 또한, 연동항을 가로질러 지나가는 파란색의 '집라인 아라나비'도 매우 인상적이었다. 연동마을회관으로 들어서니 곳곳에서 우뭇가사리를 햇볕에 널어 말리고 있었다.

두원항을 지나고 대륜사 입구를 지나서 소봉대를 구경하고 계원2리를 통과했다. 소봉대는 해안에 우뚝 솟아 육지에 이어져 층을 이룬 바위 봉우리로 그 형상이 거북이가 엎드리고 있는 것 같아 복귀봉이라고도 한다. 손재림문화유산전시관을 지나가는데 해파랑길 이정표가 보이질 않아 주변을 자세히 살펴보니 표지판이 송두리째 뽑혀 나뒹굴고 있었

두원항

소봉대

계원2리

손재림문화유산전시관

다. 해파랑길 트레킹을 시작한 지 12일째이지만 이런 광경은 처음이라 당혹스러웠다.

이번 코스 종착지인 양포항에 다다르자 해파랑길 이정표는 방파제를 만들기 위해 쌓는 테트라포드를 만드는 모래사장으로 향하고 없어졌다. 온몸이 땀으로 뒤범벅이 된 채 테트라포드 숲속을 헤치고, 양말을 벗고 물을 건너 철제벽을 간신히 넘어 양포항 부두에 도착했다. 현지 해파랑길 표지판은 엉망진창이고 동네 사람들도 매우 불친절해서 화가

양포교

강도다리회

도착스탬프 찍는 곳

났다. 37도를 넘는 찌는 듯한 무더위로 걷기도 힘든데 이정표도 엉망이라, 빼빼이를 돌고 나니 몸이 파김치가 되었다.

양포항 공영주차장에서 도착스탬프를 찍고, 양포삼거리 정류장에서 시외버스를 타고, 감포항의 '방파제회센터'에 도착하여 강도다리회로 저녁식사를 하였다. 회는 맛있었으나, 주인이 상업적이고 불친절하며 손님에 대해 관심이 없었다. 오늘은 여러 가지로 최악의 날이다.

양포항 → 구룡포항

강태공들의 일 번지 장길리복합낚시공원

거리(km) 19.0

시간(시, 분) 7:30

도보여행일: 2018년 07월 19일

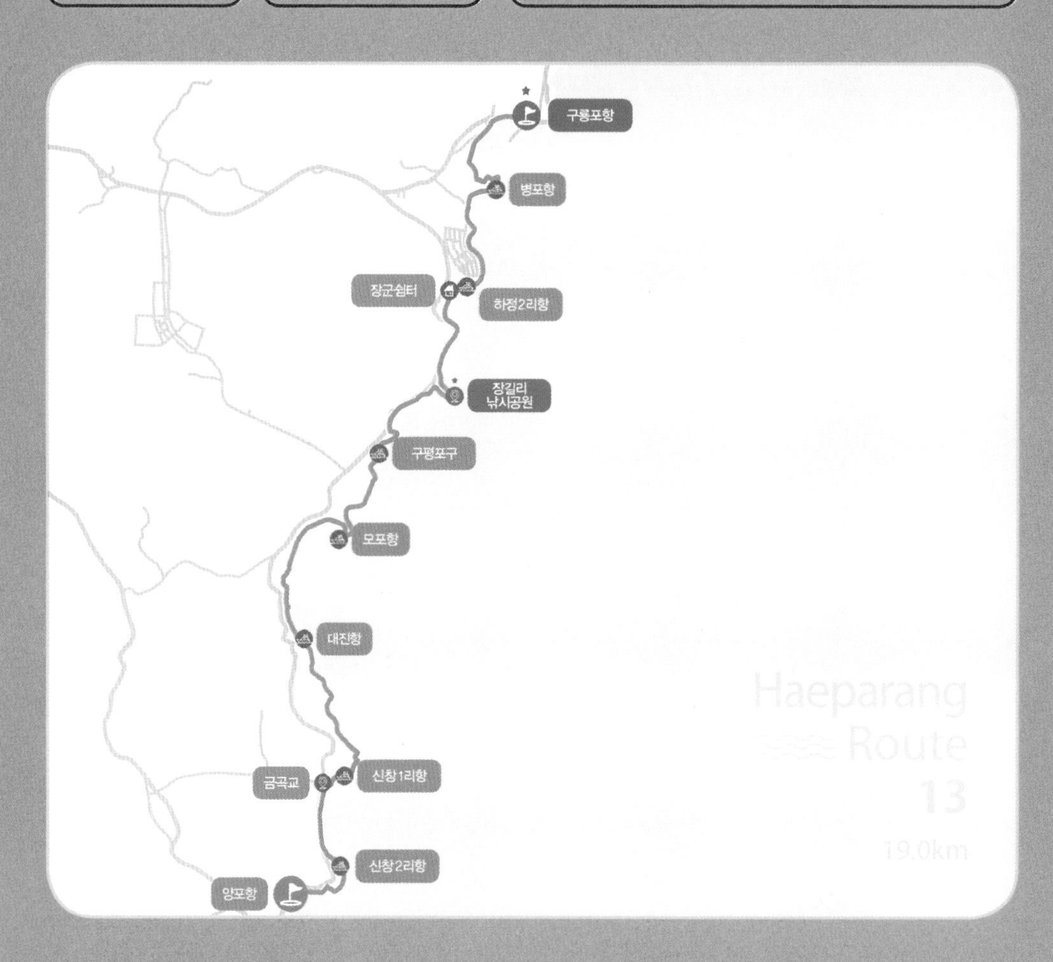

★ 꼭 들러야 할 필수 코스!

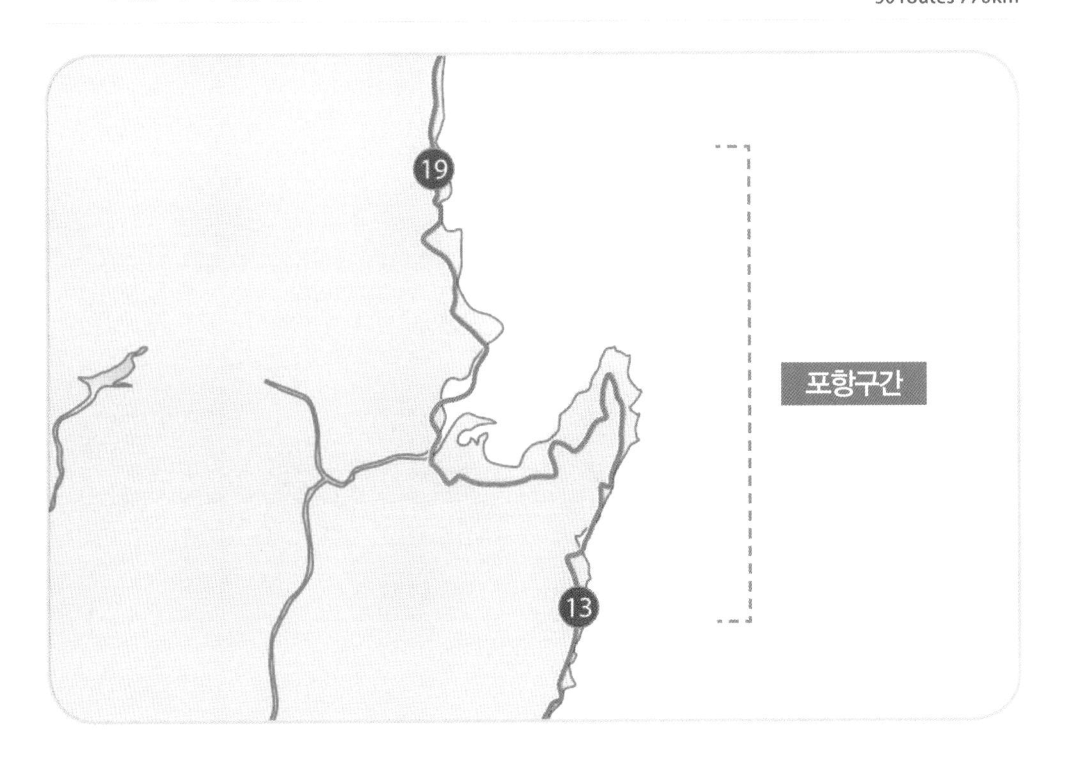
19
13
포항구간

1.4K
0:30
1.2K
0:10
0.3K
0:10
양포항
신창2리항
금곡교
신창1리항
2.7K
0:50
1.5K
0:40
2.4K
1:10
2.6K
1:00
장길리 낚시공원
구평포구
모포항
대진항
2.3K
1:20
0.5K
0:40
2.0K
0:20
2.1K
0:40
장군쉼터
하정2리항
병포항
구룡포항

해파랑길 13코스 (양포항~구룡포항)

강태공들의 일 번지 장길리복합낚시공원

장길리복합낚시공원

감포항에서 포항 가는 800번 시외버스를 타고 양포항에 내려 '양포추어탕'에서 오삼불고기로 아침식사를 했다. 식당 안에는 대구에서 놀러 오신 어르신 세 분이 콩나물해장국으로 아침식사를 하고 계셨는데, 그중 한 분이 젊었을 때 자전거로 국토대종주를 하셨다면서, 형제끼리 해파랑길 대장정을 하는 모습이 너무 보기 좋다고 하셨다. 세 분께서는 각자의 사연으로 인생 말년에 하느님을 믿게 되었고, 그 신심으로 친구가 되어 함께 여행을 다니고 있다고 하시면서, 인생에서 돈보다 더 소중한 것이 친구와 건강이라고 하셨다. 주인아주머니께서 서비스로 오이냉국을 해 주셨는데 시원하고 맛있었다. 아침식사를 맛있게 먹은 다음 편의점에서 물과 이온음료를 사서 배낭에 넣고 트레킹을 시작했다.

양포항

근린공원을 지나고 신창해변을 지나 일출암에 도착했다. 장기 일출암은 뭍에서 조금 떨어져 우뚝 솟은 바위 틈새로 그림처럼 붙어 자란 날물치 해송과 그 사이로 떠오르는 아침 해의 조화가 너무나 아름다워 육당 최남선이 조선 10경 중의 하나로 꼽을 만큼 경관이 빼어난 곳이다. 신창1리항을 지나서 대윤수산축양장 때문에 내륙으로 우회하여 영암1리항으로 내려갔다. 내륙 산행길은 잘 정비되어 있지 않아서 키만큼 자란 잡풀들을 헤치며 가느라 온몸이 땀으로 뒤범벅이 되었다. 영암1리항의 마을정자쉼터에 도착해서 신발과 양말을 벗고 철퍼덕 앉아 쉬면서 땀과 열기를 식혔다. 어촌마을 주민들께서 채취한 미역을 햇볕에 널어 말리고 있었다.

일출암

영암1리항

대진해변 초입에 들어서자 대규모 펜션단지 공사가 한창이어서 우회로를 이용하여 대진해변으로 돌아갔다. 모포항과 구평항을 지나면서 모포수산 등 대규모 전복양식장과 방어양식장을 만났다. 1m 이상 되는 방어 떼들이 해안가 양식장에서 유유히 헤엄치고 있었고, 싱싱한 방어를 대도시로 운송하기 위하여 수조탱크가 달린 특장차에 방어를 옮기느라 분주했다.

대진해변

대진해변

모포항

모포수산

장길해변을 지나 바다낚시의 명소인 '장길리복합낚시공원'에 도착했다. 축구공 모양의 독특한 해상펜션, 보릿돌까지 쭉 뻗어있는 해상다리, 붉은색 등대가 인상적이었다. 포항에서는 이곳이 '바다낚시 일 번지'라고 한다. 갯바위 모양이 보리를 닮았다고 해서 '보릿돌'이라고도 하며, 옛날 보릿고개를 넘어야 할 때마다 이 바위 아래에서 미역이 많이 나와서 어려운 고비를 넘겼다고 한다. 해상다리 위를 걸으면서 주변 경치를 감상하고 포토존에서 사진도 여러 컷 찍은 다음, 전망대 커피숍에서 스무디와 커피를 마시면서 무더위를 달랬다.

장길리복합낚시공원

장길리복합낚시공원

장길리복합낚시공원

보릿돌

하정1리항

하정2리항

하정1리항과 하정2리항 가운데 위치한 장군쉼터에서 바라본 하정항은 아늑하고 아름다운 항구였다. 하정3리항을 지나자 대규모 고급화 풀빌라단지가 있었다. 하정3리 마을에서는 풀빌라단지 앞 해안가인 '하정리 고운모래해변'을 주민들에게 돌려달라는 현수막이 걸려있었다. 포항시청에서 풀빌라 사업주에게 해변까지 팔아넘긴 것 같은데, 자본주

의의 병폐를 보고 있노라니 마음이 불쾌했다. 돈 많은 사람들은 비싼 사용료를 지불하더라도 차별화된 서비스를 받고 싶어 풀빌라를 이용하겠지만, 옛날부터 마을 사람들의 공간이었던 해변을 하정3리 어촌주민들로부터 빼앗은 것 같아 입맛이 씁쓸했다.

병포항을 지나서 이번 여정의 종착지인 구룡포항에 도착했다. 항구 주변이 온통 과메기 판이다. 불행히도 과메기는 10월 말부터가 제철이라서 제맛을 볼 수는 없었지만 구룡포가 과메기로 유명한 것은 실감났

구룡포수협

다. 구룡포항의 광명낚시 건너편에서 도착스탬프를 찍었다. 구룡포항의 부영식당에서 미주구리찌개로 저녁식사를 하였는데 비린내도 없고 담백하면서 맛이 좋았다. 구룡포항의 특산물로는 과메기(10,11월), 대게, 피데기오징어, 꽁치, 가자미가 유명하고, 가자미의 종류에는 줄가자미(이시가리), 물가자미(미주가리)가 있다고 한다. 이시가리는 횟감 중 최상품으로 다금바리급에 해당되는 고급어종으로 가격도 몹시 비쌌다.

도착스탬프 찍는 곳

저녁식사 후에 재래시장에서 내일 아침식사 대용으로 자두 1상자(5kg)와 빵 만 원어치를 샀다. 자두가 싱싱하고 좋았다.

구룡포항 → 호미곶

일출명소 호미곶해맞이광장의 상생의 손

도보여행일: 2018년 07월 20일

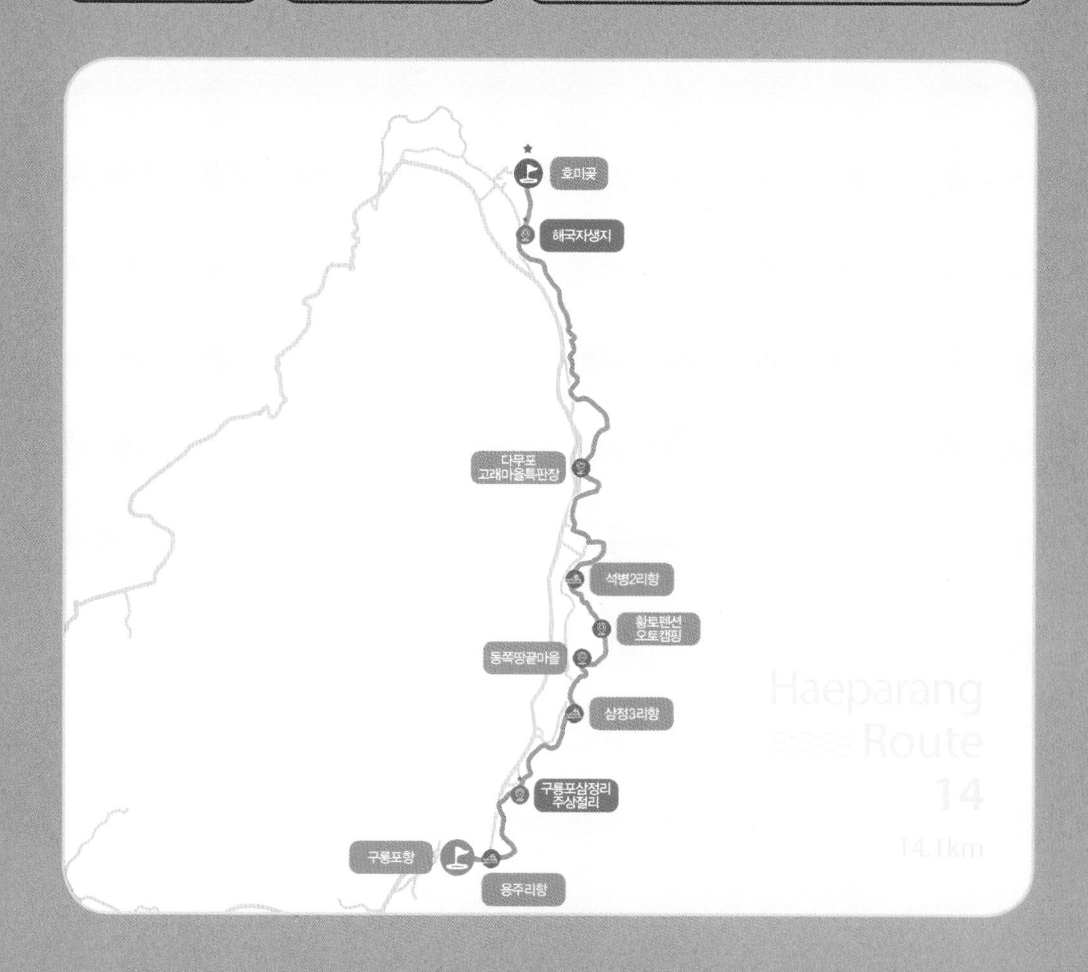

★ 꼭 들러야 할 필수 코스!

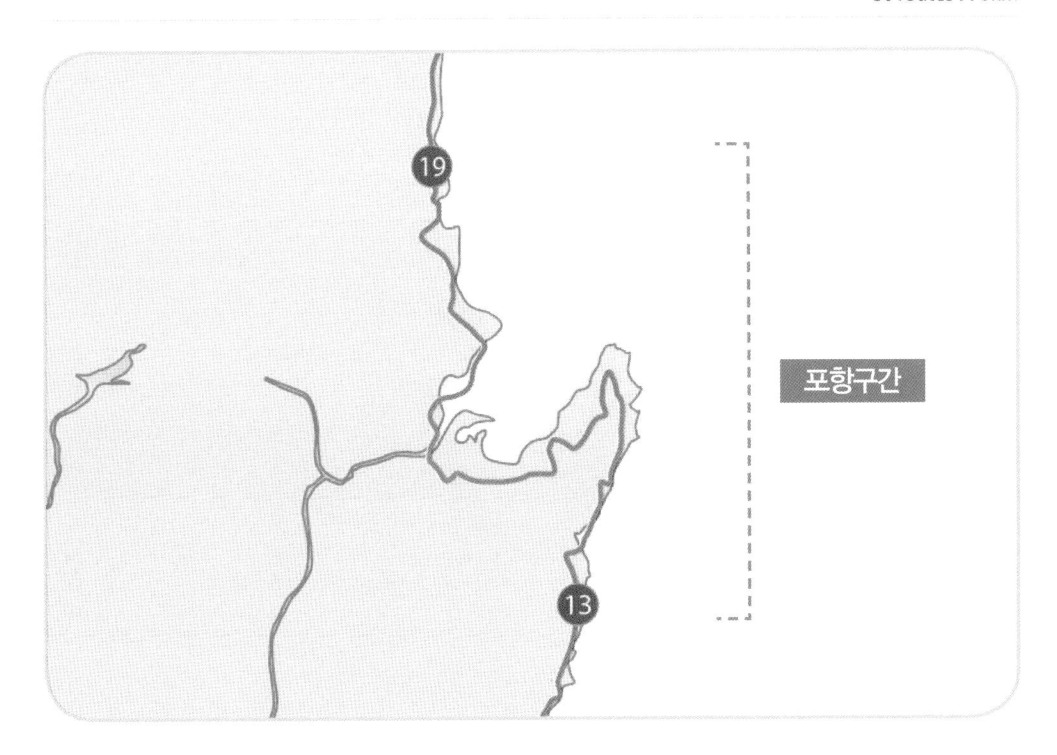
19
포항구간
13

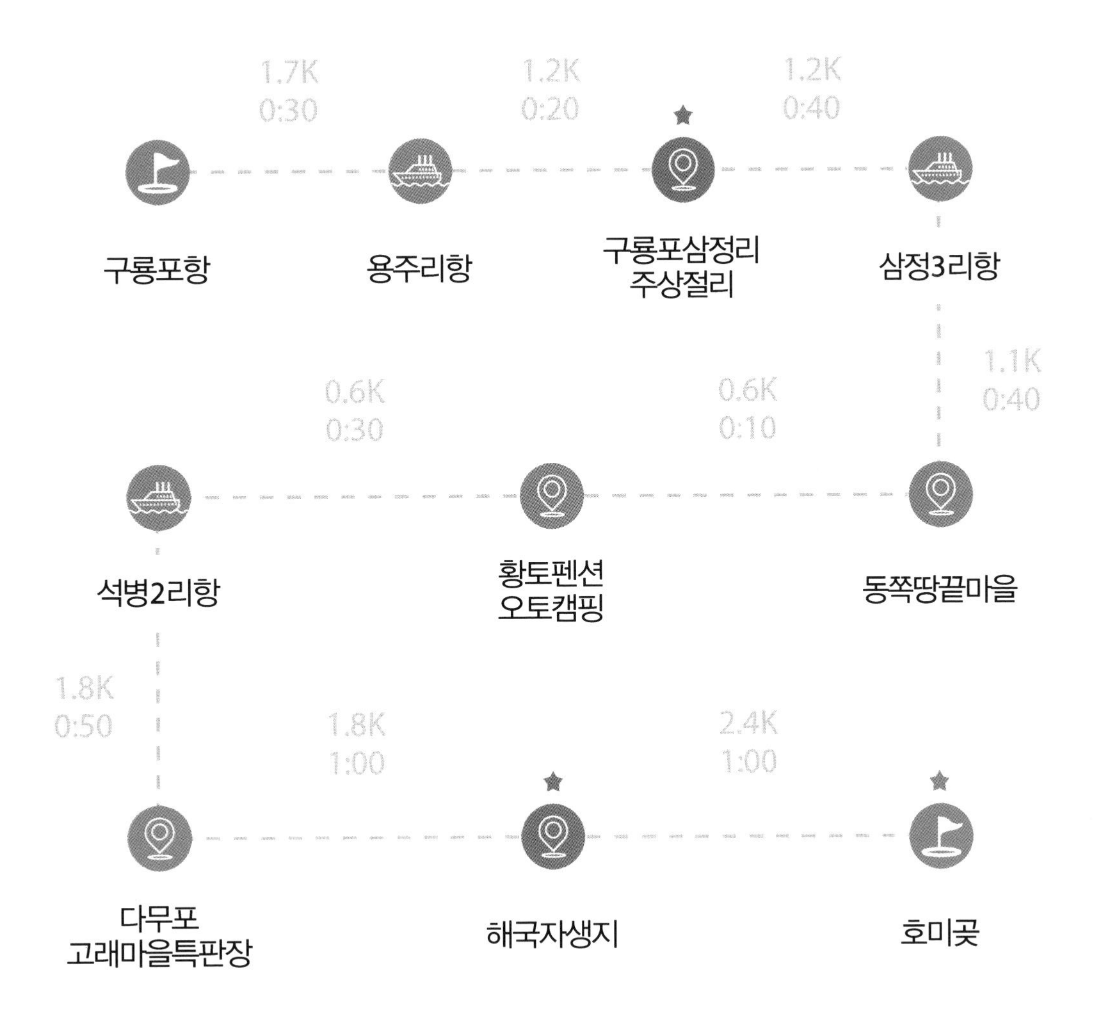
1.7K
0:30
1.2K
0:20
1.2K
0:40
구룡포항
용주리항
구룡포삼정리
주상절리
삼정3리항
1.1K
0:40
0.6K
0:30
0.6K
0:10
석병2리항
황토펜션
오토캠핑
동쪽땅끝마을
1.8K
0:50
1.8K
1:00
2.4K
1:00
다무포
고래마을특판장
해국자생지
호미곶

해파랑길 14코스 (구룡포항~호미곶)

일출명소 호미곶해맞이광장의 상생의 손

상생의 손

새벽 5시에 기상해서 어제 준비한 빵과 자두로 간단히 아침식사를 했다. 왕자두 한 박스를 모두 가져가려니, 배낭도 무겁고 넣을 장소도 없어서 절반은 택시 기사분들께 기증했다. 무척 고마워하셨다. 매우 흐뭇하고 행복했다. 나눔이란 이런 것인가? 조금만 베풀어도 이렇게 행복한데!

과메기는 겨울철 청어나 꽁치를 해풍의 직접적 영향을 받는 바닷가 그늘진 곳에서 동결, 해동, 건조, 숙성 등의 과정을 거쳐 생산한 천연 자연식품으로 불포화지방산과 핵산 등을 다량 함유하고 있어서 성인병 예방과 피부노화 방지에 유익한 웰빙 식품이라고 한다. 구룡포는 겨울철 별미 과메기로 유명한 동네라 그런지 주변이 과메기 덕장과 가공 공장, 과메기공원, 과메기박물관 등 온통 과메기 판이다. 구룡포항 과메기

구룡포항

공원의 그물질하는 어부동상에서 재미난 포즈로 사진 한 컷을 찍고 트레킹을 시작했다.

아침부터 37도에 육박하는 살인적인 무더위로 푹푹 쪘다. 일본인 가옥거리를 지나 용주리항을 돌아 나오자 파라솔과 천막으로 가득한 구룡포해변 백사장이 나타났다. 반달 모양의 모래해변이 아침햇살을 받아 아름다운 풍광을 자아냈다. 구룡포해변을 지나서 구룡포삼정리주상절리에 도착했다. 구룡포삼정리주상절리는 화산이 폭발할 때 사선으로 용암이 분출하면서 주상절리가 형성되어 있어, 흡사 당시 용암 폭발지점과 분출장면이 그대로 사진에 담긴 듯 멈추어 있는 듯해서 신기했다.

용주리항

구룡포삼정리 주상절리

햇볕이 너무 따가워 삼정3리항 부근의 포스코패밀리수련원의 쉼터 의자에서 쉬며 왕자두를 먹으면서 갈증을 해소했다. 동해바다로부터 불어오는 바람이 시원하고 상쾌했다. 석병1리항을 지나 해안가로 접어들자 동방축양장양식장 안에 한반도 동쪽 땅끝마을 표지석이 바위에 세워져 있었다. 양식장 주인이 외부사람들이 들어오지 못하도록 열쇠로 문을 잠가놓아 표지석을 구경할 수 없어서 무척 아쉬웠다.

황토펜션 오토캠핑 부근을 지나는데 주민들이 파도에 밀려온 해안가 쓰레기들을 청소하여 바닷가 해변을 깨끗하게 만들고 있었다. 오늘같이 폭염특보 때 해변쓰레기를 모아 태우는 불길 속을 뚫고 지나가다 보니 화롯불 속을 걷는 듯 온몸에서 땀이 비 오듯 흘러내렸다.

동방축양장, 동쪽 땅끝마을

황토펜션 오토캠핑

석병2리항을 지나 다무포 고래마을에 도착해서 물과 아이스크림으로 갈증을 해소했다. 주민에게 '동네이름이 왜 고래마을이냐?'라고 물었

석병2리항

다무포

더니 옛날에 이 마을 앞바다에서 고래들이 많이 놀았다고 해서 고래마을이라 불렀다고 했다. 지금은 아쉽게도 고래를 전혀 볼 수 없지만…….

9~10월에 해안지 초원과 바위틈에 핀다는 국화과의 여러해살이 식물인 해국이 집단서식하고 있는 해국자생지를 지나서 강사항에 도착하니, 저 멀리 호미곶이 시야에 들어오기 시작했다. 해변가에 해양경찰과 어촌 시민들이 모여서 시끌벅적하기에 사방을 둘러보니 어선 한 척이

다무포고래마을특판장

해국자생지

바닷가 바위에 비스듬히 걸쳐 있었다. 무슨 이유인지 모르겠지만 밀물이 들어와야 어선을 구해낼 수 있을 것 같았다.

대천항을 지나서 해돋이명소 호미곶에 도착했다. 호미곶의 상징인 상생의 손을 직접 마주하니 감회가 새로웠다. 에메랄드빛 푸른 바다 속에서 하늘로 쭉 뻗어 나온 웅장한 상생의 손! 그 이름을 상생의 손이라 고 부른 속 깊은 뜻이 전해지는 듯했다. 호미곶등대와 상생의 손으로 대표되는 호미곶은 일출명소로 유명하다. 등대박물관을 방문하여 해설사의 친절한 소개로 우리나라 등대역사에 대하여 설명을 듣고, 등대박물관 내부, 전국 최대의 가마솥, 새천년기념관을 천천히 둘러본 다음, 호미곶등대에서 도착스탬프를 찍었다.

대천항

호미곶

호미곶

호미곶등대

도착스탬프 찍는 곳

호미곶 → 흥환보건소

호미반도의 해안절경 호미반도해안둘레길

도보여행일: 2018년 07월 20, 24일

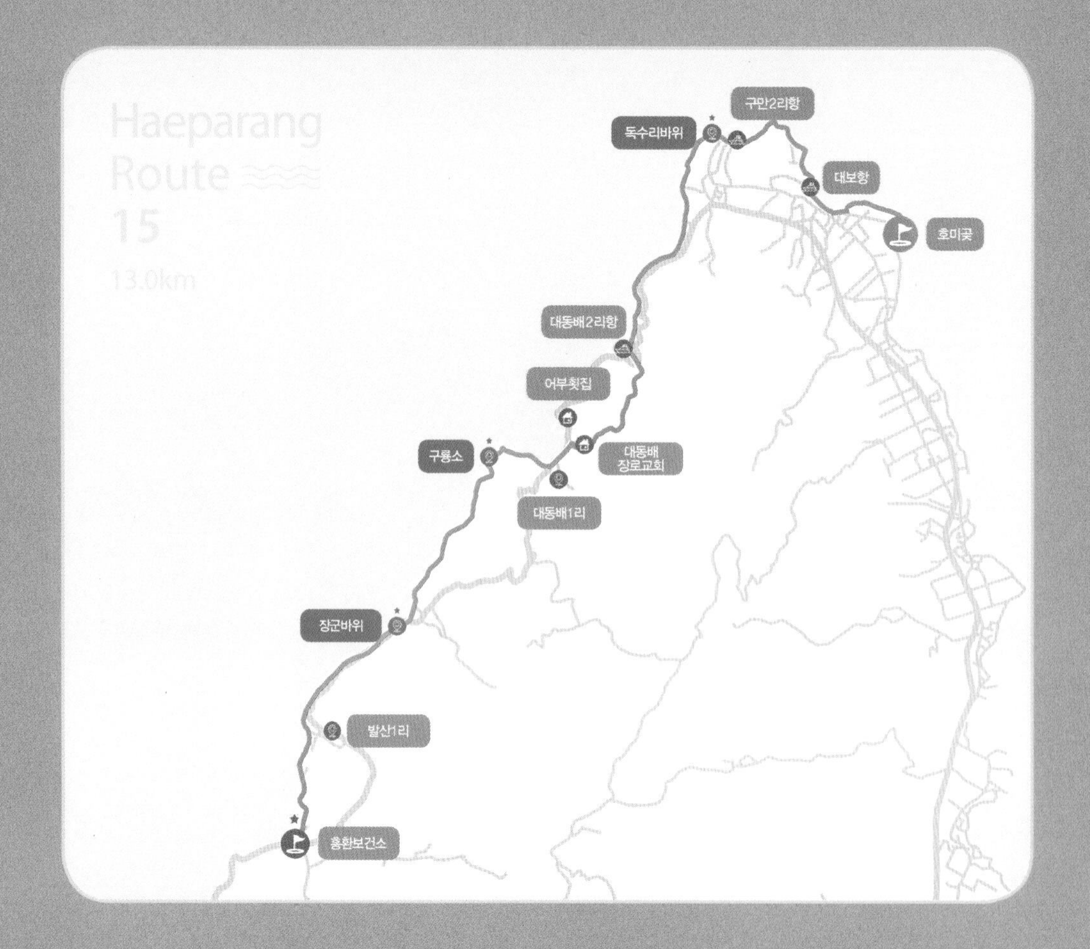

★ 꼭 들러야 할 필수 코스!

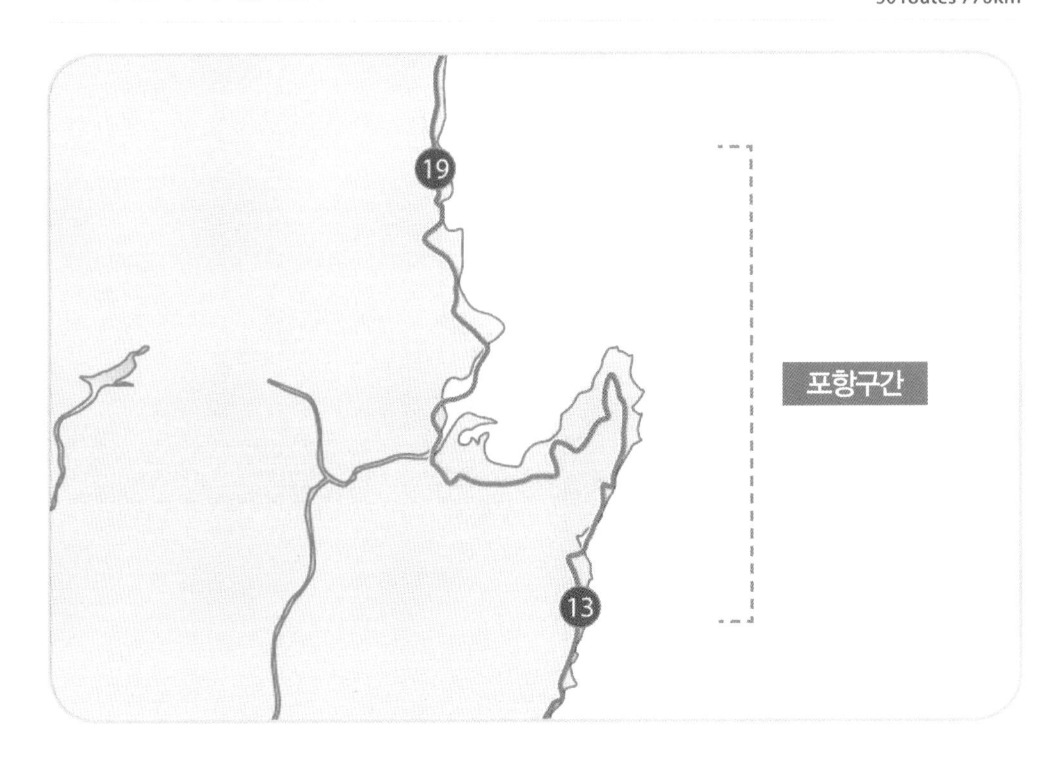
19
13
포항구간

호미곶
1.4K
0:10
대보항
1.0K
0:30
구만2리항
0.4K
0:10
독수리바위
3.1K
0:30
대동배2리항
0.8K
0:10
어부횟집
0.2K
0:10
대동배
장로교회
0.4K
0:10
대동배1리
0.6K
0:20
구룡소
2.1K
1:10
장군바위
1.5K
0:40
발산1리
1.5K
0:20
흥환보건소

HAEPARANG ROUTE 15

해파랑길 15코스 (호미곶~흥환보건소)

호미반도의 해안절경 호미반도해안둘레길

호미둘레길

강렬한 햇살과 푹푹 찌는 무더위 속에서 연일 계속되는 트레킹으로 온몸이 파김치가 되었다. 호미곶 식당가 골목의 '호미곶 왕짜장'에서 세트 메뉴(탕수육, 짜장, 짬뽕)로 점심식사를 하였다. 특히 탕수육의 쫄깃쫄깃한 식감과 부드러운 소스의 향이 일품이었다. 구 해파랑길 15코스는 우물재산으로 오르는 내륙코스였으나 해파랑길 홈페이지를 확인해 보니 호미반도해안둘레길 3코스(구룡소길)와 4코스(호미길)의 해안길로 변경되었다. 호미곶등대를 잠시 둘러보고 대보항에 들어서자 방파제

호미둘레길

대보항

에 상어, 고래 등이 노니는 바다 풍경을 그린 이색적인 '트릭아트벽화'가 시선을 사로잡았다.

까꾸리항을 지나자 호미곶 바다계단을 지키는 소맷돌인 독수리바위가 나타났다. 독수리바위는 자갈이 굳어져 만들어진 역암과 모래가 굳어져 만들어진 사암으로 이루어진 부리를 벌린 독수리머리 모양의 바

까꾸리항

독수리바위

악어바위

위로 해 질 녘 주변 풍경과의 조화가 절경이었다. 언덕에 위치한 팔각정자 쉼터에서 시원한 바닷바람을 맞으며 아름다운 동해바다 경치를 즐겼다. 호미숲 해맞이터에서 악어바위를 구경하고 대동배마을로 갔다.

대동배2리 마을로 가는 새로 조성된 호미반도해안둘레길은 탁 트인 바다를 끼고 자갈마당을 밟으며 걷는 매력적인 해안도로였다. 자연과 조화를 이루어 잘 조성된 해안 데크 위에서 사진도 찍고, 데크 밑 그늘에서 바닷물로 족욕을 즐기면서 여행의 피로도 풀었다. 무릉도원이 따로 있으랴? 여기가 무릉도원이지……. 대동배2리 마을회관에 도착해서 포항 가는 교통편을 물어

서상만시비

호미둘레길

보았더니 택시는 들어오지 않고 동해지선 버스가 가끔 들어온다고 했다. 우선 너무 목이 말라 마을회관에 계시는 할머님께 물 좀 얻자고 하니 할머니께서 냉장고에서 시원한 물을 꺼내어 주셨다. 사막에서 오아시스를 만난 기분이었다. 염치불구하고 실컷 냉수를 얻어 마시고, 감사의 뜻으로 배낭에 있던 사탕을 드렸다. 버스정류장에 도착해서 30분가량 기다리자 대동배 동해지선 버스가 들어와 오후 4시 50분에 포항시내로 출발했다. 영남상가에서 101번 시내버스로 갈아타고 포항고속버스터미널로 갔다. 고속버스터미널 근처의 '진짜루'에서 열무냉면으로 저녁식사를 하고 각자 집으로 돌아갔다.

뉴스에서는 폭염 기세가 수그러들지 않아 국내사상 최대로 38℃ 이상의 찜통더위가 예측되니 야외활동을 자제하란다. 하지만 우리는 해파랑길 대장정을 일정대로 완주하기 위하여 다시 7월 24일 아침 8시에 KTX 편으로 포항역에 도착했다. 포항역사 내의 '교동김밥'에서 치즈돈가스로 아침식사를 하고, 210번 좌석버스를 타고 영남상가 정류장에 하차한 다음 택시를 타고 대동배2리 마을회관에 도착했다. 평소 13,000원 정도의 요금이 나오는 거리인데, 대동배 장로교회를 통과할 무렵 동생과 잠시 이야기하는 동안에, 택시기사가 잠시 버튼을 조작하니 갑자기 5,000원 정도가 올라갔다. 아침이라서, 서로 기분 상하지 않게 아무 말도 하지 않았지만 기분이 불쾌하여 대금 18,750원을 카드로 결제했다.

지난번에 이어 대동배2리 마을회관에서 트레킹을 시작하여 구룡소에 도착했다. 구룡소는 영일만에서 매우 경치가 좋은 곳인 대동배의 동

구룡소

호미둘레길

발산1리

장군바위

발산1리

을배봉 해안 절벽 아래에 위치한 곳으로 아홉 마리의 용이 살다가 승천했다고 한다. 아홉 마리의 용이 승천할 때 뚫어진 9개의 굴이 있고, 용이 살았다는 소에는 물이 출렁이고 있어 경치가 매우 아름다웠다. 구룡소에서 산으로 오르는 길은 급경사로 오르는데 숨이 차고 힘들었다. 장군바위를 지나고 발산리의 모감주나무와 병아리꽃나무 군락지를 지나서 흥환1리 마을에 도착하여 흥환마트에서 도착스탬프를 찍고, '둘레길 왕짜장'에서 볶음밥으로 점심식사를 했다.

흥환보건소 → 송도해변

한국 중화학공업의 본산 포스코(POSCO)

거리(km)
19.1

시간(시, 분)
7:20

도보여행일: 2018년
07월 24~25일

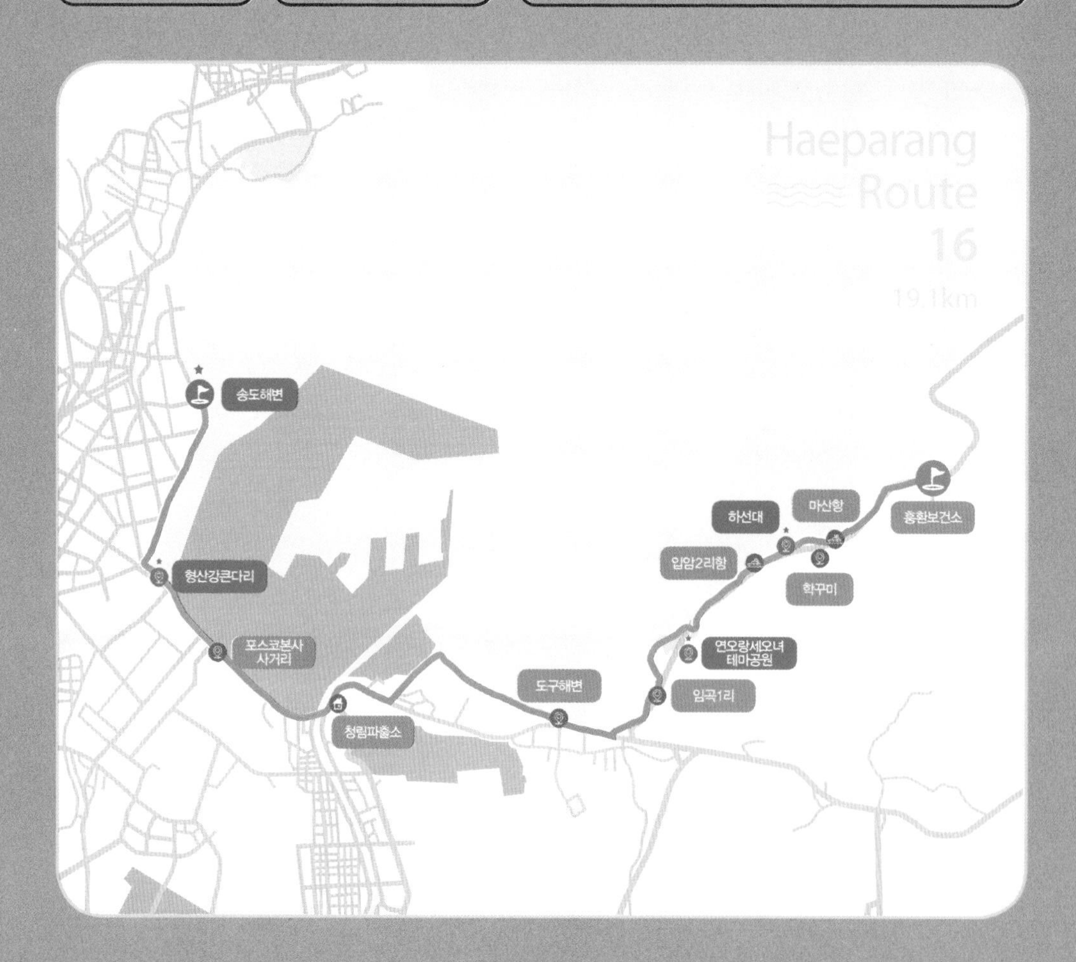

★ 꼭 들러야 할 필수 코스!

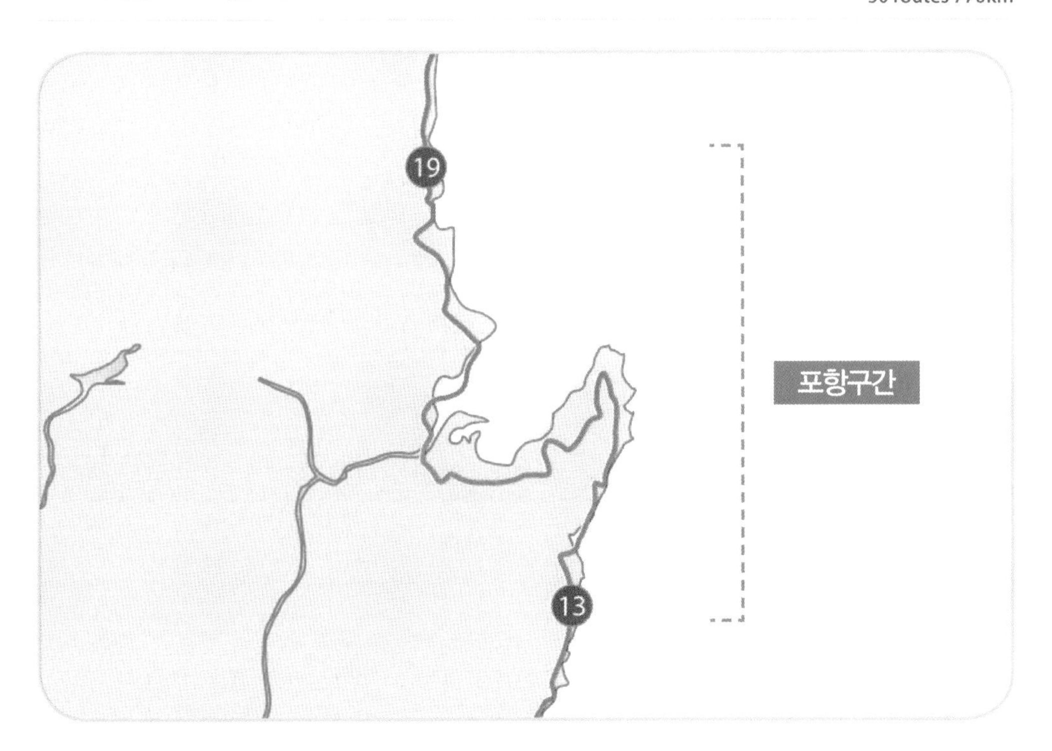
19
포항구간
13

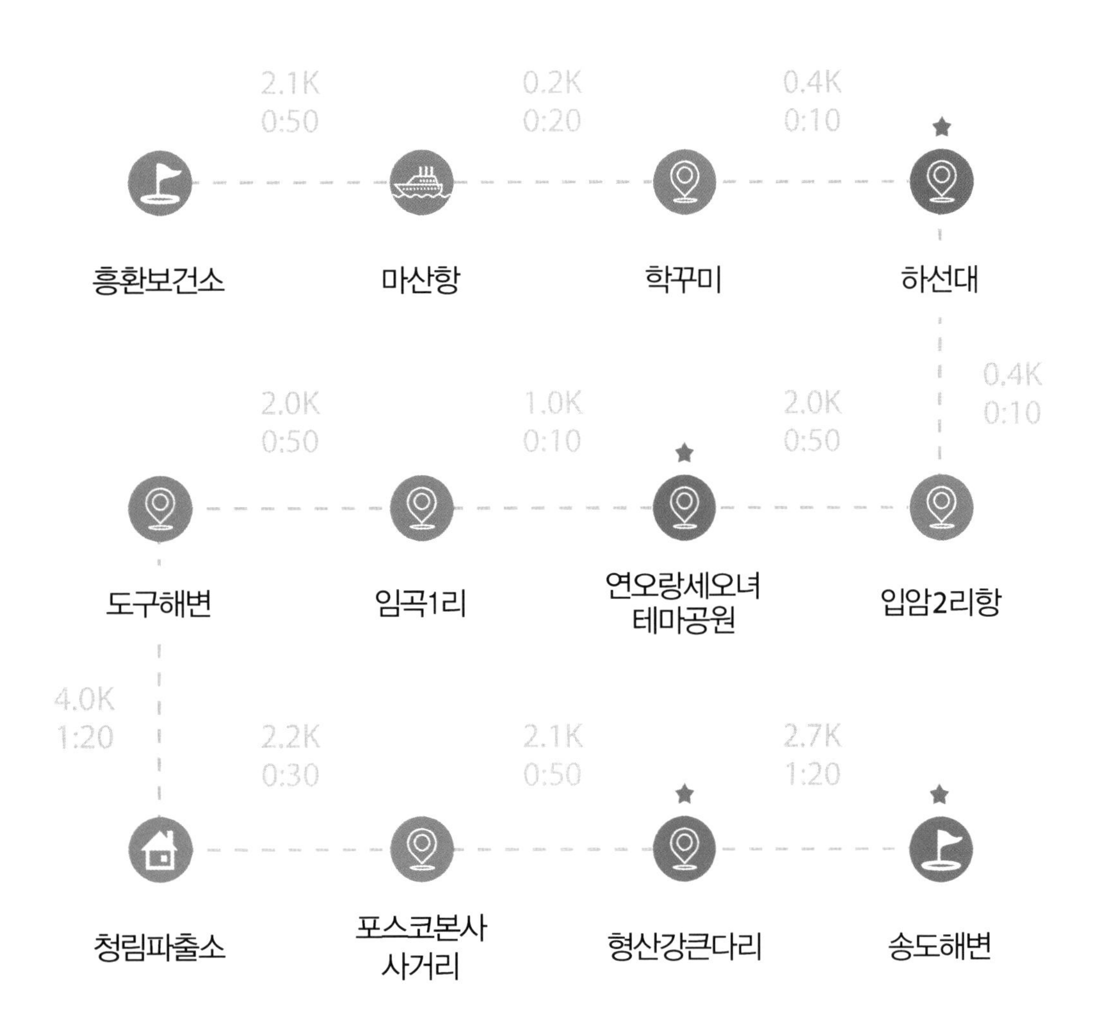
흥환보건소
2.1K 0:50
마산항
0.2K 0:20
학꾸미
0.4K 0:10
★ 하선대
0.4K 0:10
입암2리항
2.0K 0:50
★ 연오랑세오녀 테마공원
1.0K 0:10
임곡1리
2.0K 0:50
도구해변
4.0K 1:20
청림파출소
2.2K 0:30
포스코본사 사거리
2.1K 0:50
★ 형산강큰다리
2.7K 1:20
★ 송도해변

해파랑길 16코스 (흥환보건소~송도해변)

한국 중화학공업의 본산 포스코(POSCO)

형산강변체육공원

날씨가 무지하게 덥다. 기온이 37도를 넘는다고 하니 체온보다 높다. 온통 땀으로 뒤범벅이 되었다. 마산항을 지나서 먹바우에 도착했다. '삼국유사'의 '연오랑세오녀신화'에 의하면 신라 시대 정유 157년에 동해 바닷가에 연오랑과 세오녀가 부부로 살고 있었는데, 연오가 바다에

마산항

먹바우

가서 해초를 따던 어느 날 갑자기 한 바위가 연오를 일본으로 싣고 가서 일본에서 연오를 왕으로 삼았다. 세오는 남편이 돌아오지 않아서 찾다가 남편이 벗어놓은 신이 있는 바위에 올랐는데, 그 바위가 세오를 일본으로 싣고 가서 왕비로 삼아 부부가 서로 만나게 되었다고 한다. 이때 신라에서는 해와 달이 빛이 없어졌는데, 연오와 세오가 일본으로 가서 그렇다고 하여, 세오가 짠 명주비단으로 하늘에 제사를 지내니 해와 달이 전과 같아졌다고 한다. 연오랑과 세오녀를 일본으로 싣고 간 배가 먹바우라고 했다.

선녀가 내려와서 놀았다는 널찍한 바위섬인 하선대를 지나 흰 바위가 많아서 흰 언덕이라는 힌디기, 마을 앞 해안에 우뚝 선 바위라는 선바우에 도착할 때까지 잘 정비된 해안 데크를 걸으면서 경치를 만끽했다.

흰디기

선바우

선바우 지나서

선바우를 지나서 해안길을 가는데, 해안으로 밀려온 쓰레기들을 수거해서 태우고 있었다. 가마솥 불볕더위에 더더욱 불길 속 길을 걷자니 마치 영화 '신과 함께'의 저승 편에 나오는 불의 지옥에 떨어진 기분이었다.

연오랑세오녀 테마공원에 도착했다. 연회와 풍류를 즐겼던 일월대에 오르자 저 멀리 포항종합제철과 도구해수욕장이 한눈에 들어왔다. 하트 모양으로 조성된 계단을 올라 아름다운 모양의 귀비고 건물에 도착했다. 테마공원을 관리하는 직원도 없고 해설사도 없이 건물들은 대부분 열쇠로 잠겨있어 들어갈 수 없었다. 대규모로 조성한 테마공원이 거의 방치된 상태여서 안타까웠다. 도구해수욕장을 지나 뙤약볕에서 해병상륙훈련장에 도착했다. 별다른 길도 없어서 무조건 해안길을 따라 모래사장을 힘겹게 걸어갔다. 청림동의 해병대 북문 정류장에서 시내버스를 타고 죽도시장의 '수향회식당'에 도착하여 우럭물회로 저녁식사를 했다. 사장님이 친절하고, 우럭물회도 신선하면서 쫄깃쫄깃하여 맛이 아주 좋았다. 식사 후 택시로 영일대의 숙소로 갔다.

연오랑세오녀테마공원

도구해수욕장

포항죽도시장

새벽 5시 30분, 숙소를 출발하여 시내버스를 타고 죽도시장에 도착했다. 이른 아침 포항시민들의 삶의 현장을 살펴보고, 죽도시장의 풍경을 보고 싶었다. 시장이 많은 사람들로 북적거렸다. 싱싱한 왕 자두 한 상자를 사서 배낭에 나누어 넣었다. 트레킹을 하면서 먹을 양식이다. 무겁긴 하였지만 마음만은 흐뭇했다.

해군6전단 항공역사관에서 출발하여 포항제철 담벽을 타고 걸었다. 포항몰개월비행기공원에는 다양한 비행기 모형들이 전시되어 있었다. 가로수로 다양한 종류의 포도나무를 심어놓았고, 표지판에 포도나무에 대한 설명도 덧붙여 놓았다. 포도가 주렁주렁 달려있는 가로수길을 걷는 기분이 좋았다. 포스코 본사 사거리 앞을 지나는데 포스코 노조원들이 월급인상과 비정규직 철회를 요구하며 가두시위를 하고 있었다. 노조 직원 한 분에게 '외부에서 보면 포스코는 선망의 직장으로 직원들에 대한 처우가 좋다고 여기고 있는데 현실은 만족스러운 수준이 아닌가 봐요?'라고 물으니 외부에서 보는 시각과는 달리 내부적으로 노 · 사

포스코본사 사거리

형산강큰다리

포항종합제철

포항운하관

형산강변공원

간 갈등이 매우 심하다고 했다. 형산강큰다리를 지나서 '남다른 감자탕'에서 '뼈해장국'으로 아침식사를 했다. 실내에 '99세 이상 흡연 가능, 만 19세 이상 음주 가능'이란 액자가 흥미로웠다.

송도해변

강변체육공원을 걸으면서 형산강큰다리, 포항종합제철, 포항운하관을 구경하고, 국화와 백일홍으로 조성된 형산강강변공원을 따라 걸어서 자유의 여신상이 서 있는 송도해변에 도착했다. S자 모양의 송도전망대에 올라 사방을 둘러보고 부근에서 도착스탬프를 찍었다.

도착스탬프 찍는 곳

송도해변 → 칠포해변

영일대해수욕장의 포항국제불꽃축제와 영일대

도보여행일: 2018년 07월 25일

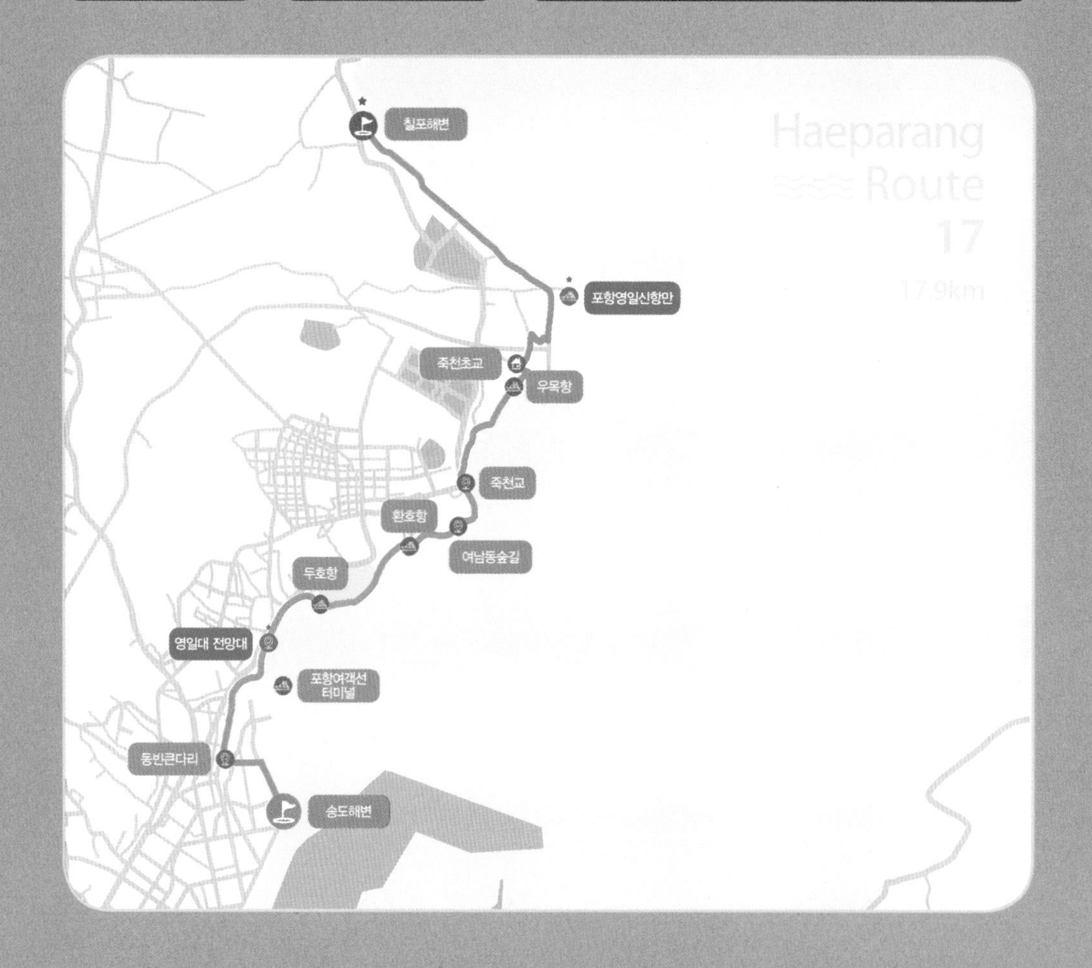

★ 꼭 들러야 할 필수 코스!

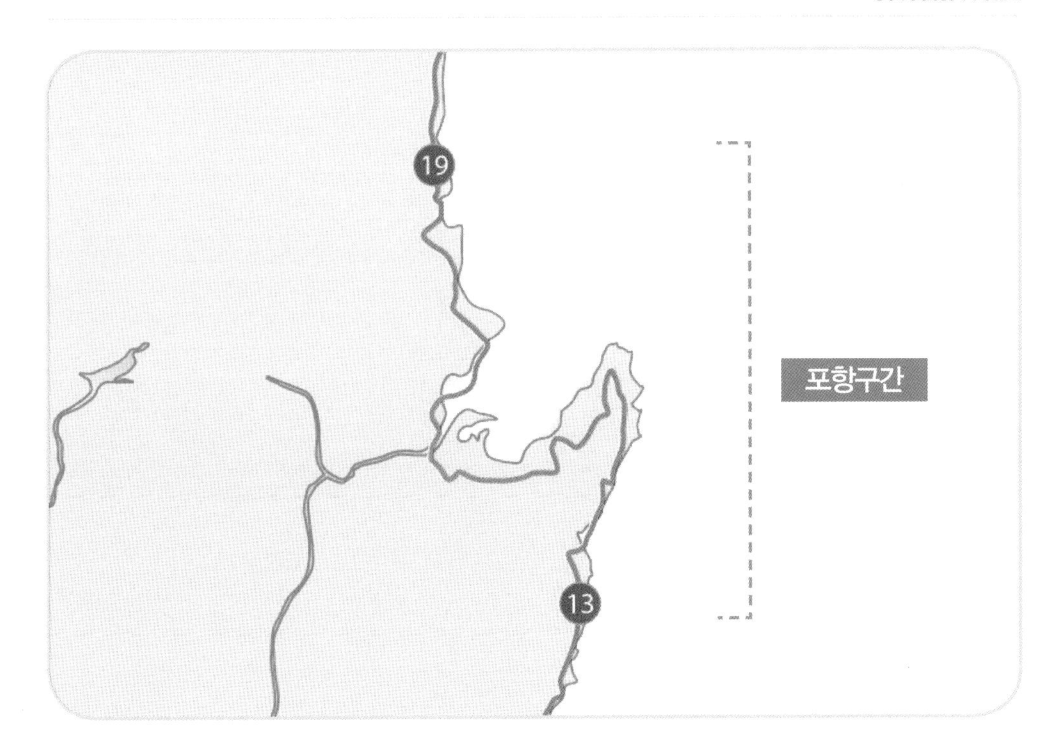
19
13
포항구간

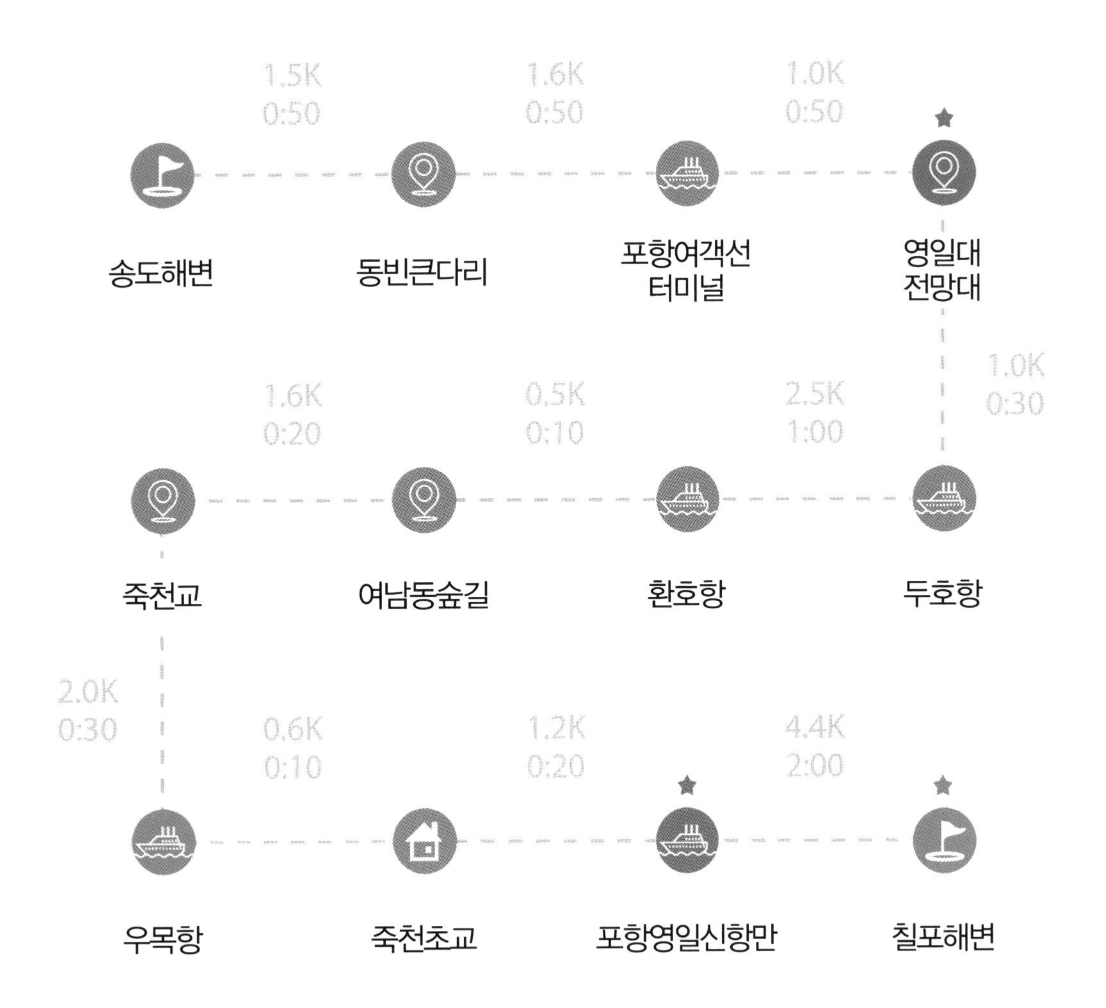
1.5K
0:50
1.6K
0:50
1.0K
0:50
송도해변
동빈큰다리
포항여객선
터미널
★
영일대
전망대
1.0K
0:30
1.6K
0:20
0.5K
0:10
2.5K
1:00
죽천교
여남동숲길
환호항
두호항
2.0K
0:30
0.6K
0:10
1.2K
0:20
4.4K
2:00
우목항
죽천초교
★
포항영일신항만
★
칠포해변

해파랑길 17코스 (송도해변~칠포해변)

영일대해수욕장의 포항국제불꽃축제와 영일대

포항구항

포항구항에 도착하니 화물을 신는 대형선박들이 정박해 있었다. 포항수협 활어위판장에는 활어차 수조탱크에 바닷물을 넣는 장치인 줄들이 천장에서 아래로 줄줄이 늘어져 있었다. 화물을 싣기 위해 열려 있는 화물칸 모습이 마치 흰수염고래가 먹이를 잡기 위하여 입을 쩍 벌리고 있는 것 같았다. 동빈큰다리를 거닐며 바라본 요트, 어선 등 선박들이 옹기종기 해안가에 정박해 있는 모습이 마치 나폴리 해안처럼 아름다웠다. 아무리 카메라 셔터를 눌러봐도 현장에서 느끼는 생생한 감흥을 담기엔 역부족이었다.

포항구항 변을 따라 걷다가 영일대해변에 들어서니 백사장은 수많은 파라솔들로 가득했고, 오늘부터 시작되는 포항국제불빛축제(2018년

포항송도해변

포항수협활어위판장

동빈큰다리

포항구항

7월 25일~29일) 관계자들이 분주하게 움직이고 있었다. 영일대해변가에는 푸드트럭들이 손님들을 맞이하려고 한창 음식들을 준비하고 있었다. 영일대해변의 '항구동 해물찜'에서 오징어물회로 점심식사를 했다. 영일대해변가에 붓을 들고 우뚝 서 있는 장수상이 특이해서 다가가 보니 동상 아래에 '바른 역사의식이 나라를 지킨다'라는 글귀가 쓰여 있었다. 요즘같이 어려운 우리나라 상황에 딱 맞는 글귀라는 생각이 들었다. 영일대전망대는 불빛축제 조형물들을 장식하느라 들어갈 수가 없었다.

영일대해수욕장

영일대전망대

영일대해수욕장

두호항과 환호항을 지나 여남항 해파랑길 가게에서 시원한 물과 메로나 아이스크림으로 무더위를 식혔다. 여남항에서 잠시 내륙으로 들어가 고개를 하나 넘고 죽천교를 지나서 죽천항에 도착했다. 죽천항과 우목항을 지나고 용한교차로에서 우회전하니 엄청난 규모의 포항영일신항만 공사현장이 나타났다. 너무나 힘들고 지쳐서 뙤약볕을 피할 쉼터도 없는 도로변에 철퍼덕 주저앉아 한참 동안 쉬었다. 정신은 혼미해서 마냥 히죽히죽 웃고, 발톱은 새까맣게 다 빠지고, 발은 물집이 잡혀서 엉망진창이었다. 사타구니가 소금물에 절어서 따가워서 걸을 수가 없었다. 이 짓을 왜 하지? 나도 모르겠다.

용한1리해변에서 카누를 즐기는 사람들을 구경하면서 해병대훈련장인 넓은 백사장을 걸었다. 백사장은 온통 쓰레기들로 가득했고 다리

환호마을

죽천항

포항영일신항만

용한1리해변

는 모래 속으로 푹푹 빠져 걷기에 무척 힘이 들었다. 칠포해변에 도착해서 도착스탬프를 찍고, 흥해콜택시를 이용하여 포항시 북구 신흥동의 '바나나모텔'에 투숙했다. 숙소 부근의 '조방낙지'에서 낙지볶음으로 저녁식사를 하고 힘겨운 오늘 여정을 마무리했다.

바다시청 · 해양스포츠클럽
칠포여름파출소
칠포해수욕장
해파랑길 17-18코스

칠포해변 → 화진해변

포항, 울산, 경주가 함께하는 해오름전망대와 연안녹색길

도보여행일: 2018년 07월 26일

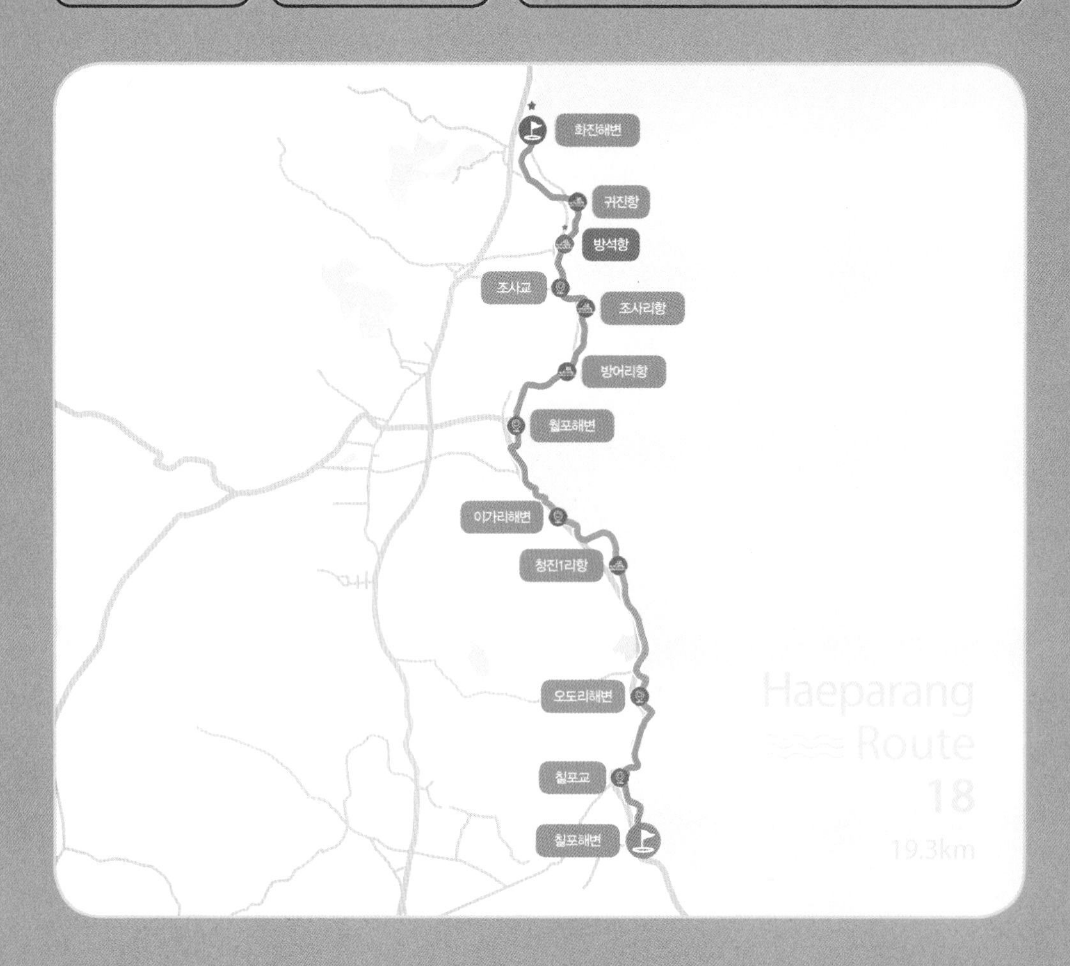

★ 꼭 들러야 할 필수 코스!

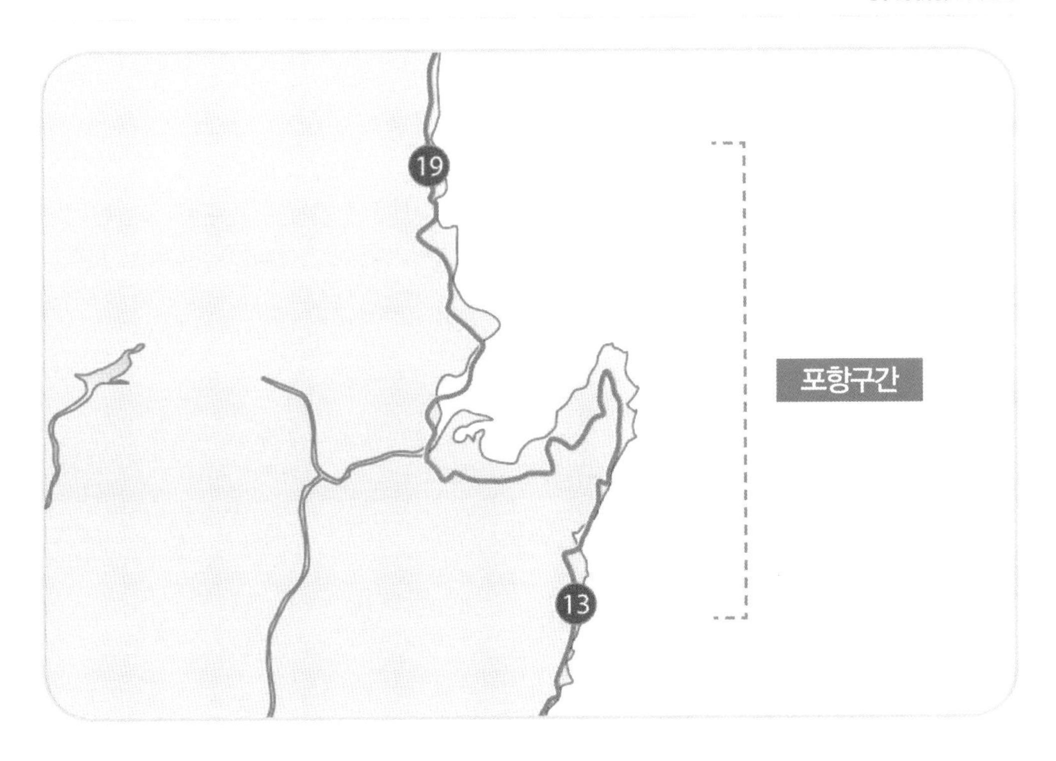
19
포항구간
13

1.7K
1:10
1.6K
0:30
2.5K
0:50
칠포해변
칠포교
오도리해변
청진1리항
2.6K
1:10
1.4K
0:50
2.0K
1:20
2.7K
1:10
조사리항
방어리항
월포해변
이가리해변
0.7K
0:10
0.7K
0:20
0.7K
0:20
2.7K
0:40
조사교
방석항
귀진항
화진해변

해파랑길 18코스 (칠포해변~화진해변)

포항, 울산, 경주가 함께하는 해오름전망대와 연안녹색길

연안녹색길

영일민속박물관

흥해환승센터 버스정류장에 있는 영일민속박물관에는 600년 된 회화나무가 있었다. 이곳 흥해는 이명박 대통령의 고향이라고 했다. 흥해지역은 포항지진의 진앙지로 부서진 건물들이 많이 방치되어 있었는데, 지진의 원인이 포항지열발전소로 인해 발생한 인재라며 주민들의 원망이 많았다. 청하지선 버스를 타고 칠포해변에 도착했다. 칠포해변은 탁 트인 아름다운 백사장을 가지고 있는데도 피서객들이 별로 없었다. 영일만신항만 건설을 위해 해안가 모래를 깊게 파냄으로 인해서 칠포해변 백사장 모래도 파도에 쓸려 들어가 위험해서 피서객들이 없다고 한다.

칠포리에서 오도리로 넘어가는 연안녹색길은 과거 군사보호구역으로 해안경비 이동로로 사용되었던 길을 두 마을을 잇는 트레킹 로드로 개방하게 되어 동해안의 아름다운 자연경관을 감상할 수 있었다. 연안녹색길 도중에 범선 뱃머리 모양의 해오름전망대를 만들어 놓았는데, 영화 타이타닉처럼 뱃머리에 서서 양팔을 벌려선 채 탁 트인 동해바다와 칠포해변을 바라보니 기분이 날아갈 것 같았다. 오도리 해변에도 한

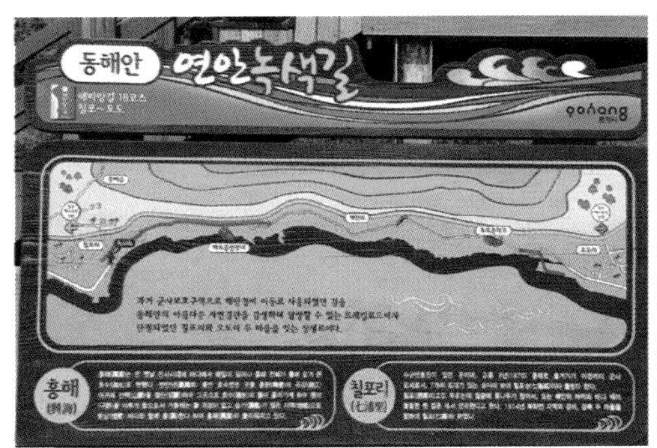

연안녹색길

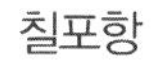
칠포항

칠포리

오도리해변

청진리 멍게생산현장

산하게 몇몇 피서객들만이 해수욕을 즐기고 있었다. 청진2리항에서 멍게를 채취하는 광경을 구경하고 해안가로 접어드는데 담벼락이 와르르 무너진 가옥이 나타났다. 언론매체로만 듣던 포항지진의 피해현장을 직접 목격해 보니 마음이 착잡했다.

이가리항과 이가리해변을 지나고 포스코월포수련관을 지나 월포해변에 들어서자 제법 많은 피서객들이 해수욕을 즐기고 있었다. 백사장에 줄지어 늘어선 알록달록한 파라솔들이 에메랄드빛 동해바다와 어울려 아름다운 풍광을 자아냈다. 월포해변의 월포반점에서 잡채밥으로 점심식사를 하고 월포항을 지나 방어리항에 도착했다. 조사리항과 조사리해변을 지나 방석항에 들어서니 방파제 벽에 멸종위기 해양동물(황제

펭귄, 붉은바다거북, 북극곰 등)을 담은 벽화가 그려져 있었다. 해양동물의 무분별한 포획을 막기 위하여 어촌마을에 이러한 벽화를 그렸다니 아이디어가 기발하고 참신했다.

이가리항

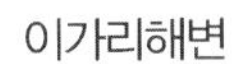

이가리해변

포스코수련관

월포해수욕장

월포항

조사리항

화진1리 해병순직비

화진1리의 '5인의 해병 순직비'를 보면서 잠시 마음이 숙연해지고, 귀진항과 대진항을 지나 화진해변에 도착했다. 화진해변의 북쪽 공중화장실 앞에서 도착스탬프를 찍고, 지경항 근처의 포유모텔에 숙소를 정한 후, 숙소 앞의 '청기와 횟집'에서 참가자미회로 저녁식사를 했다. 주인아주머니께서 싱싱한 참가자미로 푸짐하게 한 상 차려주셔서 모처럼 만에 허리띠를 풀고 마음껏 먹었다. 행복했다.

참가자미회

도착스탬프 찍는 곳

화진해변 → 강구항

인천상륙작전을 성공으로 이끈 장사상륙작전

도보여행일: 2018년 07월 27일

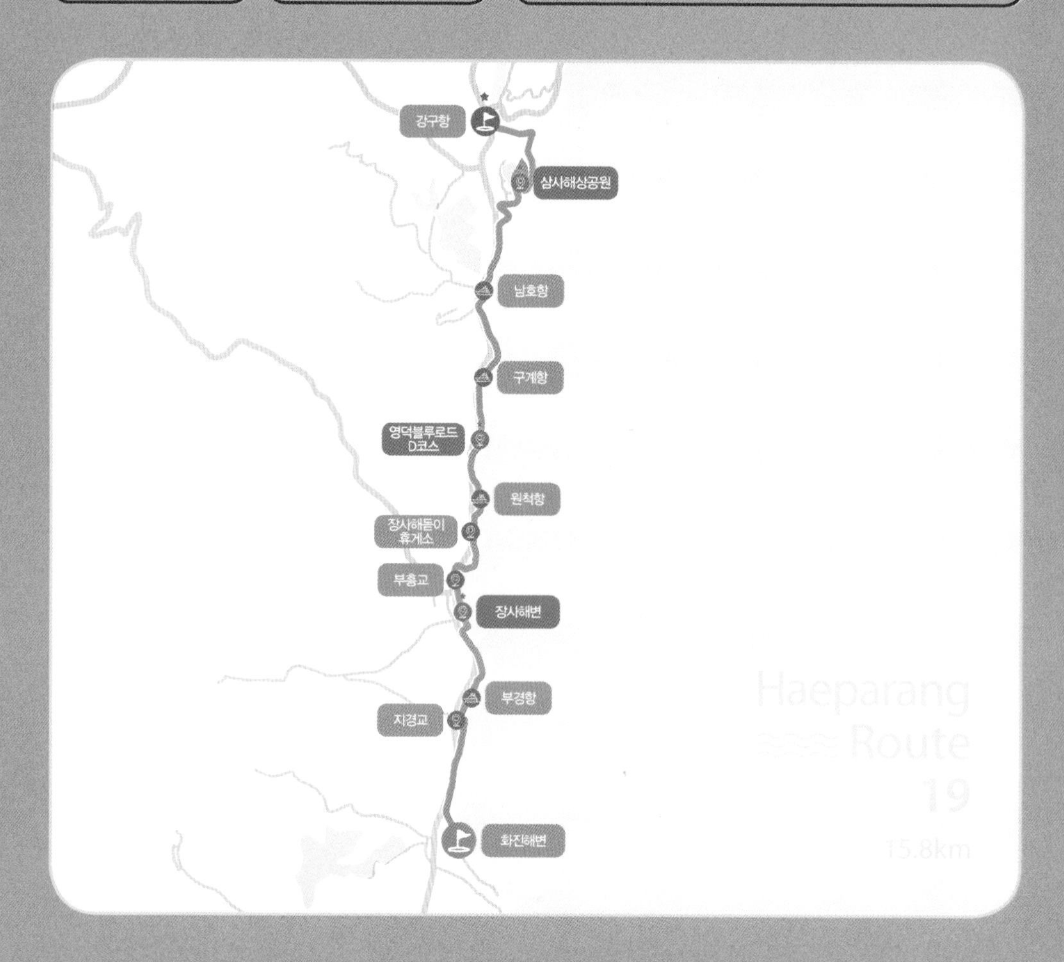

★ 꼭 들러야 할 필수 코스!

23
19
영덕구간

2.0K
1:00
0.8K
0:20
1.4K
0:40
화진해변
지경교
부경항
장사해변
0.8K
0:10
0.9K
0:30
0.9K
0:20
영덕블루로드 D코스
원척항
장사해돋이 휴게소
부흥교
2.5K
1:00
1.6K
0:20
2.2K
0:40
2.7K
1:00
구계항
남호항
삼사해상공원
강구항

해파랑길 19코스 (화진해변~강구항)

인천상륙작전을 성공으로 이끈 장사상륙작전

강구항

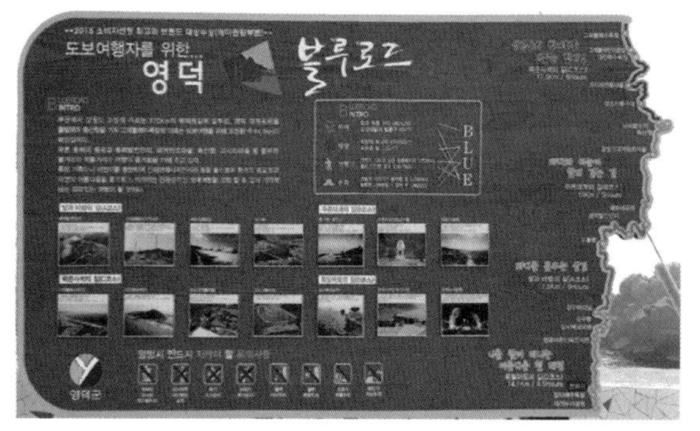

영덕블루로드

'청기와 횟집'에서 생우럭탕으로 아침식사를 하고, 주인아주머니께서 싸주신 시원한 매실차를 가지고 지경항을 출발했다. 아주머니의 친절과 배려에 감사했다. 부경온천 초입의 포항시와 영덕군의 경계선에 있는 지경교를 지나 부경항으로 들어서니 영덕블루로드 안내판이 나타났다. 해파랑길의 일부 구간인 영덕블루로드는 영덕대게공원에서 고래불해변에 이르는 65km의 도보여행길이다. BLUE는 바다, 태양, 에너지, 문화를 상징하며 대게누리공원이 영덕블루로드 D코스인 '쪽빛 파도의 길'의 시작이다.

장사상륙작전 전적지

장사상륙작전 전적지

부경항을 지나 장사상륙작전전적지에 도착했다. 장사상륙작전이란 1950년 6월 25일 북한군의 기습남침으로, 아군은 낙동강을 최후방어진으로 적과 치열한 공방전을 하고 있을 때, UN군 총사령관 맥아더 장군은 총 반격전을 위한 인천상륙작전을 결심하고, 동해안 장사동 적 후방 적진상륙의 양동작전 명령을 하달함으로써 시작된 전투이다. 육본 직할 독립 제1 유격대대 대원 772명과 지원요원 56명은 9월 13일 15시경, LST 문산호(2,700톤급)를 타고 부산항을 출항하여 9월 14일 새벽 5시경 장사동 해안 상륙작전에 성공하여 적 후방 교란, 보급로 차단, 퇴각로를 봉쇄함으로써 적의 전의를 상실케 하여 인천상륙작전을 성공시키는 데 크게 기여하였다. 이 상륙작전에서 아군은 학도대원 등 전사 139명, 부상 92명, 수십 명의 행불자가 발생하였다고 한다. 맥아더 장군의 인천상륙작전은 교과서에서 많이 배웠지만 장사상륙작전은 오늘 이곳에서 처음 알았다. 위령탑 앞에 서서 조국을 위해 한 몸 바친 장사상륙작전 참전 학도병과 전몰용사들에게 감사의 묵념을 드렸다.

장사해수욕장을 지나고 영덕블루로드 D코스를 따라 걸으면서 부흥항을 지났다. 장사해돋이휴게소를 지나서 구계항으로 가는 도중에 도로변에서 일도농원(애칭 : 공주 엄마)이라는 과일노점상을 만났다. 31세에 혼자 돼서 8남매의 장녀로 8남매를 모두 키우고, 가르치고, 먹고살게 해주셨다고 하면서, 검은 얼굴에 눈빛이 살아있고, 직업에 대한 자부심이 대단했다. 7번 국도변에 이런 노점을 12개나 가지고 있다면서, 가

장사해수욕장

부흥항

장사해돋이휴게소

일도농원(공주엄마)

진 것이 돈밖에 없다고, 인생 별것 아니라고 하시면서, 더위를 좀 식히고 가라고 손수 냉커피까지 타 주셨다. 아주머니가 성격도 호탕하고 입담도 걸걸하셔서 복숭아 1만 원어치와 자두 5천 원어치를 샀다. 먹고, 지고 갔지만 무게가 무거워서 혼났다. 길을 걷다 보니 세상에는 저마다 특별한 사연을 가지고 열심히 살아가는 사람들이 참 많았다. '길 위에서 삶을 찾다'라는 말이 조금씩 가슴에 와 닿았다.

구계항을 지나고 남호항을 지나 삼사해양산책로를 한 바퀴 돌았다. 삼사해상공원에 도착하여 점심식사를 하고, 공원 내의 '바다의 빛' 조형물과 무공수훈자 전적비, 경북대종을 구경했다. '바다의 빛' 조형물은 산과 바다와 강의 삼위일체의 조화를 이루는 아름다운 풍광의 고장 영덕, 유구한 역사와 향기 높은 문화를 창조해온 영덕, 동해의 떠오르는 태양과 파도를 상징하는 조형물이다. 경북대종은 경상북도 개도 100주년을 맞이하여 도민의 단결을 도모하고, 조국통일과 민족화합을 염원하

구계항

삼사해양산책로

삼사해상공원

경북대종

며 환태평양 시대의 번영을 축원하는 삼백만 도민의 큰 뜻을 담아 설립한 것이다.

오포해변을 지나 강구항을 바라보면서 오십천을 따라 걸으면서 강구교에 도착하여 도착스탬프를 찍었다. 영덕대게거리를 걸으면서 즐비하게 늘어선 영덕대게 음식점들을 감상하며 강구항을 구경하고, 영덕해파랑공원에 도착했다.

강구항

도착스탬프 찍는 곳

강구항 → 영덕해맞이공원

바다를 꿈꾸는 산길, 빛과 바람의 길 영덕블루로드 A코스

거리(km)
18.8

시간(시. 분)
9:20

도보여행일: 2018년 07월 28일

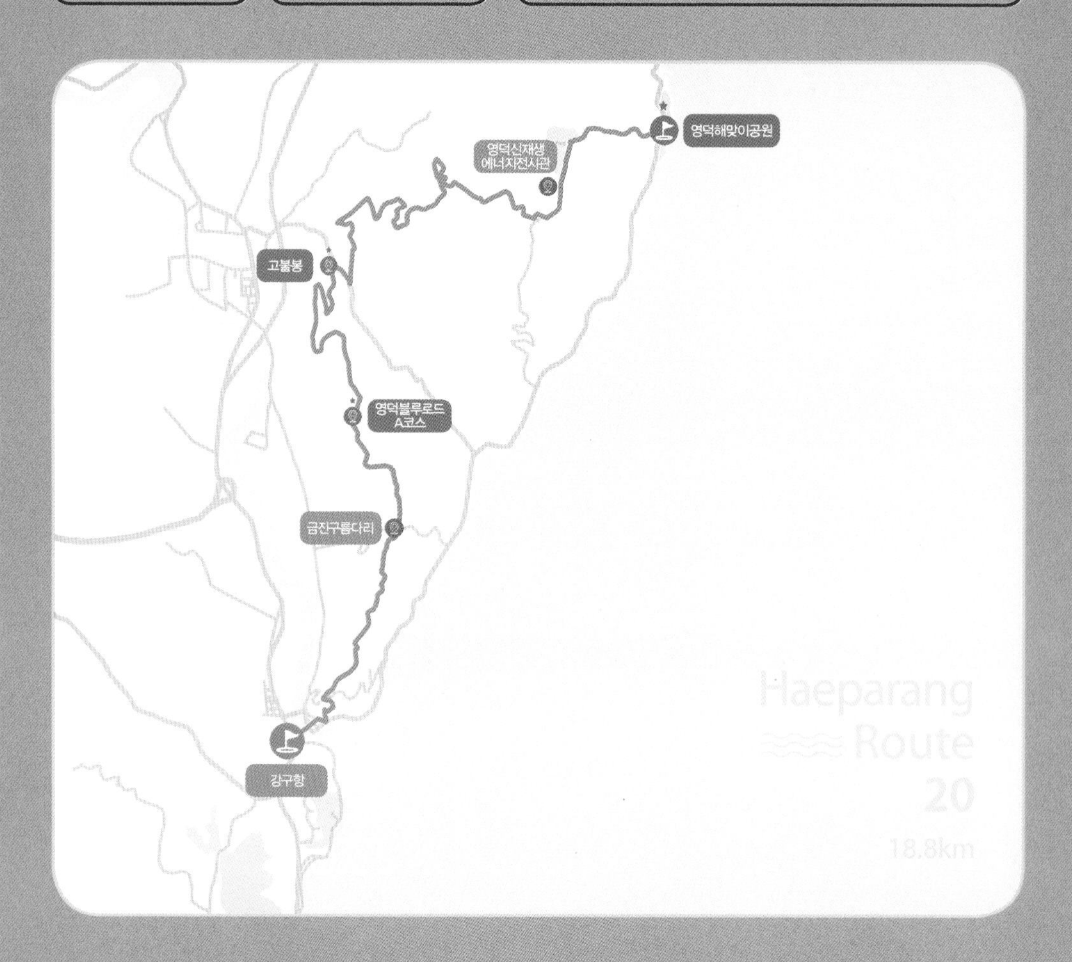

★ 꼭 들러야 할 필수 코스!

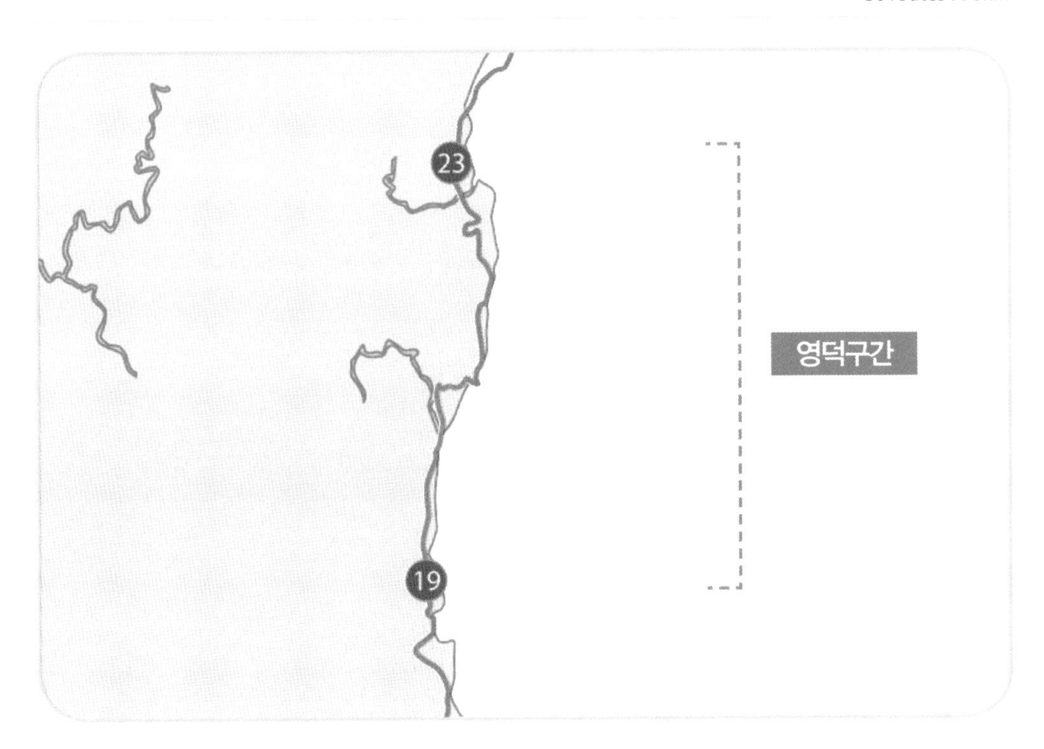
23
19
영덕구간

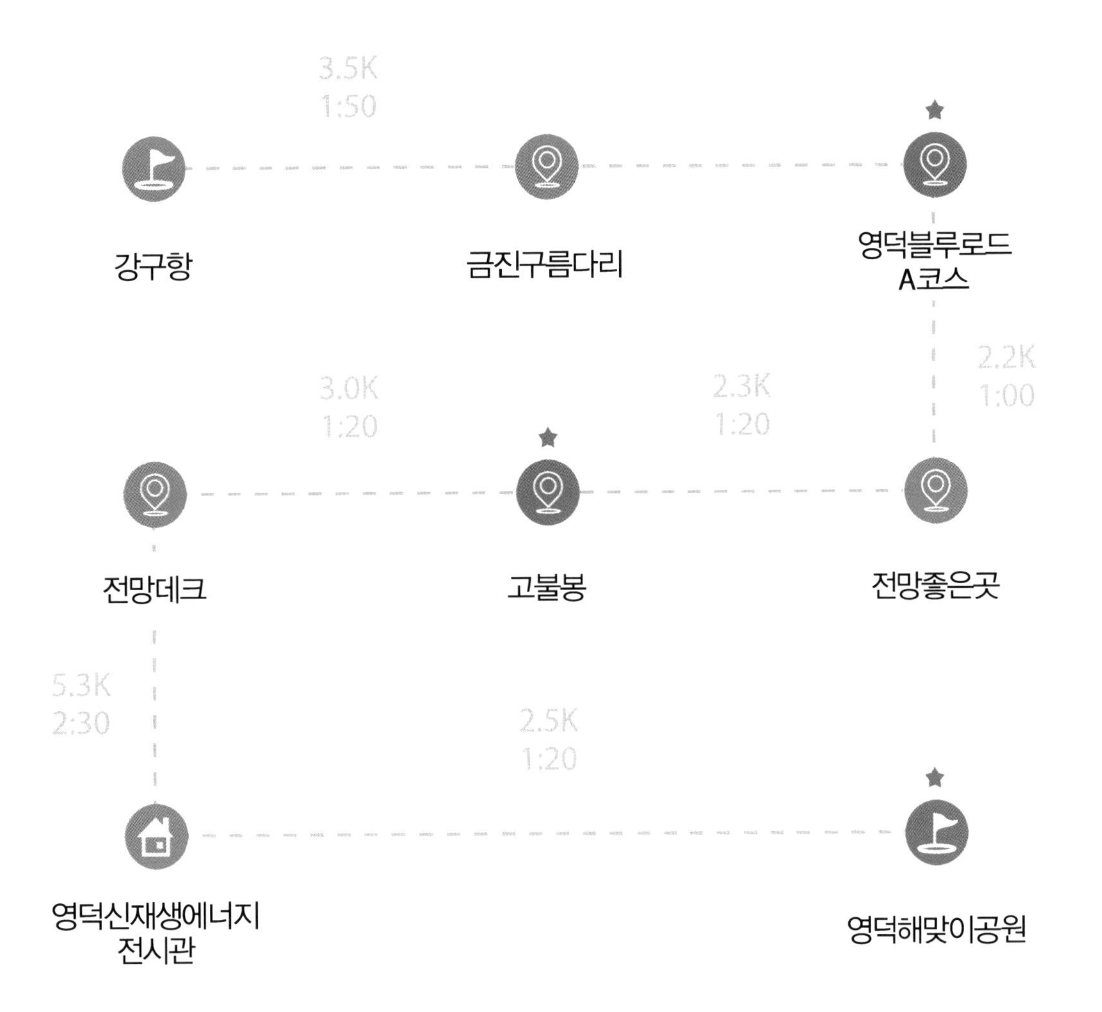
3.5K
1:50
강구항
금진구름다리
영덕블루로드
A코스
2.2K
1:00
3.0K
1:20
2.3K
1:20
전망데크
고불봉
전망좋은곳
5.3K
2:30
2.5K
1:20
영덕신재생에너지
전시관
영덕해맞이공원

고불봉에서 바라본 영덕읍

영덕블루로드 A코스는 바다를 꿈꾸는 산길인 '빛과 바람의 길'로 강구항에서 영덕해맞이공원까지 17.5km에 이르는 길이다. 강구항, 해맞이캠핑장, 신재생에너지전시관, 풍력발전단지 등이 주요 관광명소이다.

강구교를 지나 영덕블루로드 A코스인 내륙코스로 접어들었다. 봉화산으로 오르는 길은 급경사라 숨이 턱까지 찼다. 가파른 오르막길을 지나니 소나무, 참나무, 아카시아나무들이 울창한 숲길로 시원하고 숲내음도 좋았다. 해가 저물어 금진구름다리에서 일단 트레킹을 마무리하고 택시로 영덕터미널에 도착하여 대화모텔에 숙소를 정했다. 숙소에서 땀으로 뒤범벅이 된 몸을 씻었다. 발에는 온통 물집들이 생겨나 손톱깎이로 물집을 터트려 짜내고, 사타구니는 땀으로 짓물러서 아기용 코티 분을 발라 주었다. 티셔츠와 양말을 빨아 방에 널어두고, 숙소 근처의 '돈

영덕블루로드 A코스

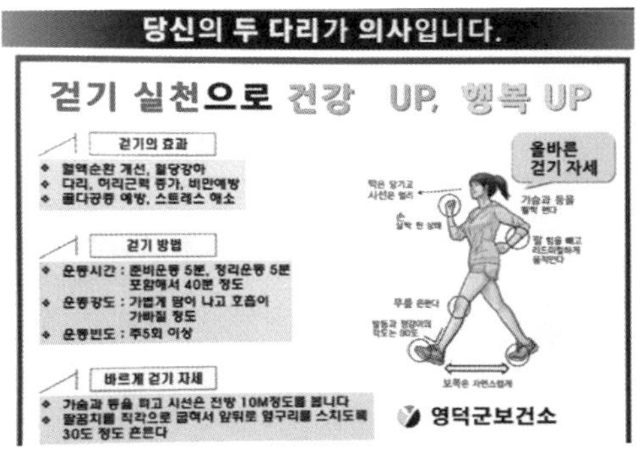

걷기방법

박'에서 항정살로 저녁식사를 하였는데, 계란찜과 야채가 무한리필이었다. 묵은 김치, 콩나물무침, 고사리를 구워서 함께 싸 먹으니 푸짐하고 맛도 일품이었다.

다음 날 아침 7시 숙소 근처의 '집밥의 달인' 식당에서 한정식으로 아침식사를 했다. 택시를 타고 금진구름다리에 도착해서 고불봉정상으로 오르기 시작했다. 이른 아침이라 산모기와 하루살이 등이 땀 냄새를 맡고 달려드는 바람에 연신 수건으로 쫓아가며 올라갔다. 숲길 주변에는 대규모로 양봉 치는 곳들이 많았는데, 근처에 아카시아나무들이 많은 것으로 보아 아카시아 꿀을 따는 것 같았다. 고불

금진구름다리

고불봉

전망데크에서 바라본 영덕읍

봉정상에 도착하니 영덕 읍내가 한눈에 보였다. 서쪽으로 오십천이 휘감아 돌고 산들이 병풍처럼 둘러싼 풍광이 아늑하고 포근해 보였다.

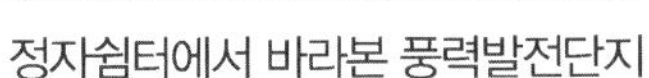

정자쉼터에서 바라본 풍력발전단지

영덕풍력발전단지

고불봉을 지나 영덕환경관리지원센터, 정자쉼터를 지나서 영덕풍력발전단지에 도착했다. 신재생에너지전시관 매점에서 물과 아이스크림을 사 먹으며 갈증을 해소한 다음 트레킹을 이어갔다. 특별히 영덕에서 '산림생태문화체험공원'으로 조성한 이곳은 이국적인 풍력발전단지를 보기 위하여 많은 관광객들이 방문하고 있었다.

내륙코스를 벗어나서 영덕대게의 집게다리 모양을 한 창포말등대에 도착했다. 창포말등대에서 약속바위, 빛의 거리, 해맞이공원 등을 관광했다. 약속바위는 '영원한 사랑을 약속하세요. 전설 같은 사랑이 이루어집니다!'라는 글씨와 함께 한 바위면에 손등이 보이게 새끼손가락을 편 왼손 주먹 형상이 조각되어 있었다. 영덕해맞이공원의 빛의 거리 입구에서 도착스탬프를 찍었다.

창포말등대

빛의 거리

약속바위

도착스탬프 찍는 곳

영덕해맞이공원

영덕해맞이공원 → 축산항

바다와 하늘이 함께 걷는 길, 푸른 대게의 길 영덕블루로드 B코스

도보여행일: 2018년 07월 29일

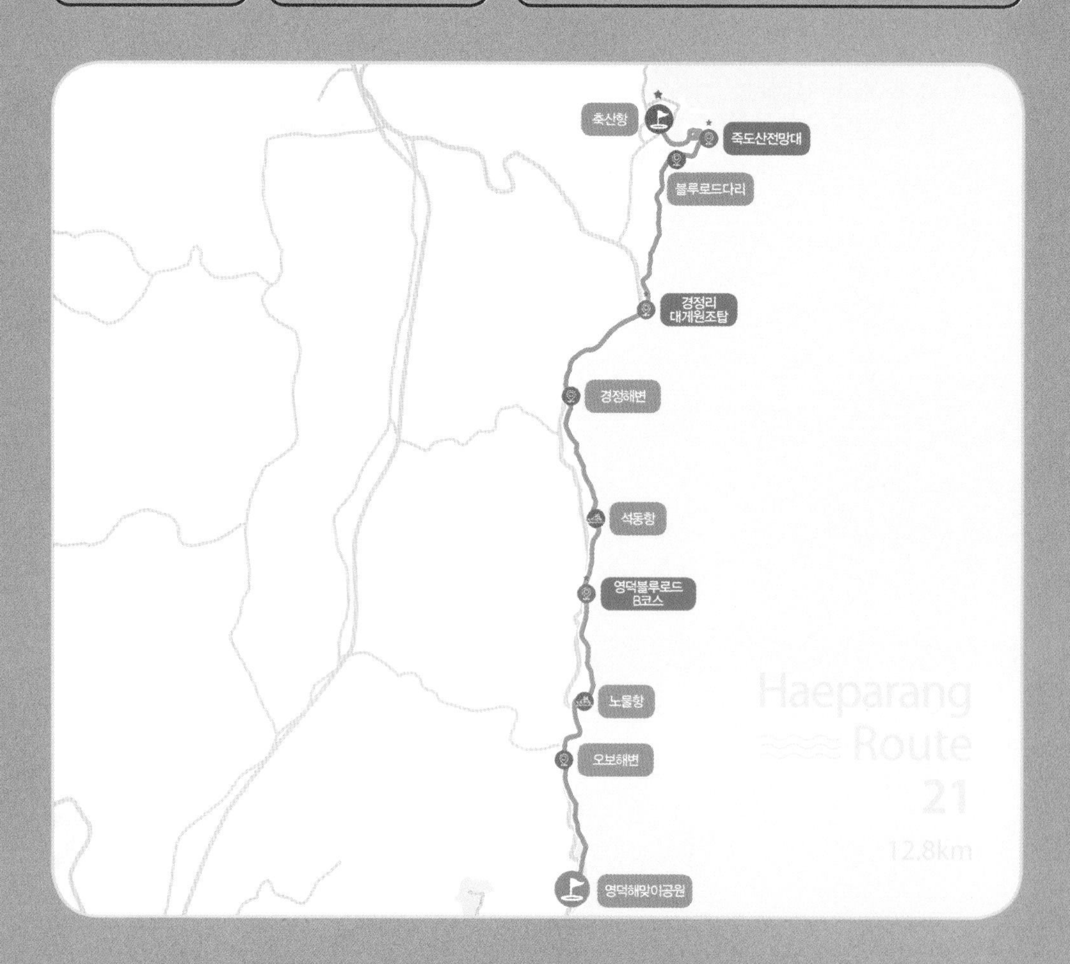

★ 꼭 들러야 할 필수 코스!

23
19
영덕구간

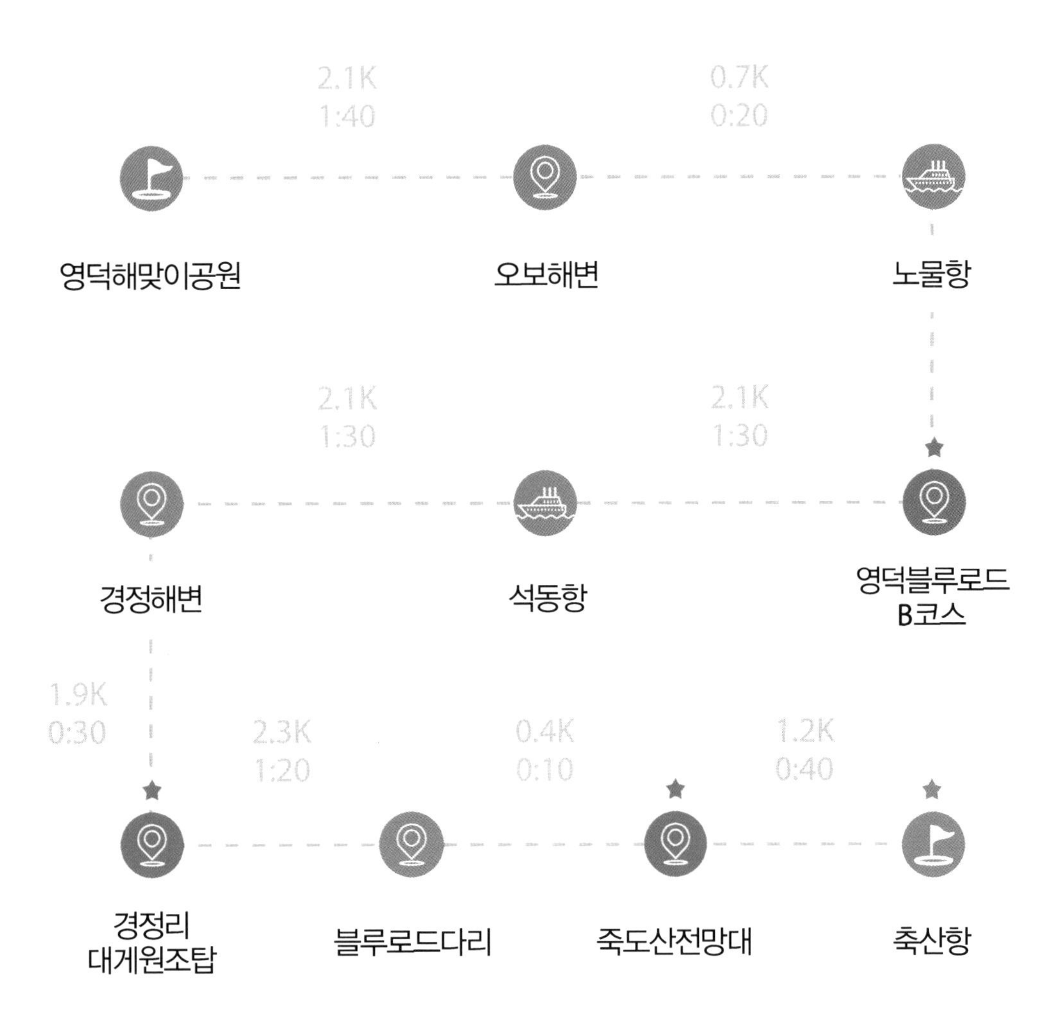
2.1K
1:40
0.7K
0:20
영덕해맞이공원
오보해변
노물항
2.1K
1:30
2.1K
1:30
경정해변
석동항
영덕블루로드
B코스
1.9K
0:30
2.3K
1:20
0.4K
0:10
1.2K
0:40
경정리
대게원조탑
블루로드다리
죽도산전망대
축산항

해파랑길 21코스 (영덕해맞이공원~축산항)

바다와 하늘이 함께 걷는 길, 푸른 대게의 길 영덕블루로드 B코스

영덕블루로드 B코스

영덕해맞이공원을 둘러보고 대탄항을 지나 오보해수욕장에서 일정을 마무리하고 택시를 이용하여 영덕터미널 부근의 M모텔에 도착했다. 어제 대화모텔에서 숙박하여 하루 더 숙박하려고 전화하였더니 숙박료를 10만 원 내란다. 어제는 5만 원에 숙박하였는데 오늘은 주말이고 성수기라서 배로 내야 한단다. 이 무슨 바가지냐? 도무지 정가라고는 없고 그때그때 주인 마음대로 가격을 매기나? 한심했다. 왕복 택시비를 지불하고 M모텔로 숙소를 옮겼다. 영덕터미널 부근의 '놀부보쌈'에서 보부세트 2인분에 보쌈을 추가하여 거창하게 저녁식사를 하고 숙소로 돌아와서 프로야구 한화 경기를 시청했다.

영덕터미널 부근의 '집밥의 달인'에서 아침식사를 하였는데, 선풍기 앞의 의자에 앉으란다. 바람이 싫어서 자리를 옮겼더니 주인아주머니가 불쾌한 표정을 짓는다. 주인아주머니의 불친절에 아침부터 기분이 영 떨떠름했다. 먼 길을 가야 하는데, 마음을 다스려야지! 식사를 마치고 나오는데 하늘엔 먹구름이 잔뜩 꼈고, 비도 주룩주룩 내렸다. 식당 앞 24시 마트에서 장우산 2개를 2만 원을 주고 샀는데, 하도 오랫동안 팔리지 않아서 우산천이 삭아서 비가 샜다. 할아버지가 새벽 일찍부터 장사를 하시니까 고맙기는 했지만 어떻게 해야 할지 마음이 헷갈렸다. 말도 못하고 우산을 들고 나왔다. 아침부터 매사가 꼬인다. 오늘은 일진이 좋지 않은 날인 것 같다. 조심해야겠다고 생각했다.

영덕터미널에서 택시를 타고 오보해변에 도착했다. 오보해변에 도착하니 날씨는 화창하고 햇볕이 따가웠다. 아침부터 변덕스러운 날씨가 우리를 당혹스럽게 했다. 영덕블루로드 B코스는 '푸른대게의 길'로 바다와 하늘이 함께 걷는 14.1km의 해안길이다. 노물항을 지나 해안가 데크를 따라 걸으며 영덕블루로드 B코스를 걸었다.

오보항

노물항

영덕블루로드 B코스

석동항을 지나 경정해변에 이르는 해안도로는 솔숲길과 넘실대는 동해바다의 파도와 어울려 비경을 연출하였다. 태풍 '종다리'가 일본 서쪽지역으로 북상하는 영향인지는 알 수 없지만 유별나게 동해바다의 물결이 거세게 요동쳤다. 경정3리의 오매향나무에 도착했는데, 오매향나무는 500년 된 향나무로, 마을에 풍어와 풍년을 기리는 제를 올리는 동신당 뒤의 기암절벽을 뒤덮고 있는 한 그루의 나무로, 500년 전에 안동 권 씨가 들어오면서 심었다고 한다.

석동항

영덕블루로드 B코스

오매향나무

경정3리

경정1리항을 지나 경정리 백악기 퇴적암지대를 둘러보고 대게원조 마을인 경정2리항에 도착하니 대게원조마을을 알리는 탑신이 마을 입구에 세워져 있었다. 탑신에 새겨진 글귀에 의하면 마을 앞에 우뚝 솟은 죽도산이 보이는 이 마을에서 잡은 게의 다리 모양이 대나무처럼 생겼다고 해서 대게라고 불리게 되었다고 기록되어 있었다. 블루로드 B코스 끝부분의 수직으로 깎아지른 해안가 절벽에는 암벽동우회 회원들이 암벽등반을 즐기고 있었다. 동해바다의 성난 파도들이 밀려와 부서지는

경정1리항

경정리 백악기 퇴적암

영덕대게원조탑

암벽훈련장

갯바위를 배경삼아 암벽등반을 하는 장면을 한 컷 담아보았다.

현수교인 블루로드다리를 건너 죽도산전망대에 오르니 아름다운 축산항이 한눈에 들어왔다. 죽도산을 뒤덮고 있는 대나무들이 강한 바람에 소리를 내며 흔들리는 모습이 이국적이었다. 축산항에 있는 '진 짬뽕집'에서 간짜장, 짬뽕, 탕수육으로 점심식사를 하고, 축산리버스정류장 앞에서 도착스탬프를 찍었다.

죽도산전망대

축산항

도착스탬프 찍는 곳

축산항 → 고래불해변

목은사색의 길 영덕블루로드 C코스

도보여행일: 2018년 07월 29~30일

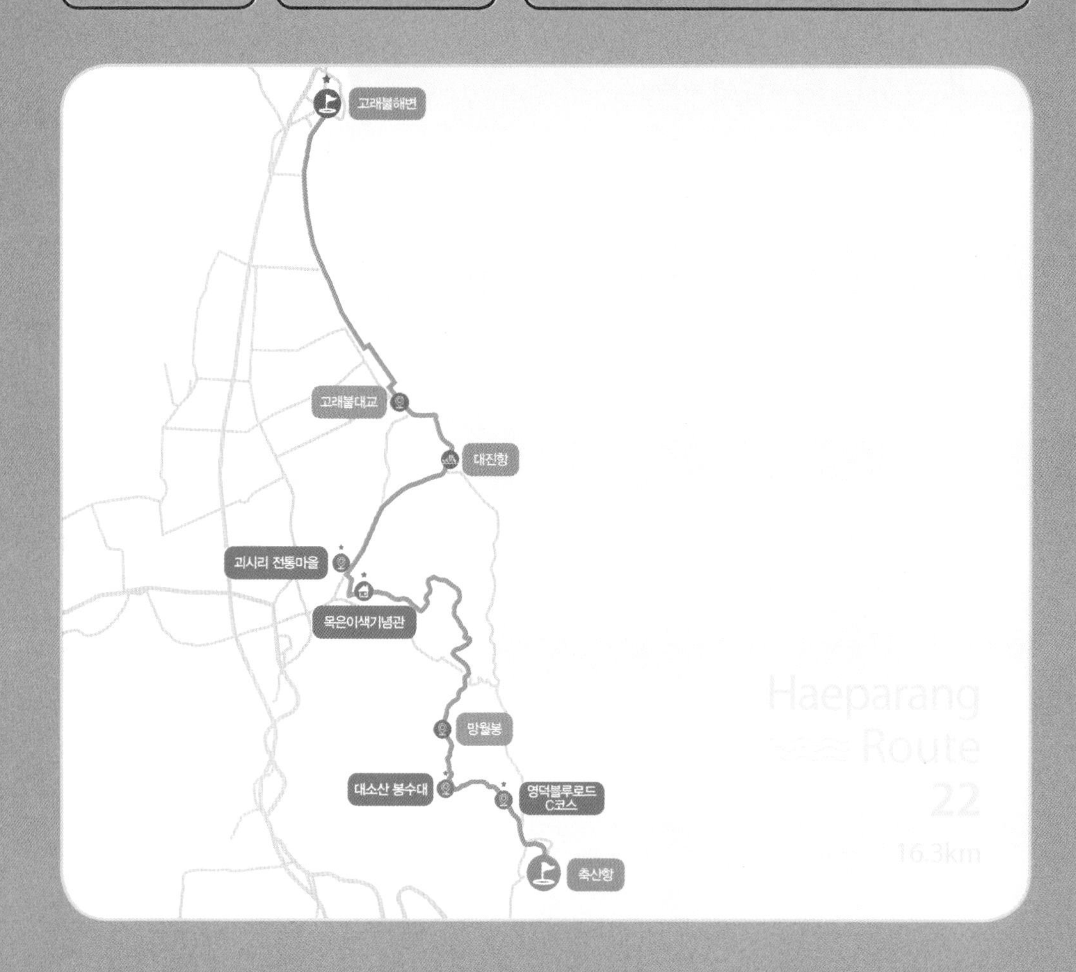

★ 꼭 들러야 할 필수 코스!

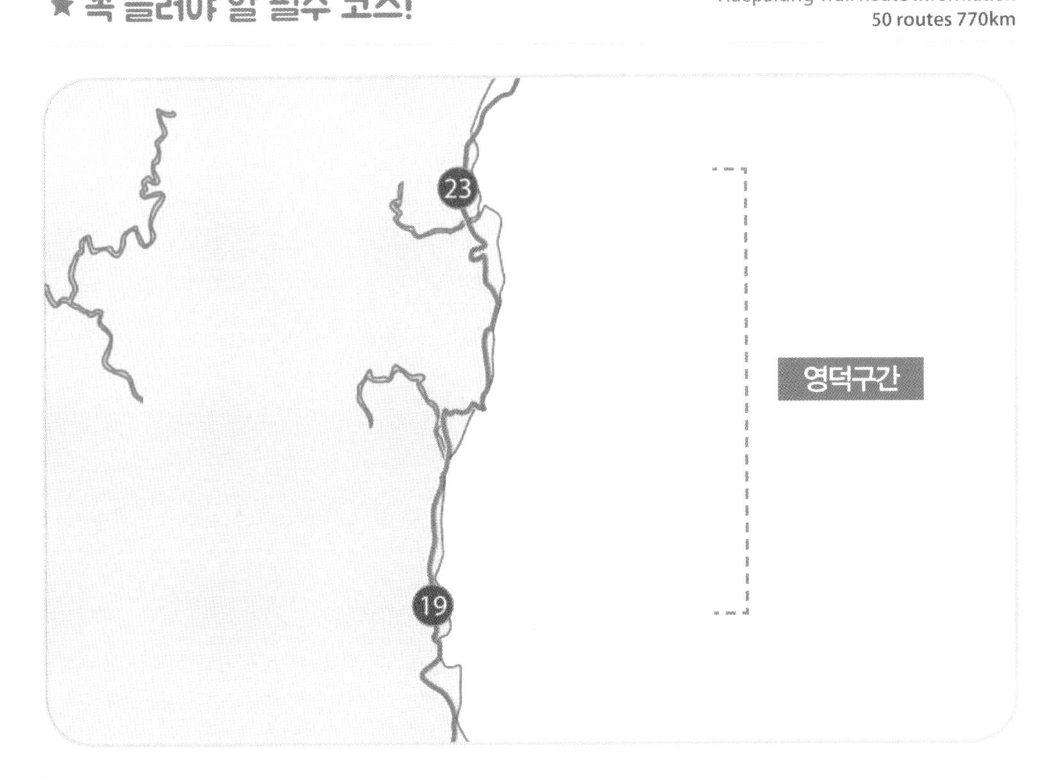
23
영덕구간
19

축산항
★ 영덕블루로드 C코스
2.2K 1:40
★ 대소산 봉수대
4.1K 0:40
망월봉
1.2K 0:40
★ 목은이색기념관
0.6K 0:10
★ 괴시리 전통마을
2.4K 0:30
대진항
1.7K 0:30
고래불대교
4.1K 1:40
★ 고래불해변

HAEPARANG ROUTE 22

해파랑길 22코스 (축산항~고래불해변)

목은사색의 길 영덕블루로드 C코스

고래불해수욕장

영덕블루로드 C코스는 선인들의 발자취를 더듬는 답사길인 '목은 사색의 길'로 축산항에서 고래불해수욕장에 이르는 17.5km의 길이다.

대소산봉수대에서 바라본 축산항

대소산봉수대

영덕블루로드 C코스

주요 관광지로는 남씨발생지, 대소산봉수대, 목은이색기념관, 괴시리전통마을, 대진해수욕장, 고래불해수욕장 등이다.

축산항에서 영덕블루로드 C코스 시작점인 남씨발상지 표지석을 보고, 대소산봉수대로 오르기 시작했다. 가파른 오르막 경사길을 지나자 향기로운 솔향의 소나무 숲길이 나타났다. 날씨가 너무 더워서 소나무 숲길에서 풍욕을 했다. 오후 늦은 시간이라 사람도 없고, 동해에서 불어오는 바람이 너무 시원하여 옷을 홀딱 벗고 풍욕을 하니 가슴속까지 시원했다. 냉탕에서 목욕하는 것보다 훨씬 시원했다. 그래서 옛날에 신선들이 풍욕을 즐겼나 보다. 대소산봉수대에 도착하니 죽도산전망대, 축산항, 대게원조마을 전체가 한눈에 들어왔다. 에메랄드빛 동해바다와 어울려 한 폭의 풍경화를 연출했다.

대소산봉수대를 내려와 체육시설 쉼터, 망월봉, 사진구름다리를 거쳐 목은이색 산책로로 접어들었다. 목은이색산책로는 목은이색기념관

목은이색기념관

사진구름다리

까지 3km의 소나무 숲길로 이어졌다. 목은이색기념관은 이색이 태어난 이곳 무가정터에 선생의 인연을 숭앙하고자 유적지를 조성하고 이색기념관을 설립했다. 이색기념관을 둘러본 후 괴시리 전통마을을 지나 영해버스터미널 근처에 있는 Y모텔에 투숙했다. 시골이라서 저녁 8시 이후에 영업을 하는 식당이 별로 없었다. 어렵게 영해버스터미널 부근의 '돈반(돈까스에 반하다)'에서 육개장으로 저녁식사를 했다.

다음날 영해터미널 부근의 영해식당에서 한정식으로 아침식사를 하고 영해새벽시장을 둘러보았다. 싱싱한 복숭아와 사과, 각종 야채들이 풍성했다. 재래시장에서 삶의 에너지를 충전한 다음 괴시리전통마을에서 정면으로 보이는 상대산 정상에 세워진 관어대를 바라보며 대진항 쪽으로 걸어갔다. 영해의 너른 들판에 파릇파릇하게 자란 벼들이 바람에 흔들리는 모습이 장관이었다. 대진항을 지나 대진1리항에 들어서니 대게 모양의 벤치가 나타났다. 너무 아름다운 모습에 그냥 지나칠 수가 없어 벤치에 앉아 멋진 포즈로 작품사진을 찍었다. 어린애 같은 동심으로 돌아간 듯 행복하고 재미난 순간이었다. 대진1리항을 돌아 나오자 대진해변, 덕천해변, 고래불해변으로 이어지는 10여 리의 광활한 백사

영해새벽시장

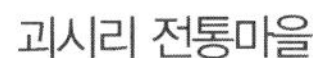

괴시리 전통마을

대진항

대진1리항

대진해수욕장

고래불대교

장에 띠를 형성해 연이어 몰아치는 거센 파도 물결이 시선을 압도했다. 고래불대교를 건너 덕천해변에 마련된 '추억의 엽서' 조형물에서 얼굴을 내밀어 사진 한 컷을 찍었다.

고래불해변에 들어서자 해안가 소나무숲에 캠핑족들이 편하게 이용할 수 있는 카라반 시설 등이 잘 갖추어져 있었다. 또한 고래불해안가 산책로에는 다양한 테마 그림들을 그려 놓아 피서객들과 함께 입체적인 사진을 찍을 수 있도록 조성해 놓았다. 우리도 독수리 등에 타는 입체사진을 찍으며 행복한 시간을 보냈다. 왜 많은 피서객들이 고래불해변을 방문하는지 이해할 수 있었다. 고래불해변 소나무숲길 사이로 조성한 목재데크를 따라 걸으며 모처럼 여름 피서철다운 동해안 모습을 봤다. 병곡항 부근에 다다르자 고래불해변 입구에 고래 모양의 거대한 조형물이 나타났다. 해변주차장 입구에서 도착스탬프를 찍고 고래조형물을 배경으로 인증 사진을 찍었다.

해파랑길 여정을 마치고 집으로 돌아가는데, 어제 영덕읍에서 소나기를 피하려고 산 장우산 두 개를 어떻게 처리할까 고민을 했다. 지나가는 사람에게 줄까? 피서 온 사람에게 줄까? 가게에 기증할까? 망설이다가 마침 고래불해변 앞의 병곡파출소로 들어가서 경찰관에게 사정 이야기를 하고 장우산 두 개를 기증했다. 그런 다음 영해터미널로 가는 버스 편을 물어보니 바로 앞 버스정류장에서 기다리면 된다고 했다. 버스정류장에서 버스시간표를 확인해보니 영해터미널로 가는 버스는 방금

고래불해수욕장

출발했고, 다음 버스는 1시간 이상 기다려야 했다. 포항에서 예약해 놓은 KTX 기차를 타려면 영해터미널에 12시까지는 도착해야 하는데…. 한참을 고민하고 있는데 병곡파출소의 송재득 순경과 일행인 경찰관이 점심시간인데도 불구하고 순찰차로 우리를 영해터미널까지 태워다 주셨다. 덕분에 영해터미널에서 정시에 버스를 타고 포항시외버스터미널에 도착하여 예약한 KTX를 타고 일찍 귀가할 수 있었다. 죽도시장의 수향회식당에서 물회로 점심식사도 하고, 미도건어물백화점에서 오징어도 살 수 있어서 행복했다. 병곡파출소의 경찰관님들이 베풀어주신 친절로 영덕에 대한 좋은 인상이 오랫동안 머릿속에 남았다.

도착스탬프 찍는 곳

고래불해변 → 후포항

공무원의 온정에 행복했던 고래불해변의 추억

거리(km) 11.9

시간(시, 분) 4:00

도보여행일: 2018년 08월 10일

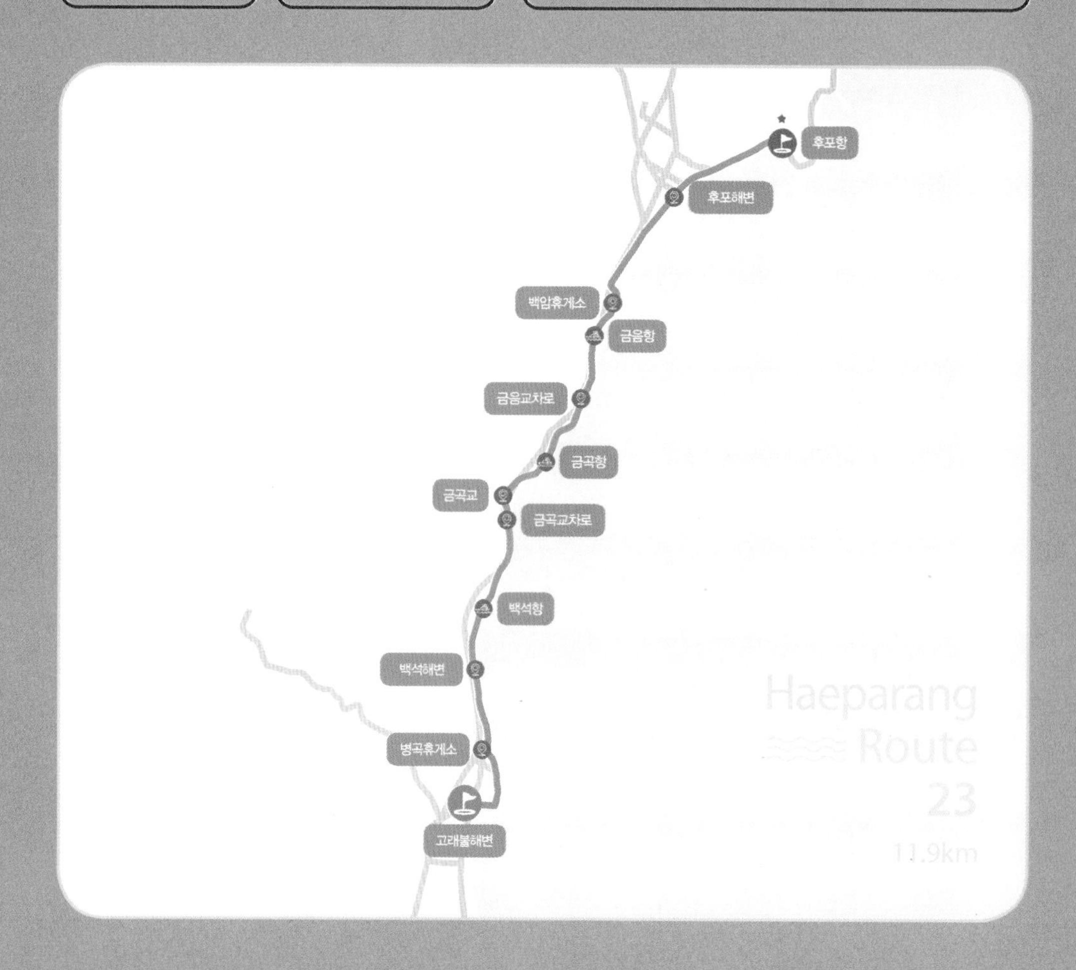

★ 꼭 들러야 할 필수 코스!

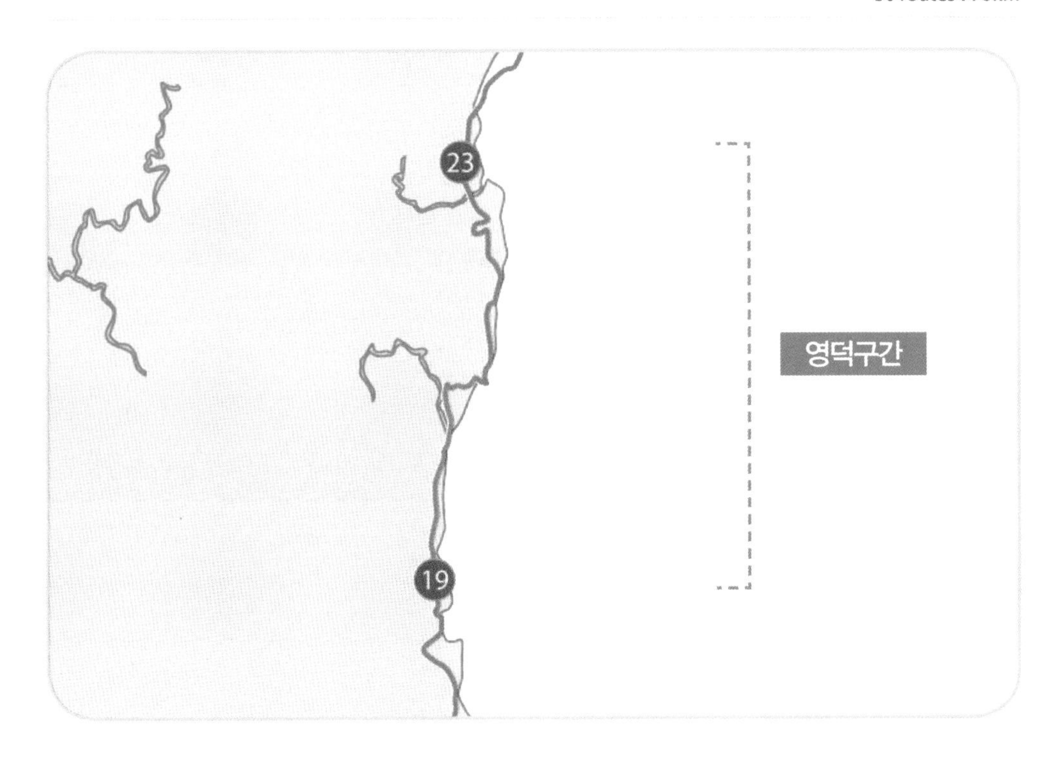
23
19
영덕구간

1.1K
0:15
1.0K
0:15
1.2K
0:15
고래불해변
병곡휴게소
백석해변
백석항
1.1K
0:15
1.3K
0:30
0.7K
0:20
0.4K
0:10
금음교차로
금곡항
금곡교
금곡교차로
1.3K
0:20
0.6K
0:10
1.5K
0:20
1.7K
1:10
금음항
백암휴게소
후포해변
후포항

해파랑길 23코스 (고래불해변~후포항)

공무원의 온정에 행복했던 고래불해변의 추억

후포항

영덕경찰서 병곡파출소 송재득 순경님께 너무나 감사하여 무엇으로 보답할까? 고민을 하다가, 8월 4일 영덕경찰서 홈페이지 국민마당 칭찬 우편함에 간단한 글을 올렸다. 그리고 간단하게 드링크를 준비했다.

오전 8시 10분에 포항역에 도착하여 210번 좌석버스를 타고 포항시외버스터미널로 갔다. 포항시외버스터미널에서 시외버스를 타고 영해터미널에 도착하여 택시로 고래불해변의 병곡파출소에 도착했다. 송재득 순경을 찾아뵙고 간단한 감사의 인사와 드링크를 드린 다음 고래불해변 입구에서 해파랑길 23코스 트레킹을 시작했다. 고래불해변에서 내리던 가랑비가 백석해수욕장을 지나자 점점 심해졌다. 용머리공원을 지나서 병곡파출소의 송재득 순경이 강력히 추천해준 백석1리의 횟집에

병곡파출소 송재득순경님과 동행하신 경찰관님께서 배풀어주신 친절에 감사드립니다.^^

작성자 : 최**

조회 : 63

작성일 : 2018-08-04 09:58:49

해파랑길 도보여행을 하고 있는 도보여행자 최병선이라고 합니다. 늦었지만 병곡파출소 경찰관님들께 감사의 마음을 전하고자 글을 올립니다. 7/30(월요일) 해파랑길 영덕구간 마지막 코스인 블루로드 C 코스 종착지인 고래불해변에 도착했을 때 가마솥 같은 폭염 속을 일주일 동안 트레킹해서 몸은 기진맥진한 상태였습니다. 어제 영덕읍내에 갑자기 소나기가 내려 장우산 2개를 샀는데 날씨가 너무 화창하여 우산이 필요한 다른분들이 사용할 수 있도록 기증하면 좋겠다는 생각이 들었습니다. 마침 고래불해변 앞에 병곡파출소가 있어 방문하여 사정을 말씀드리고 장우산 2개를 전달하고 나왔습니다. 경찰관님께 영해터미널로 가는 버스편을 여쭈어보니 바로 앞에 보이는 버스정류장에서 기다리시면 되는데 버스편이 자주 없다고 하셨습니다. 버스정류장에 가서 버스 시간표를 보니 좀 전에 영해터미널가는 버스(11시 10분발)가 지나갔고 다음버스는 1시간이상 기다려야하는 당혹스러운 상태였습니다. 포항에서 광명가는 KTX열차는 예약을 해놓은 상태라 영해터미널에 12시정도에 도착하지 않으면 집으로 가는 교통편이 어긋나게되는 난처한 상황이었습니다. 그때 갑자기 병곡파출소 송재득순경님과 일행분이신 경찰관님께서 점심시간인데도 불구하고 순찰차로 저희를 영해터미널까지 태워주셔서 덕분에 영덕 블루로드 트레킹 잘 마치고 편안하게 집으로 귀가할 수 있었습니다. 같이 트레킹한 큰형님과 함께 늦었지만 병곡파출소 송재득순경님과 같이 동행하신 경찰관님의 친절에 다시 한번 감사의 인사를 드립니다. 영덕 블루로드 길이 아름다워 트레킹하면서 행복했는데 병곡파출소 경찰관님께서 배푸신 친절로 다시 한번 찾고 싶은 고장 영덕으로 기억 되었습니다. 가마솥 무더위에 건강 주의하시고 행복한 추억 만들어주셔서 감사드립니다.^^

TOP

병곡파출소 경찰관님에 대한 감사문

용머리공원

서 생대구탕으로 점심식사를 하였는데 기대보다 별로였다. 주인아주머니가 70세가 넘어서 맛이 너무 짜고 서비스도 불친절했다.

백석항, 금곡항, 지경항을 지나고, 금음항을 지나 삼율해안교를 건너서 후포해수욕장에 도착했다. 한마음광장을 지나서 후포항에 도착할 때까지 하루 종일 비가 내렸다. 가게가 없어서 우산을 구입할 수가 없어, 계속 내리는 비로 온몸이 흠뻑 다 젖었다. 후포항에 도착해서 하나로마트에서 우여곡절 끝에 장우산 2개를 구입했다. 후포항의 공중화장실 입구에서 도착스탬프를 찍었다.

지경항

삼율해안교

한마음광장

후포항

도착스탬프 찍는 곳

후포항 → 기성버스터미널

울진대게 원조마을 거일리

거리(km)
18.1

시간(시, 분)
7:30

도보여행일: 2018년
08월 10~11일

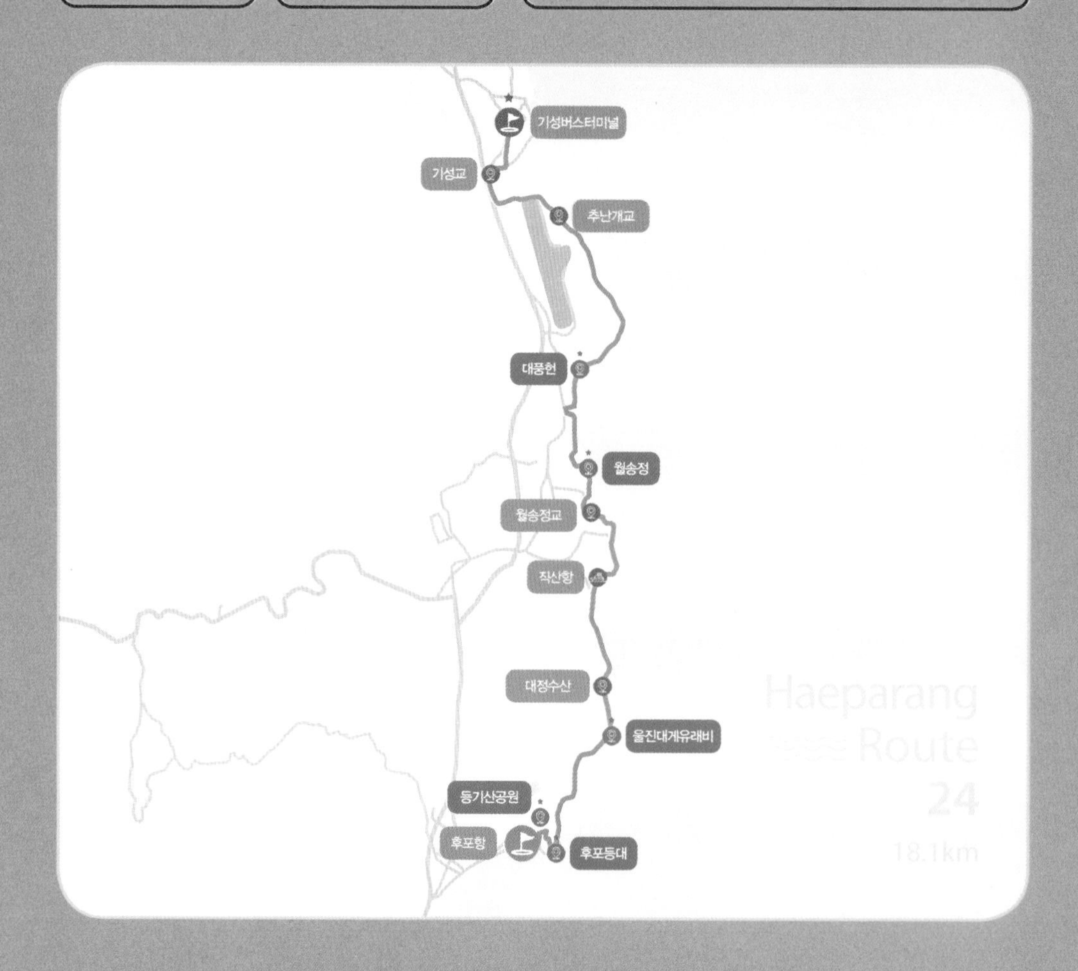

★ 꼭 들러야 할 필수 코스!

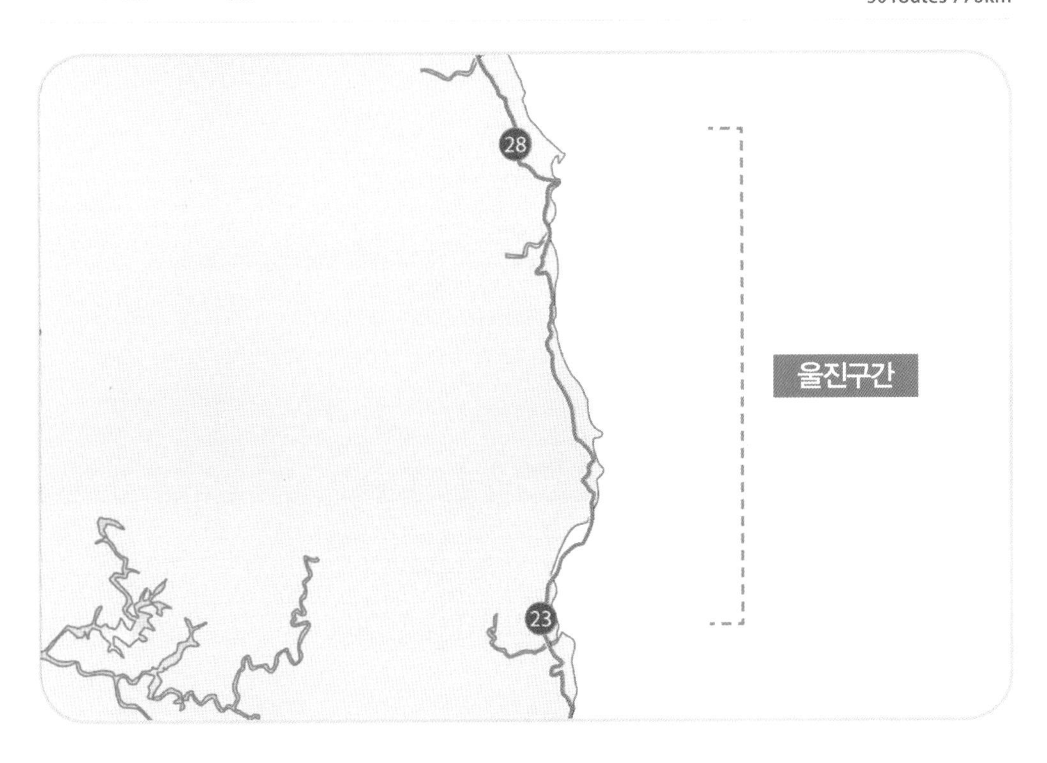
28
23
울진구간

후포항
0.5K
0:20
★ 등기산공원
0.3K
0:30
★ 후포등대
2.6K
0:40
★ 울진대게유래비
1.4K
0:50
대정수산
2.0K
0:50
직산항
1.6K
0:30
월송정교
1.0K
0:20
★ 월송정
2.3K
1:10
★ 대풍헌
3.4K
1:20
추난개교
2.0K
0:40
기성교
1.0K
0:20
★ 기성버스터미널

해파랑길 24코스 (후포항~기성버스터미널)

울진대게 원조마을 거일리

등기산스카이워크

후포항에서 가파른 계단을 올라 등기산공원에 도착했다. 등기산공원은 남호정, 각종 등대조형물, 산책로와 구름다리, 후포등대, 등기산스

등기산공원에서 바라본 후포항

후포등대

카이워크, 갓바위전망대 등으로 잘 꾸며놓았다. 후포등대에서 후포여객선터미널을 내려다보니 후포항과 울릉도를 왕래하는 여객선들로 가득 찬 모습이 장관이었다. 등기산스카이워크는 바닥을 부분적으로 유리를 사용하여 바다를 좀 더 가까이에서 조망할 수 있도록 조성해놓았는데 파도가 심해서 들어갈 수 없는 것이 몹시 아쉬웠다.

한진항을 지나 거일항에 이르자 거대한 울진대게조형물이 나타났다. 이곳 거일2리가 울진대게 원산지 마을이라서 울진대게유래비를 세워놓았다. 바로 옆에 울진바다목장 해상낚시공원이 웅장하게 조성되어 있었는데, 강태공들이 다리 위에서 바다낚시를 즐기기에 안성맞춤이었다. 대정수산을 지나 직산보건진료소에서 여정을 마무리하고, 시내버스로 평해터미널로 이동한 다음 귀빈모텔에 숙소를 정하고, 근처 성류식당에서 삼겹살로 저녁식사를 했다.

거일항

울진대게유래비

울진바다목장 해상낚시공원

대정수산

성류식당에서 갈비탕으로 아침식사를 한 다음, 시내버스로 직산보건진료소에 도착했다. 가랑비는 계속 내리고 습도도 높아 몸이 축 처지고 찌뿌둥하다. 직산항을 지나고 월송정교를 지나서 월송정에 도착했다. 월송정은 관동팔경 중의 하나로 신라 시대의 화랑들이 이곳의 울창한 송림에서 달을 즐기며 선유하였다고 한다. 한말에 일본군이 철거해버린 것을 1980년에 현재의 정자로 개축하였다고 한다. 월송정으로 들어가는 소나무 숲길은 원시림을 걷는 기분이었으나 월송정은 망루 하나만 덩그러니 서 있었다. 망루에 올라서서 해안가 소나무 숲 사이로 탁 트인 동해바다를 조망하고 사방에 걸려있는 액자에 쓰인 글들을 읽어보면서 잠시 휴식을 취했다. 관동팔경이라고 해서 무척 기대도 했는데 명성보다는 풍광이 별로였다.

관동8경(關東八景)이란, 강원도를 중심으로 대관령의 동쪽, 동해안에 있는 8개의 명승지로 고성의 청간정(淸澗亭), 강릉의 경포대(鏡浦臺), 고성의 삼일포(三日浦), 삼척의 죽서루(竹西樓), 양양의 낙산사(洛

직산항

월송정

山寺), 울진의 망양정(望洋亭), 통천의 총석정(叢石亭), 평해(平海)의 월송정(越松亭)이며, 월송정 대신 흡곡(歙谷)의 시중대(侍中臺)를 넣는 경우도 있다고 한다.

황보천을 지나 구산2리에 도착하니, 실물 크기의 1/35로 만든 독도 조형물이 있었다. 서도와 동도를 포함하여 섬 주변의 부속 바위들까지 세밀하게 축소시켜 놓은 조형물이었다. 이곳에 독도조형물을 조성한 이유는 이곳 대풍헌 일대가 조선 시대 울릉도 독도를 수토한 수토사의 숨결이 살아있는 유적지로 수토사 정신을 계승하여 국토수호 의지를 후세에 전하고자 했다는 것이다.

대풍헌은 18세기 말부터 구산항에서 울릉도로 가는 수토사들이 순풍을 기다리며 머물렀던 장소다. 대풍헌에 의해서 조선이 울릉도 독도를 우리의 영토로 인식하고 정기적으로 순찰하였다는 사실을 알 수 있

황보천

구산해수욕장

구산2리 독도조형물

었다. 이와 같이 역사적인 기록물들이 울릉도와 독도를 우리 영토로 관리했다고 되어있는데, 일본인들이 독도를 자기네 땅이라고 우기니 참 어처구니가 없다는 생각이 들었다. 대풍헌에 올라가서 구산항과 탁 트인 동해바다의 뱃길을 감상하고, 구산리와 봉산리 해안로를 걸었다. 해안가로 밀려오는 거대한 파도 물결을 쳐다보고 있노라니 가슴이 뻥 뚫렸다. 내륙길로 접어들어 기성교차로와 기성교를 지나서, 기성공용정류장에 도착하여 도착스탬프를 찍었다.

대풍헌

도착스탬프 찍는 곳

기성버스터미널 → 수산교

관동팔경 망양정과 웅장한 울진대게조형물

거리(km)
23.3

시간(시, 분)
9:30

도보여행일: 2018년
08월 11~12일

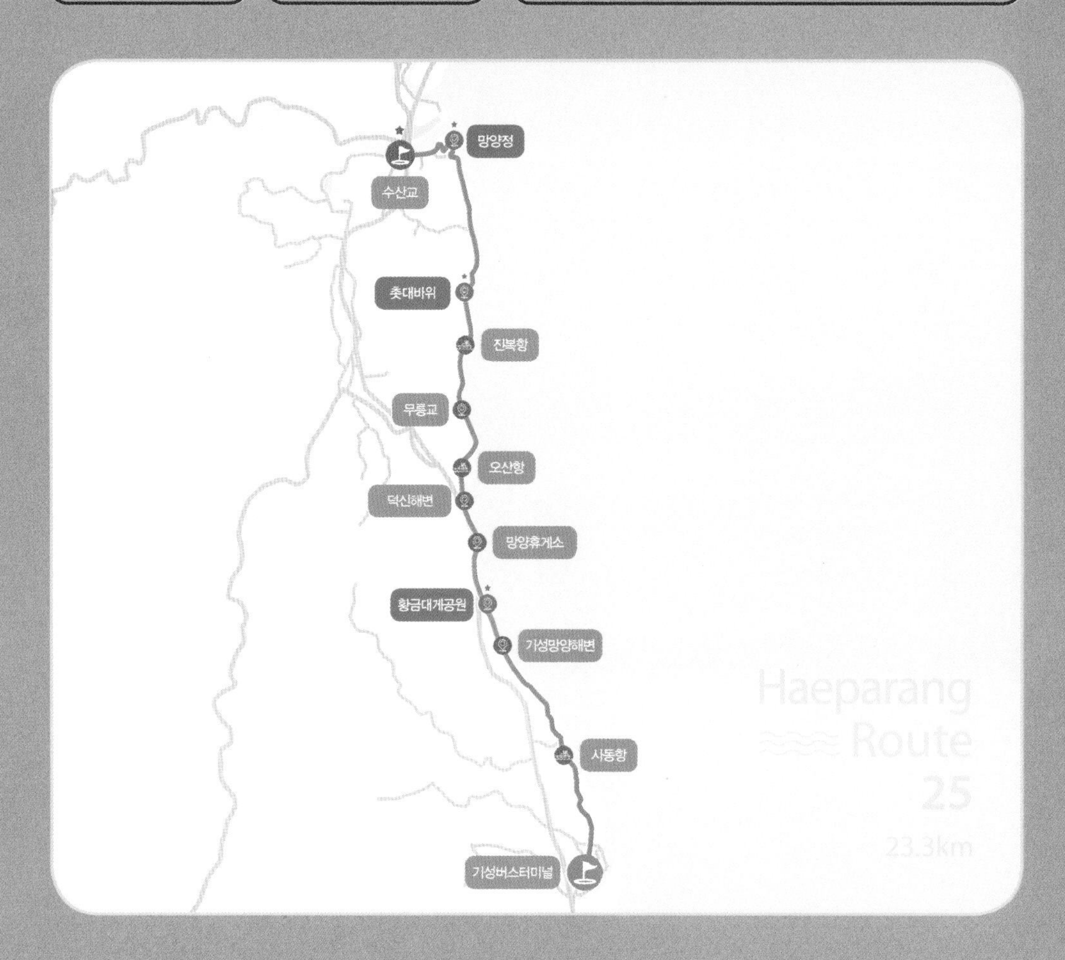

★ 꼭 들러야 할 필수 코스!

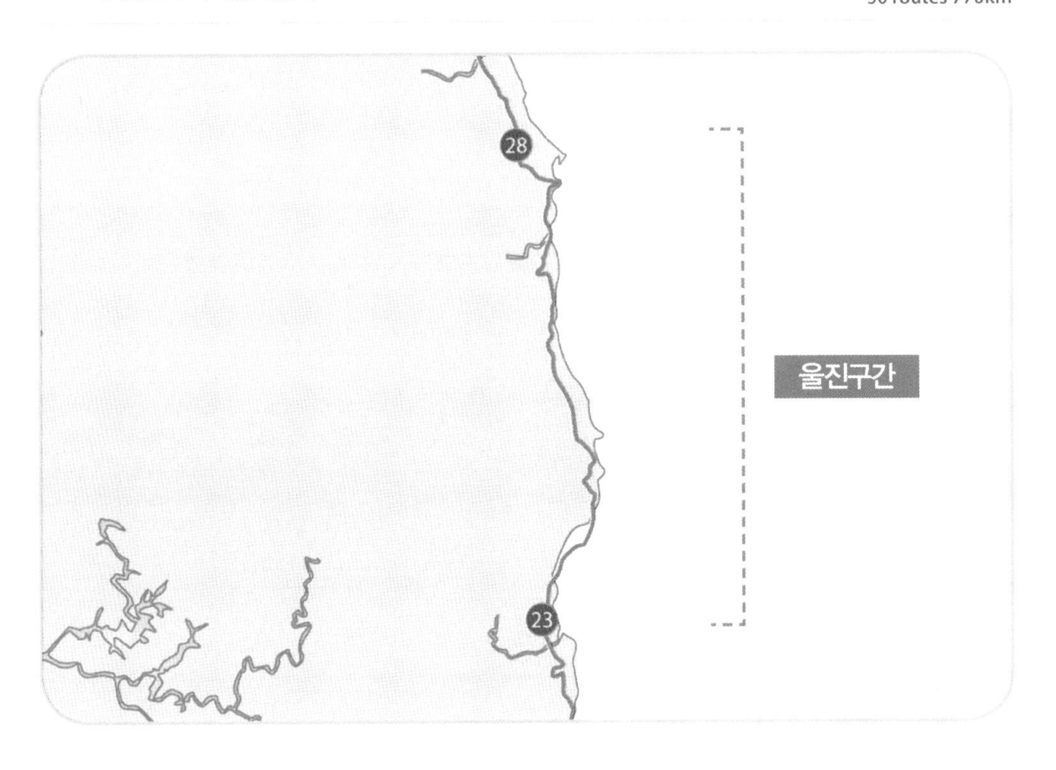
28
23
울진구간

2.8K
1:10
2.2K
1:00
2.2K
1:10
기성버스터미널
사동항
기성망양해변
★
황금대게공원
1.6K
0:30
2.0K
0:30
1.2K
0:30
1.0K
0:30
무릉교
오산항
덕신해변
망양휴게소
2.0K
0:30
2.5K
1:10
3.1K
1:40
1.7K
0:50
진복항
★
촛대바위
★
망양정
★
수산교

해파랑길 25코스 (기성버스터미널~수산교)

관동팔경 망양정과 웅장한 울진대게조형물

사동항

기성버스터미널을 지나 기성리로 들어서니 논에는 벼들이 파릇파릇 자라고 있었다. 논에는 우렁이농법으로 무공해 벼농사를 지어서 바닥에 크고 작은 우렁이들이 매우 많았다. 논두렁길을 지나 내륙으로 들어섰다. 무더운 폭염날씨에 달아오른 아스팔트길을 걷자니 엄청난 인내가 요구됐다. 고개를 넘어 해안가로 접어들어서 사동항에 도착했다. 갈증이 심하고 배가 고파서 사동2리 복지회관 앞의 꼭지슈퍼에서 물과 음료수, 아이스크림을 사 먹으며 끓어오르는 열기를 식혔다. 꼭지슈퍼 사장님께 근처에 점심식사를 할 만한 식당이 있느냐고 물었더니, 중화요리집 전화번호를 알려주면서 이곳으로 배달시키면 된다고 하셨다. 예상치 못한 제안이라 어리둥절했다. 탕수육과 간짜장 2그릇을 시켰더니 30분 후에 기성면에 있는 '신토불이'라는 중화요리집에서 승용차로 음식

기성리

사동항

을 배달해왔다. 군만두도 서비스로 추가해서… 아무리 우리가 '배달의 민족'이라고는 하지만 감탄했다. 오토바이로 배달하는 철가방은 많이 보았지만 예쁜 아주머니가 승용차로 짜장면을 배달하는 광경은 처음 보았다. '도보여행 중 먹고 싶은 음식이 있으면 현장으로 배달시키면 된다'라는 새로운 사실을 경험을 통해서 터득했다. 정말로 세상엔 안 되는 일이 없는 것 같다. '구하면 얻을 것이요, 두드리면 열릴 것이다.'라는 성경 구절이 생각났다. 즐거운 마음으로 점심을 푸짐하게 먹고 가벼운 발걸음으로 트레킹을 이어갔다. 살 맛 나는 세상이다.

기성망양해수욕장에 도착하니 해수욕장은 모처럼 피서객들로 북적거렸다. 망양정옛터에 오르니 기성망양해변과 망양항이 한 폭의 그림 같았다. 망양정옛터는 관동팔경 중의 하나인 망양정을 두 번째로 옮겨 온 정소로, 2015년에 정자를 건립하여 선인들의 정취를 느낄 수 있도록 한 장소라고 한다. 망양항을 따라 해안도로를 걸어가면서 끝없이 펼쳐진 오징어목장을 만났다. 오징어들을 건조대에 널어 해풍으로 반건조시켜 피데기오징어를 만드는 장면은 그야말로 장관일 것 같았다. 오징어목장을 지나 황금대게공원에 도착했다. 대게는 몸통에서 뻗어 내린 다리의 모양이 대나무 같아서 붙여진 이름이고, 황금색이 짙은 참대게, 박

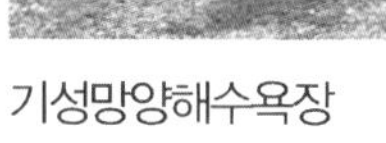
기성망양해수욕장

망양정옛터

망양항

오징어건조대

망양2리

대게조형물

달게가 진짜 대게라고 한다. 울진군 평해읍 거일리가 울진대게의 원조 마을이며, 울진군이 전국 최대생산량과 가장 우수한 품질의 대게생산지라고 한다. 영덕대게라고 하는 것은 1930년대 교통이 원활하지 못했을 때 대도시로 해산물을 공급할 때 집하지가 영덕이라서 붙여진 것이고, 실제로는 울진이 대게의 원조라고 한다. 웅장한 황금대게조형물을 배경으로 인증사진을 찍고 바닷가의 절경을 만끽하며 망양휴게소에 도착해서 잠시 휴식을 취했다. 덕신교차로에서 부구행 좌석버스를 타고 울진읍의 S모텔에 도착했다. '송학면옥'에서 보쌈과 비빔냉면으로 저녁식사

망향휴게소

를 하였는데 반찬도 깔끔하고 주인도 친절하고 음식도 담백하며 맛이 좋았다. 과일가게에서 복숭아와 자두를 각각 만 원어치씩 샀는데 특히 복숭아가 싱싱하고 매우 달며 맛이 좋았다. 오늘과 내일의 풍성한 간식이다.

아침 6시, 울진읍의 '월변식당'에서 뷔페식 가정식백반으로 아침식사를 하였는데 반찬의 종류도 20여 종으로 다양하고, 맛도 좋고 가격도 1인분에 6천 원으로 쌌다. 좀처럼 아침식사를 하는 식당을 만나기 어려운데 오늘은 횡재했다. 천천히 배불리 먹고 덕신행 좌석버스를 이용하여 덕신교차로에 도착했다. 이른 아침 파도소리를 들으며 해안산책로를

오산항

오산1리

촛대바위

걸어 오산항을 지나고 무릉교를 지나 진복항에 도착했다. 진복항을 지나자 해안도로를 끼고 바닷가에 우뚝 선 촛대바위가 나타났다.

산포3리, 산포2리를 지나서 관동팔경 중 하나인 망양정 해맞이공원

산포3리

망양정

왕피천

에 도착했다. 경북 울진군 근남면 산포리에 위치한 망양정은 관동팔경 중에서 가장 경치가 좋은 곳으로 관동제일루란 현판이 있으며, 울진 성류굴 앞으로 흐르는 왕피천을 끼고 동해의 만경창파를 한눈에 볼 수 있는 언덕에 세워져 있었다. 망양정해맞이공원 내의 울진대종과 망양정에서 내려다본 망양해수욕장은 너무나 아름다웠다. 왕피천을 따라 걷다가 수산교 입구에서 도착스탬프를 찍었다.

도착스탬프 찍는 곳

수산교 → 죽변항입구

남대천 은어다리를 건너 연호공원으로

도보여행일: 2018년 08월 12일

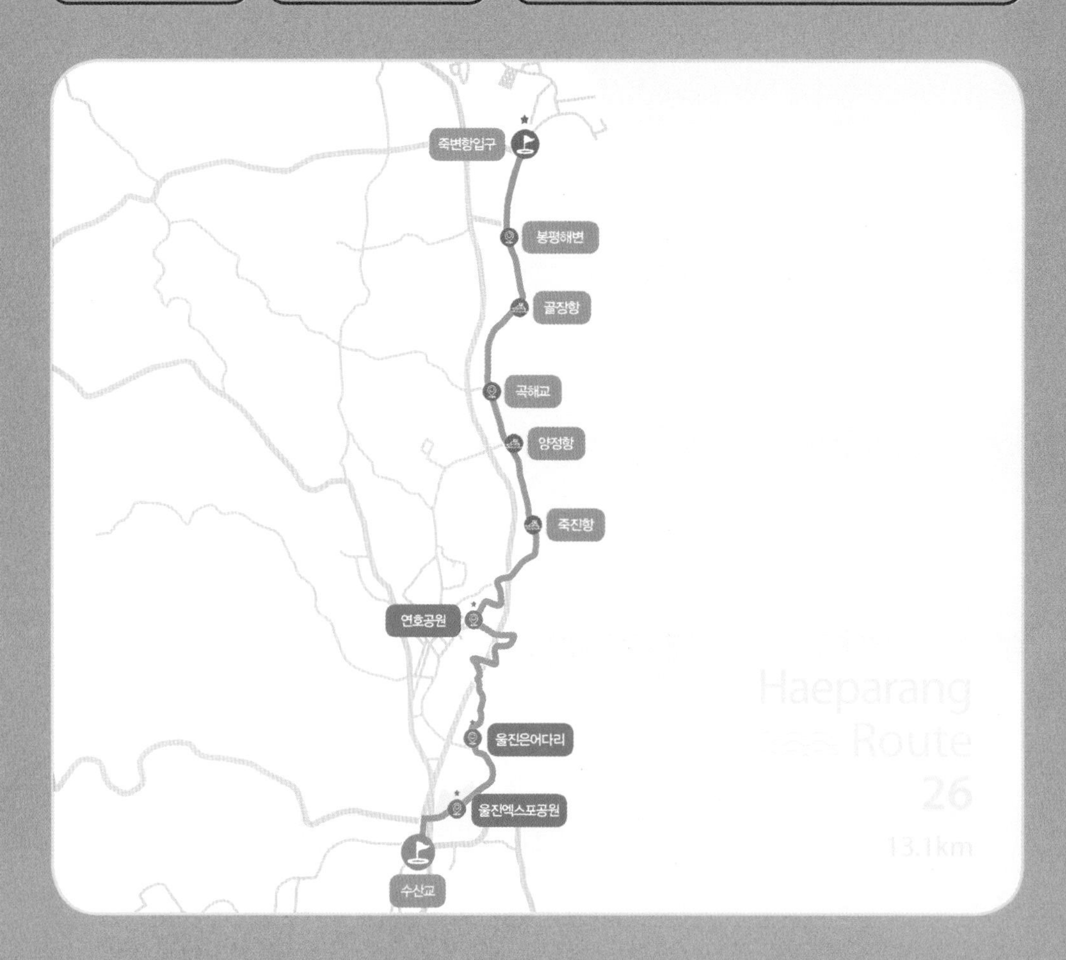

★ 꼭 들러야 할 필수 코스!

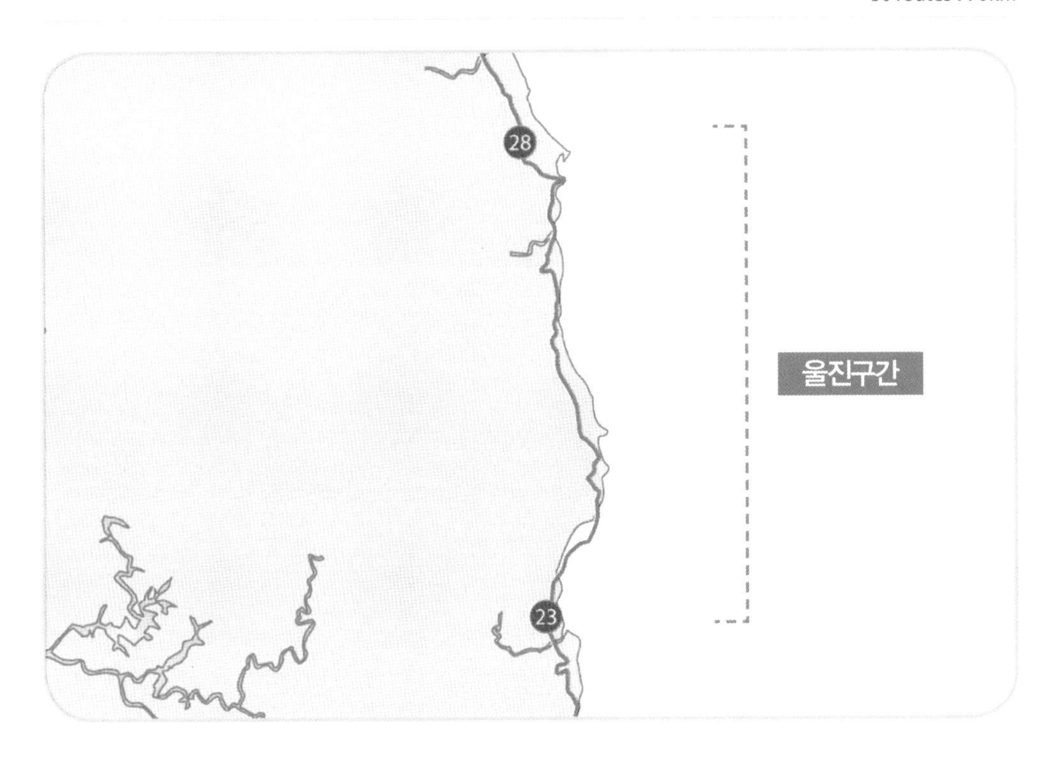
28
23
울진구간

수산교
1.2K
0:40
★
울진엑스포공원
1.6K
0:40
★
울진은어다리
2.2K
1:20
★
연호공원
1.9K
0:30
죽진항
1.2K
0:40
양정항
1.0K
0:20
곡해교
1.5K
0:30
골장항
1.2K
0:20
봉평해변
1.3K
0:30
★
죽변항입구

해파랑길 26코스 (수산교~죽변항입구)

남대천 은어다리를 건너 연호공원으로

골장항

수산교를 건너 울진엑스포공원으로 들어서자 웅장하고 고풍스러운 금강송들이 우리를 반갑게 맞이했다. 아름드리 금강송 숲길에서 휴식을 취한 다음, 왕피천생태공원을 따라 올라갔다. 저 멀리 두 마리의 물고기가 헤엄치는 듯한 독특한 모양의 다리가 보였다. 남대천을 가로지르는

수산교

울진엑스포공원

울진은어다리

울진은어다리였다. 이 지방의 특색에 맞게 다리를 아름답게 조성한 아이디어가 다른 지역에서 본받을 만했다. 울진은어다리를 건노라니 마치 온몸이 은어 몸속으로 빨려 들어가는 것처럼 오싹하고 재미있었다.

연호공원 죽진항

온양리 골장항

울진은어다리를 지나자 해파랑길은 연호공원으로 향하는 내륙코스로 접어들었다. 내륙 철계단은 잡풀이 무성하고 거미줄이 즐비해서 최근에 사람이 지나간 흔적이 없었다. 연호공원에 도착하기 전까지 수풀이 우거진 길을 헤치고 나아가다 보니 온몸이 땀으로 뒤범벅되었다. 길이 맞는지 알 수도 없고 정비도 되어있지 않아서 못내 아쉬웠다. 연호공원에 도착하니 연꽃 만개시기가 지나 홍련만 몇 송이 피어있었다. 연호공원을 한 바퀴 돌아서 내륙코스를 벗어나 죽진항 직전의 '담하가비펜션' 커피숍에서 시원한 블루베리 스무디로 갈증을 해소하고, 온양1리,

봉평항

양정항, 골장항을 거쳐 죽변항 입구의 봉평항에 도착했다.

봉평항에는 대나무에 붙어있는 울진대게조형물이 있었다. 죽변항 입구의 죽변시외버스정류장에서 도착스탬프를 찍고, 죽변항의 솔모텔에 투숙했다. 죽변항의 '원조마산아구찜'에서 아귀찜으로 저녁식사를 하였다. 원조마산아구찜은 내가 울진에 오면 자주 찾아오는 단골식당인데, 예전에 대구에서 온 손님이 내 신을 바꾸어 신고 갔는데 주인아주머니가 찾아주셨다. 그 인연으로 죽변항에 오면 그 식당에서 꼭 식사를 하였다. 내일 아침식사로 6시 30분에 우럭탕 2인분을 예약하고 숙소로 돌아왔다.

도착스탬프 찍는 곳

죽변항입구 → 부구삼거리

죽변등대와 폭풍 속으로 드라마 세트장

도보여행일: 2018년 08월 13일

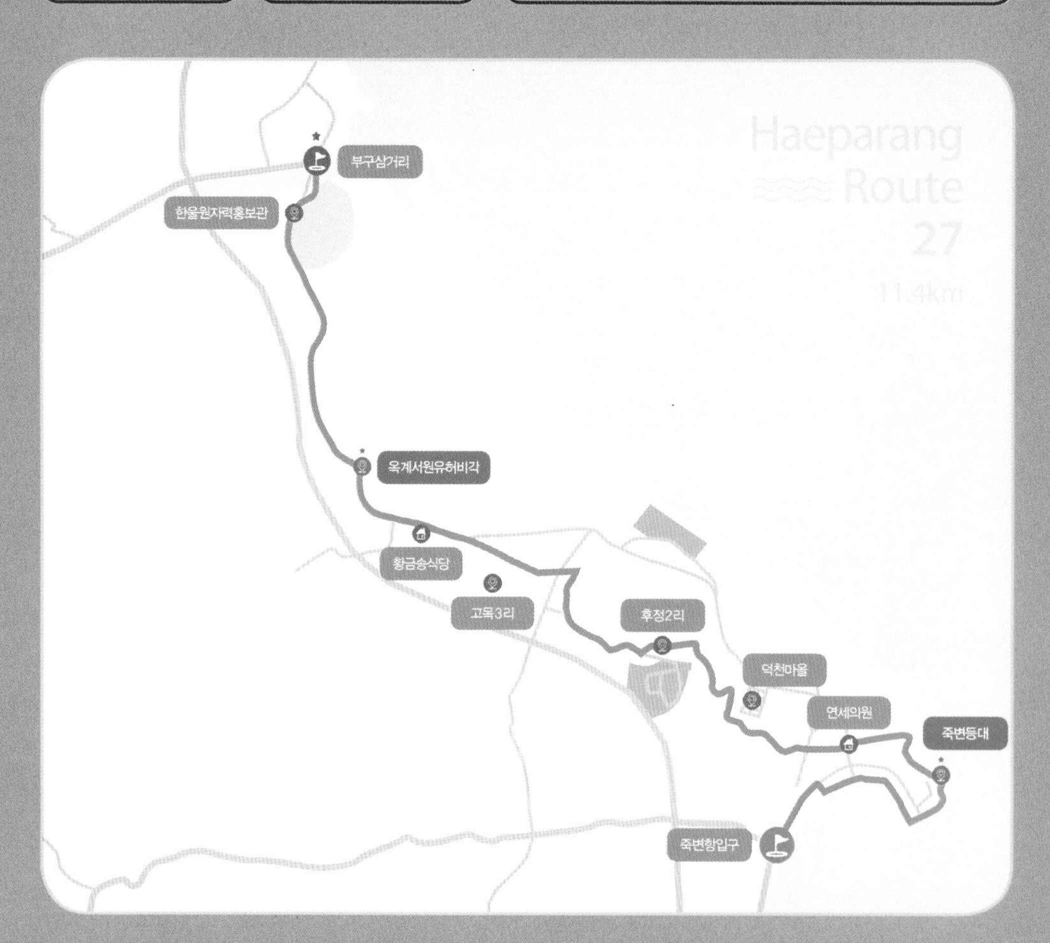

★ 꼭 들러야 할 필수 코스!

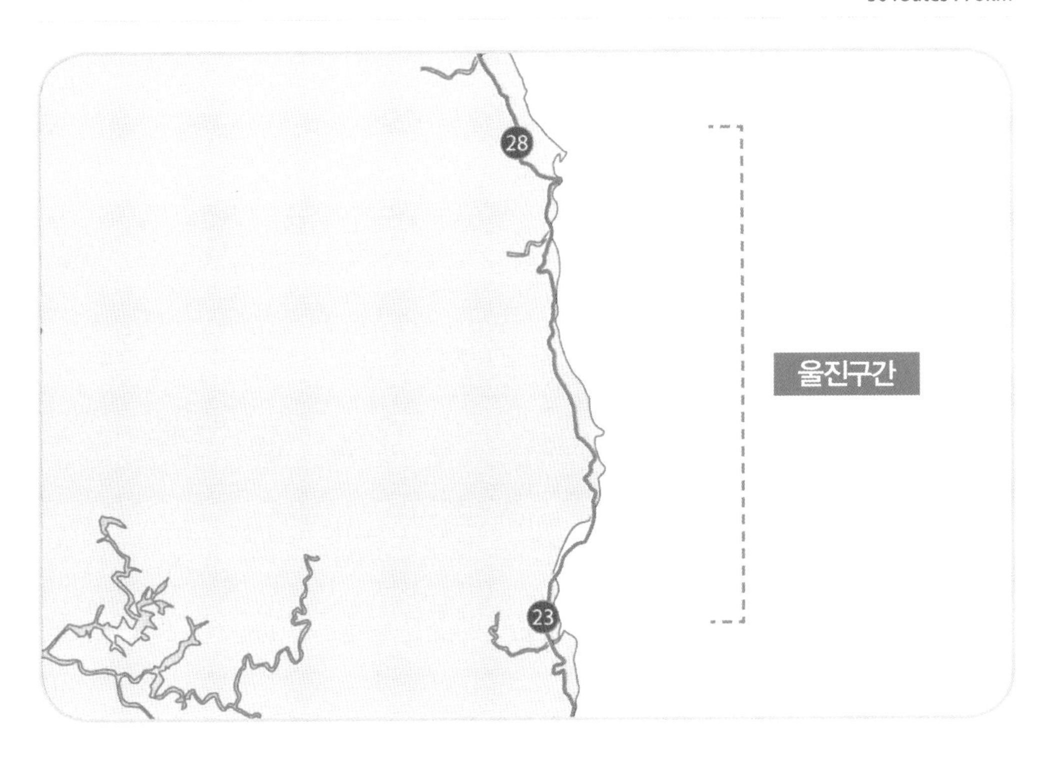
28
23
울진구간

2.1K
0:50
1.1K
0:40
★
죽변항입구
죽변등대
연세의원
1.1K
0:30
1.6K
0:40
1.0K
0:30
고목3리
후정2리
덕천마을
0.7K
0:20
1.1K
0:20
2.0K
0:30
0.7K
0:10
★
★
황금송식당
옥계서원유허비각
한울원자력홍보관
부구삼거리

해파랑길 27코스 (죽변항입구~부구삼거리)

죽변등대와 폭풍 속으로 드라마 세트장

폭풍 속으로 드라마 세트장

어제 저녁식사를 하고 원조마산아구찜 주인아주머니에게 우럭탕으로 아침식사를 예약했는데 6시 30분에 가 보니 문이 잠겨있었다. 핸드폰으로 전화를 해봐도 받지 않았다. 할 수 없이 아침식사를 하는 곳이 없어서 그냥 출발했다.

죽변항을 둘러보고 죽변등대로 올라갔다. 죽변등대에는 '행복의 바다'라는 특이한 조형물이 있었는데, 이 조형물은 동해안의 수평선 너머로 밝게 떠오르는 태양과 잔잔하게 일렁이는 파도 위를 항해하는 돛단배를 표현한 작품으로 100여 년간 큰 해양사고 없도록 길잡이 역할을 해 온 등대불이 앞으로도 천 년 동안 모든 선박의 안전운행을 기원하는 희망의 불빛을 표현하였다고 한다. 죽변등대를 구경하고 대나무가 울창한 숲길인 용의 꿈길을 지나서 드라마 '폭풍 속으로'의 세트장에 도착

죽변항

죽변등대

용의 꿈길

폭풍 속으로 드라마세트장

했다. 세트장으로 지어놓은 집안에 들어가서 사방을 둘러보니 해안가의 경치가 너무나 아름다웠다.

배가 너무 고파서 도로에서 한참을 앉아서 쉬다가 죽변리 연세의원 부근의 '이모네'에서 황태콩나물국밥으로 아침식사를 했다. 맛이 매우 좋았다. 덕천마을을 지나서 지방도로를 따라 아스팔트길을 걸어갔다. 고목리를 지나고 황금송식당을 지나 옥계서원유허비각에 도착하여 주변을 둘러봤다. 옥계서원은 조선 시대의 우암 송시열, 석당 김상정, 만

옥계서원유허비각

한울원자력홍보관

은 전선의 세 선생을 모신 서원으로 2005년에 지금의 위치로 옮겨서 누각과 비를 세워 관리하고 있었다. 아스팔트길을 계속 걸어서 한울원자력 홍보관을 지나 부구삼거리의 대가돌솥밥 옆에서 도착스탬프를 찍었다. 이번 코스는 폭염이 심한 상태에서 그늘도 없고 자동차가 달리는 포장도로를 위험을 무릅쓰고 걷노라니 심신이 피로하고 매우 힘들었다.

도착스탬프 찍는 곳

부구삼거리 → 호산버스터미널

산불 피해지를 관광지로 변화시킨 울진의 도화동산

도보여행일: 2018년 08월 13일

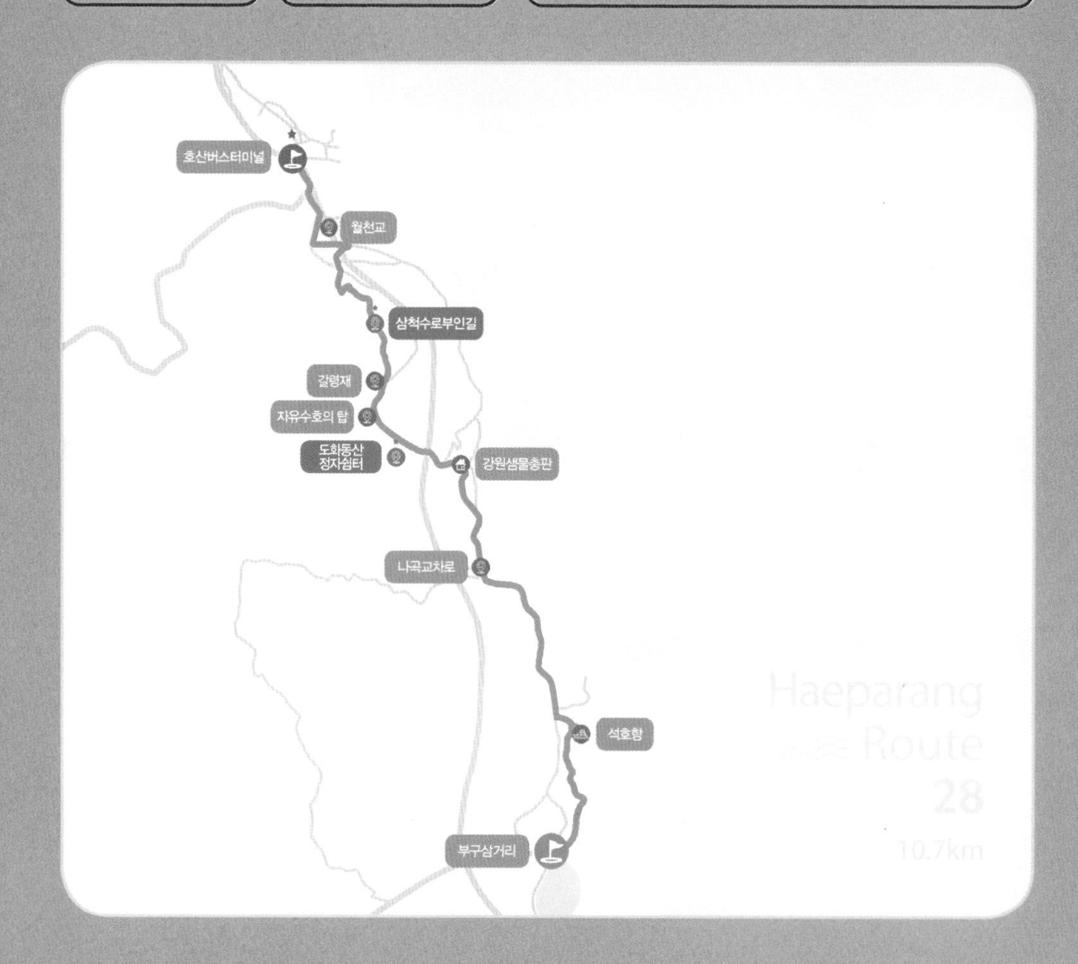

★ 꼭 들러야 할 필수 코스!

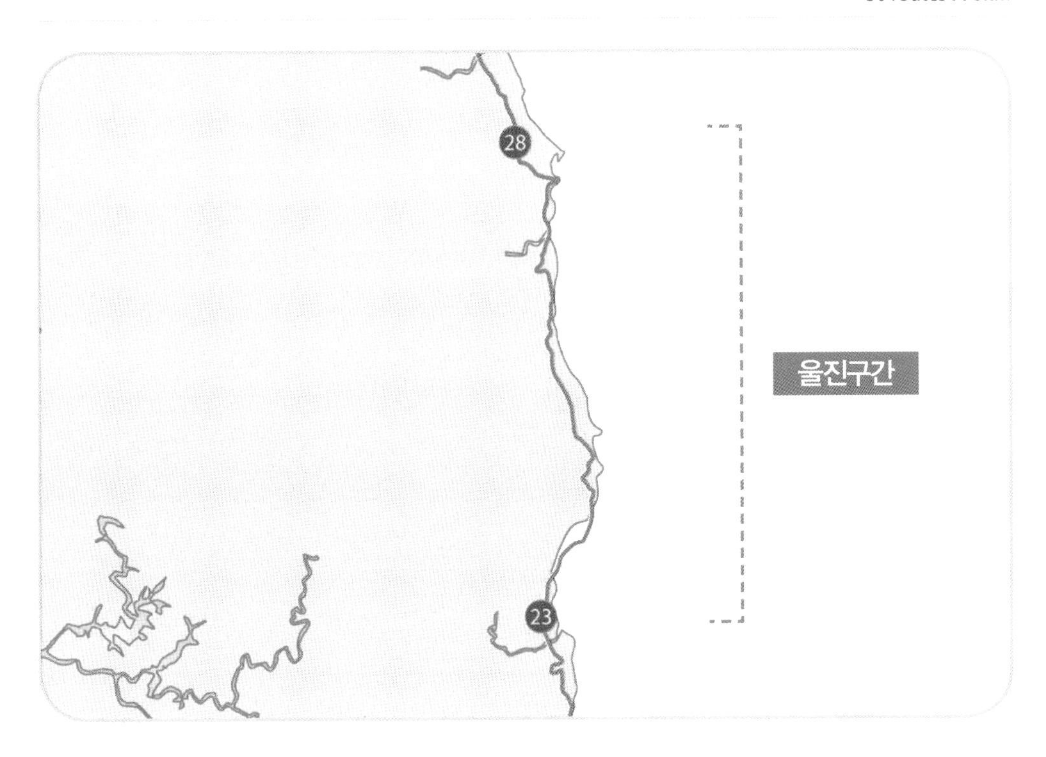
28
23
울진구간

1.3K
0:40
2.4K
0:50
부구삼거리
석호항
나곡교차로
1.2K
0:30
0.7K
0:20
1.2K
0:20
자유수호의 탑
도화동산
정자쉼터
강원샘물총판
0.1K
0:10
2.3K
0:50
1.5K
0:30
갈령재
삼척수로부인길
월천교
호산버스터미널

도화동산

부구삼거리에서 부구천을 따라 걷다가 해변으로 나와서 석호항에 도착했다. 울진원자력발전소로 인하여 석호항에서 자동차도로를 따라 내륙으로 들어갔다. 나곡교차로를 지나고 강원샘물총판을 지나서 고포터널까지 아스팔트길을 오르느라 폭염과 지열로 숨이 턱까지 차고 온몸은 땀으로 뒤범벅이 되었다. 고포터널을 지나 고개 정상의 도화동산에 도착했다. 도화동산은 2000년 4월 12일, 23.794ha의 사상 최대의 피해를 입힌 동해안 산불이 강원도에서 울진군으로 넘어오자 민 · 관 · 군이 합심하여 22시간만인 4월 13일 11시에 진화하고 산불 피해지인 그 자리에 경상북도의 도화인 백일홍을 심어서 조성한 공원이다. 도화동산에 붉은색 백일홍 꽃들이 만발하여 정자쉼터에서 쉬면서 아름다운 풍광을 감상했다. 산불로 황폐해진 이곳에 경상북도의 상징인 백일홍 나

석호항

도화동산

무를 심어 관광지로 조성하였다니 울진군수의 기발한 발상과 먼 미래를 내다본 식견에 감탄하였다. 조직의 지도자가 어떤 사고와 철학을 가져야 하는지를 보여주는 것 같았다.

삼척수로부인길

갈령재

강원도와 경상북도의 경계선인 갈령재를 넘어서 울진에서 삼척으로 접어들었다. 낭만가도 안내표지판과 함께 삼척수로부인길이 시작되었다. 낭만가도 초입인 삼척수로부인길은 잡풀이 무성하고 사람들이 잘 다니지 않아서 초행길에 삼척수로부인길을 홀로 걷기엔 조난당할 위험이 높아보였다.

월천1리에서 울창한 소나무를 감상하고 속섬교에서 속섬의 소나무 군락지를 구경한 다음, 월천유원지를 바라보면서 월천교를 건너 호산교 입구의 호산버스터미널에 도착하여 도착스탬프를 찍었다. 호산버스터미널에서 직행버스 편으로 삼척종합버스터미널에 도착하여 부근의 '대성원'에서 잡탕밥으로 저녁식사를 하고, 우등고속으로 각각 서울과 대전으로 귀가했다.

월천1리

속섬교

월천유원지

호산버스터미널

호산버스터미널

호산버스터미널 → 용화레일바이크역

검봉산 소공대비 멧돼지와의 오싹한 추억

도보여행일: 2018년 08월 17~18일

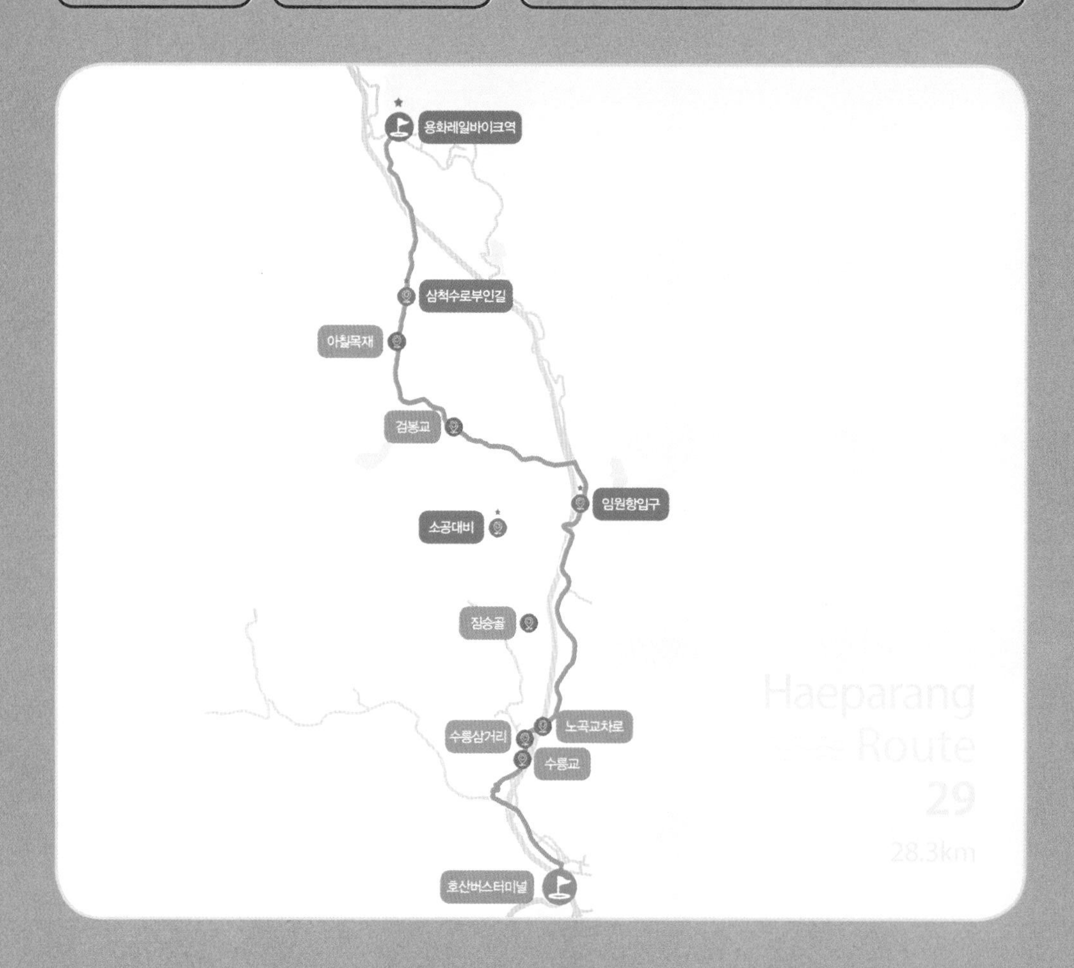

★ 꼭 들러야 할 필수 코스!

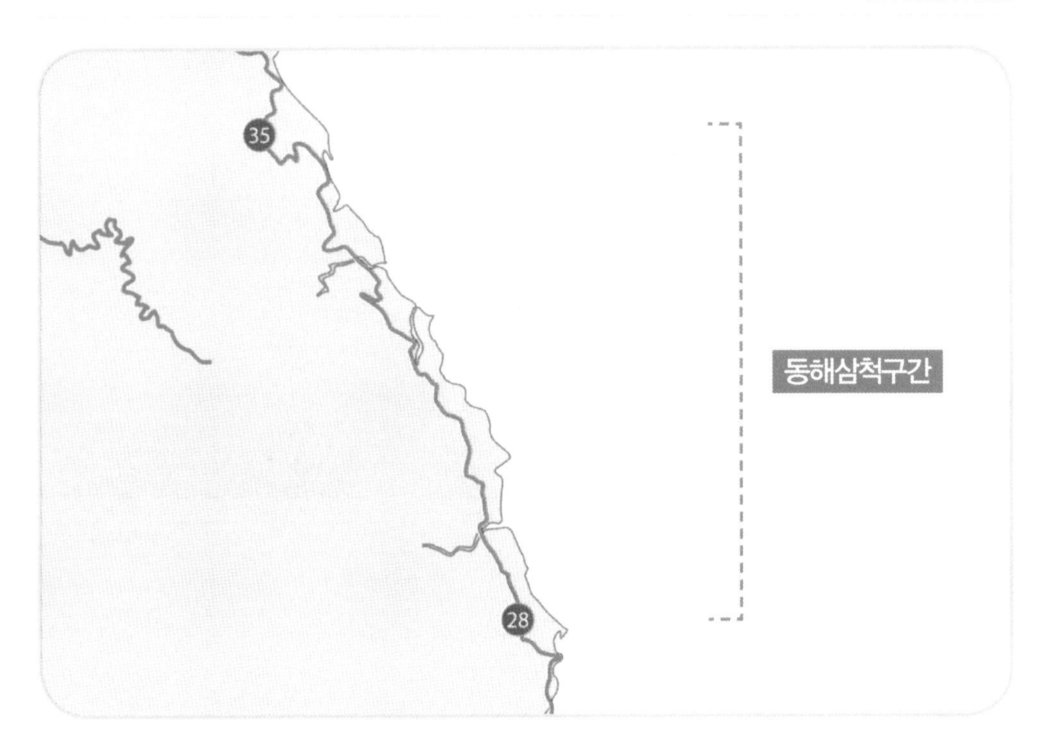
35
28
동해삼척구간

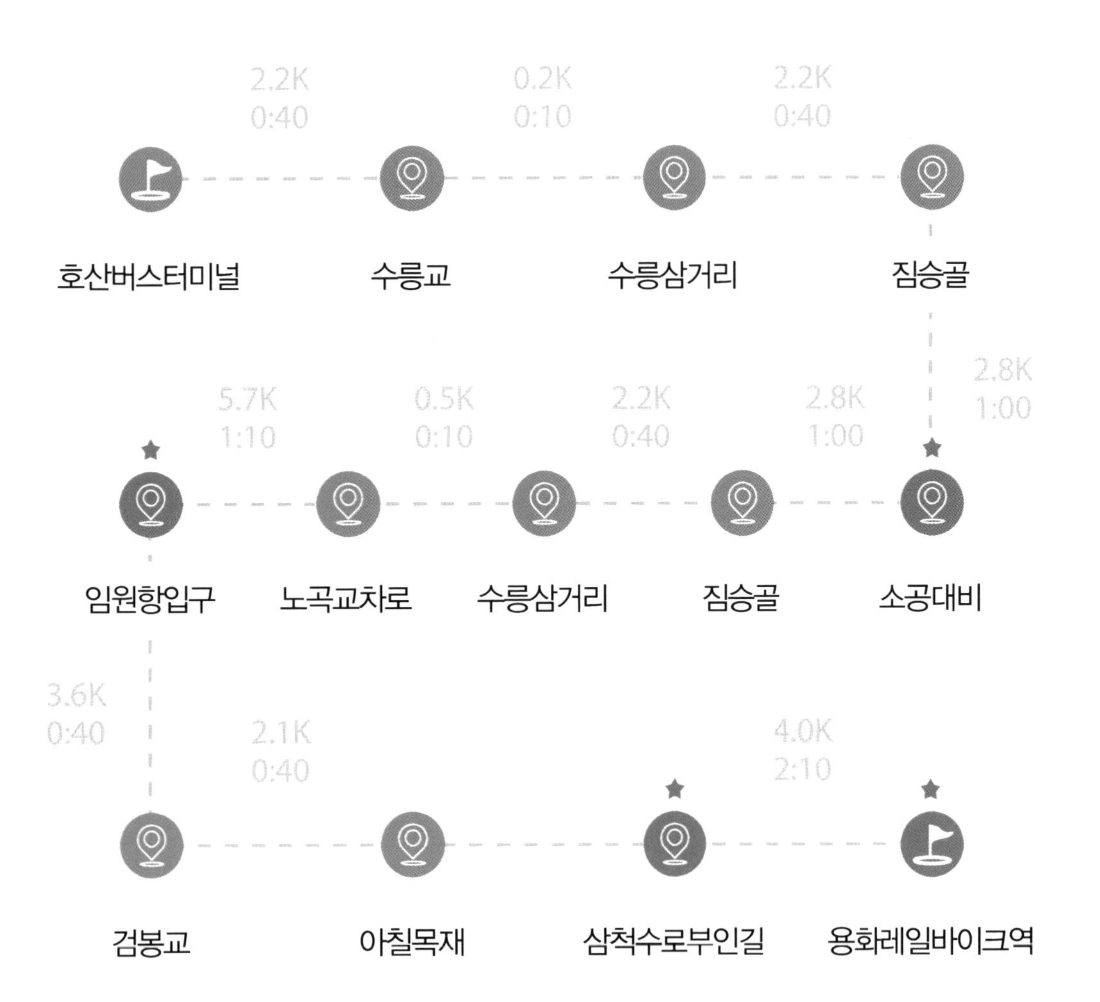
2.2K 0:40
0.2K 0:10
2.2K 0:40
호산버스터미널
수릉교
수릉삼거리
짐승골
2.8K 1:00
5.7K 1:10
0.5K 0:10
2.2K 0:40
2.8K 1:00
임원항입구
노곡교차로
수릉삼거리
짐승골
소공대비
3.6K 0:40
2.1K 0:40
4.0K 2:10
검봉교
아칠목재
삼척수로부인길
용화레일바이크역

해파랑길 29코스 (호산버스터미널~용화레일바이크역)

검봉산 소공대비 멧돼지와의 오싹한 추억

삼척해상케이블카

11시 20분, 삼척고속버스터미널에서 만나서 대성원에서 점심식사를 하고 호산행 직행버스 편으로 13시 45분에 호산버스터미널에 도착했다. 호산교를 건너서 호산천을 따라서 내륙코스를 걷다가 수릉삼거리에 도착했다. 수릉삼거리에서 소공대비 5km, 절터골 7.2km 의 해파랑길 표지판을 따라 걷다가 소공령생태체험마을 입구에서 소공대비 3.5km의 방향표지판을 따라 오른쪽 짐승골로 올라갔다. 소공대비 방향으로 올라가는 등산로는 사람들이 한동안 다니지 않아서 수풀이 무성하게 우거져 정글 속을 걷는 기분이었고 표지 리본도 전혀 없었다. 1시간 30분 정도 올라가니 소공대비가 나타났다. 소공대비는 1423년 관동지방에 흉년이 들어 백성들이 곤궁에 빠지자 정부에서는 황희를 강원도 관찰사로 임명하였는데, 황희는 관곡을 풀고 사재를 내어 정성껏 백성들을 구

호산교

소공령 생태체험마을

제하여 삼척지방에서는 굶어 죽은 백성이 한 사람도 없었다고 한다. 선정을 베푼 황희의 공적을 기리기 위하여 삼척지방 백성들이 세운 대가 소공대이고 소공대에 세운 비가 소공대비이다.

소공대비

왠지 이상하다. 해파랑길 병풍지도에는 소공대비가 없는데……. 소공대비에서 보니 오른쪽 밑으로 임원항이 보인다. 임원항으로 내려가야 하는데, 앞을 쳐다보니 임원항으로 이어진 산 능선이 보였다. 소공대비누각에서 검봉산 쪽으로 조금 더 올라가니 갈래길이 나타났는데 우리는 임원항이 보이는 오른쪽 방향으로 걸어 내려갔다. 등산로가 나지막한 소나무숲 터널로 이루어져 햇볕도 잘 들지 않고 분위기도 음산했다. 왼편에서 개가 으르렁대며 심하게 짖는다. 아니 이 깊은 산중에 웬

개가? 등산로 주변은 밭을 갈아놓은 것처럼 땅이 심하게 파헤쳐 있었고 조금 더 앞으로 나아가자 제주 곶자왈같이 어두컴컴한 잡목터널이 나타났다. '우리가 길을 잘못 들었나?' 하고 생각하는 바로 그때, 앞쪽 숲 속과 왼쪽 능선에서 킁킁, 꿀꿀대는 소리가 들려왔다. 멧돼지 소굴에 들어온 것이었다. 우리는 갑자기 머릿속이 하얗게 되어 소나무 밑에 숨어서 조용히 주변 상황을 살피기 시작했다. 앞에서는 서너 마리의 큰 멧돼지들이 킁킁 소리를 지르고 이십여 마리의 멧돼지들이 능선 왼쪽에서 오른쪽으로 분주하게 이동했다. 왼쪽 뒤 능선에서는 우두머리로 보이는 덩치가 200kg 정도나 되는 시커먼 멧돼지가 계속 킁킁대고 있었다. 마치 다른 멧돼지들에게 계속 명령을 내리며 지금 일어나는 모든 상황을 통제라도 하는 것처럼. 우리도 움직이지 않고 서서 우두머리 멧돼지에게 공격하려는 의사가 없다는 텔레파시를 계속해서 보냈다. 일촉즉발의 위기상황에서 다행스럽게도 아무런 충돌도 없이 멧돼지들은 오른쪽 숲 속으로 이동했고, 빨리 이곳에서 나가라고 소리를 질러대며 신호를 보냈다. 그때 우리 앞으로 새끼 세 마리가 다가오고 있었다. 옆을 보니 몽둥이가 하나 있어서 새끼들을 때려잡을까? 생각하는데 갑자기 돌아가신 어머니 얼굴이 눈앞을 스쳤다. 이때 동생이 조용히 되돌아가자고 한다. 직감적으로 이들을 건드리면 큰일이 벌어질 것 같다는 느낌이 들어서 살금살금 뒷걸음쳐서 간신히 숲터널에서 빠져나왔다.

많은 멧돼지무리를 접한 순간 정신이 몽롱하고 얼굴은 창백했었지만 멧돼지 소굴에서 무사히 빠져나왔다는 사실은 기적이나 다름없었다.

소공대비 누각으로 되돌아 나온 다음 소공령생태체험마을까지 내려가는 5km가량의 하산길이 왜 그리도 멀게 느껴졌는지…. 수풀이 무성하게 우거져 올라올 때와는 사뭇 느낌이 달랐다. 멧돼지무리를 만나 우리가 겁을 먹은 이유도 있었지만 구불구불한 이 산행길은 왠지 스산한 느낌이 감돌았다. 나중에 알고 보니 이 골짜기 이름이 짐승골이란다. 얼마나 짐승들이 많이 출현했기에 골짜기 이름까지 짐승골이라고 불렀을까? 생각만 해도 등골이 오싹해졌다. 수룽삼거리로 되돌아와 해파랑길 표지판을 보니 소공대비 방향과 7번 국도를 넘어 노곡삼거리로 향하는 두 방향으로 표지판이 있었다. 우리가 지금 다녀온 길은 옛날 해파랑길이었다. 아마도 오늘 우리가 겪은 것처럼 산짐승들에 의한 사고가 잦아

임원항

7번 국도를 따라 임원항으로 새로운 해파랑길을 낸 것 같았다. 저녁 7시, 녹초가 된 상태로 임원항에 도착하여 '철암횟집'에서 강도다리회와 소주로 저녁식사를 하고 쿡모텔에 투숙했다. 오늘은 정말 십년감수한 날이었다.

새벽 5시 42분에 임원항에서 일출을 감상했다. 임원항에 일찍 나오니 하늘엔 먹구름이 잔뜩 끼어있고 수로부인헌화공원으로 올라가는 엘리베이터는 아침 9시에 운행한다고 되어 있었다. 임원항 방파제에 서서 수평선 너머로 이글이글 타오르는 일출을 감상했다. 환상적인 일출장면을 감상하고 돌아오는데 임원항에서 배 한 척이 잡아 온 고기들을 배에서 내려 경매하고 있었다. 배 안의 수조탱크에는 1미터가 넘는 싱싱한 방어들로 가득했고, 고등어와 뽈락 등 다양한 생선들은 상자에 담겨 내리자마자 팔려나갔다. 조용하던 부두는 갑자기 싱싱한 방어와 해산물을

임원항 일출

임원항

수로부인 헌화공원

사려는 사람들로 북적거렸다. 모처럼 활기 넘치는 새벽 어시장을 보니 삶의 에너지가 충전되는 것 같았다.

임원파출소를 출발해서 절터골을 따라 걷다가 임원천 상류의 검봉교에 도착해서 어제 멧돼지를 만났던 그 능선을 쳐다보았다. 등줄기에서 식은땀이 흘렀다. 고요하고 한적한 시골풍경을 즐기며 용화골을 지나 아칠목재에 도착했다. 옛날에는 호랑이와 산적이 자주 출몰해서 언제 호랑이나 산적이 출몰할지 몰라 등골이 오싹해진다고 하여 아칠목재라고 했다는데. 아무런 안내판이 없었다. 그냥 고개였다. 아칠목재를 넘어 삼척 수로부인길을 따라 내려와서 한국의 나폴리라고 불리는 장호항에 도착했다. 많은 피서객들이 막바지 여름피서를 즐기고 있는 장호항 해변에서 삼척해상케이블카와 장호항 구석구석을 둘러보았다. 바다 위로 해상케이블카가 지나갔다. 바로 옆 장호해수욕장으로 들어서자 거대한 파도가 아름다운 백사장으로 쉴 새 없이 몰려오는 모습이 장관이었다.

용화레일바이크역에 도착했다. 삼척해상케이블카는 다음에 타고, 오늘은 레일바이크를 타고 궁촌레일바이크역까지 가기로 했다. 탑승권을 예매하지 않아 1시간 이상 기다려야 해서 궁촌레일바이크역까지 먼저 걸어가기로 했다. 궁촌레일바이크역에 도착해서 셔틀버스를 타고 용화레일바이크역으로 되돌아와 레일바이크를 타고 갈 계획으로. 장호초교 정문에서 도착스탬프를 찍었다.

아칠목재

장호항

장호항

장호항

도착스탬프 찍는 곳

삼척구간을 걷다 보면 수로부인에 대한 이야기가 많이 나온다. 삼척 수로부인길, 수로부인헌화공원, 헌화가, 해가사, 해가사의 터, 임해정 등이다.

1. 수로부인 헌화가 설화

신라 성덕왕 때 순정공이 강릉태수로 부임하던 도중 바닷가에 당도해서 점심을 먹고 있는데 옆에는 돌산이 병풍처럼 바다를 둘러서 그 높이가 천장이나 되고 그 위에 탐스러운 진달래꽃이 흠뻑 피었다. 순정공의 부인 수로가 진달래꽃을 보고서 좌우에 있는 사람들에게 이르기를 '꽃을 꺾어다 날 줄 사람이 그래 아무도 없느냐?'라고 물었다. 그러나 어느 누구도 절벽 위에 핀 꽃을 꺾을 용기를 내지 못하고 하나같이 말하기를 '사람이 올라갈 데가 못됩니다.'라고 했다. 그때 마침 어떤 노인이 암소를 끌고 그 곁을 지나다가 수로부인의 말을 듣고 절벽 위의 꽃을 꺾어주면서 노래를 지어 바쳤다. 그 노래가 '헌화가'이다.

2. 헌화가

자줏빛 바윗가에
암소 잡은 손 놓게 하시고
나를 아니 부끄러워하시면
꽃을 꺾어 바치겠나이다.

3. 수로부인 해가사 설화

그리고 또 이틀을 더 가다가 임해정에서 점심을 먹는데 바다의 용이 갑자기 부인을 납치해서 바닷속으로 들어가 버렸다. 이를 본 한 노인이 '옛사람이 말하기를 여러 사람의 말은 무쇠도 녹인다고 하니 경내의 백성들을 모아 노래를 지어 부르면서 막대기로 언덕을 두드리면 부인을 다시 찾을 수 있을 것입니다.'라고 말하였다.

순정공이 그 말을 따르니 바다에서 용이 부인을 모시고 나와 바쳤다. 순정공이 바닷속의 일을 물으니 부인이 답하기를 '칠보궁전에 음식물들은 맛있고 향기롭고 깨끗하여 인간세상의 음식이 아니었습니다'라고 했다. 수로부인은 절세미인이어서 깊은 산이나 큰 못을 지날 때마다 신물에게 붙잡혀 갔던 것이다. 여기서 백성들이 수로부인을 구하려고 부른 노래가 '해가사'이다.

4. 해가사

거북아 거북아 수로를 내놓아라
남의 아내 앗은 죄 그 얼마나 큰가
네 만약 거역하고 바치지 않으면
그물로 잡아서 구워 먹으리라

용화레일바이크역 → 궁촌레일바이크역

장호항 삼척해상케이블카와 삼척해양레일바이크

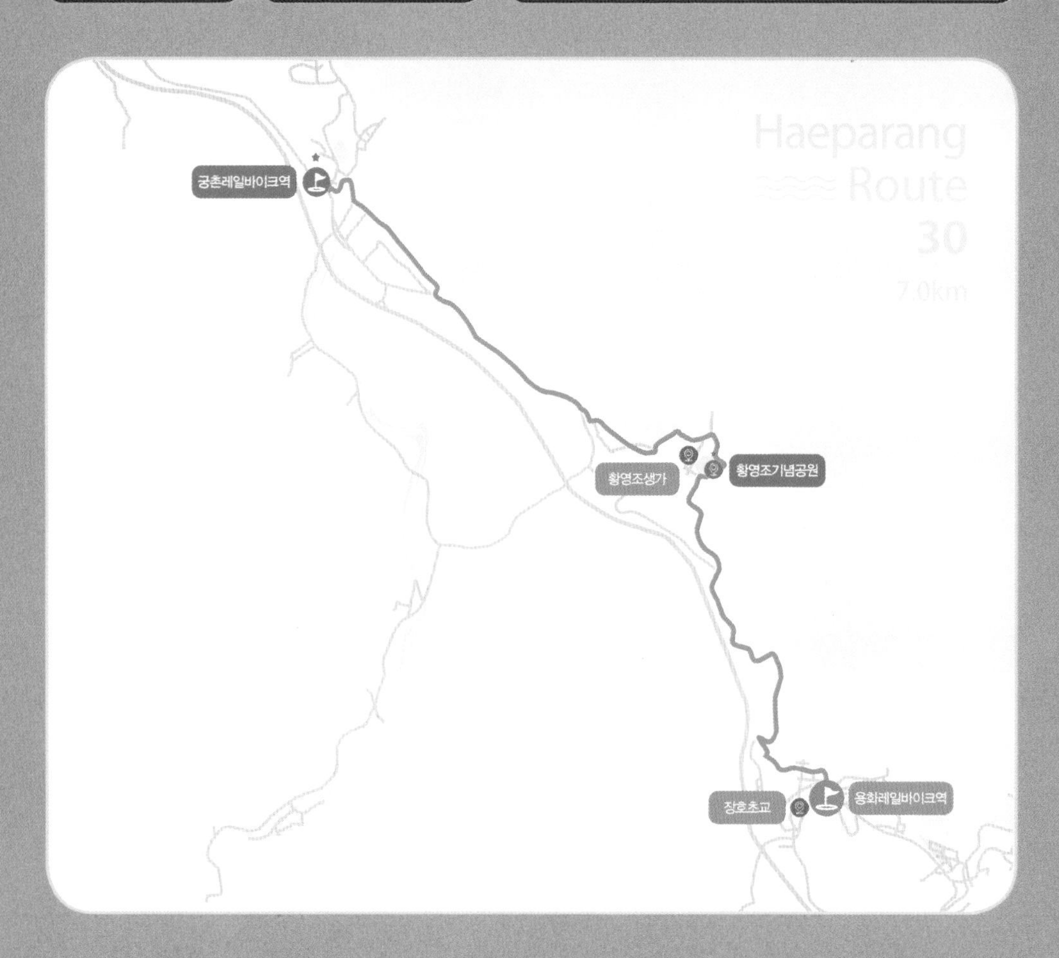

★ 꼭 들러야 할 필수 코스!

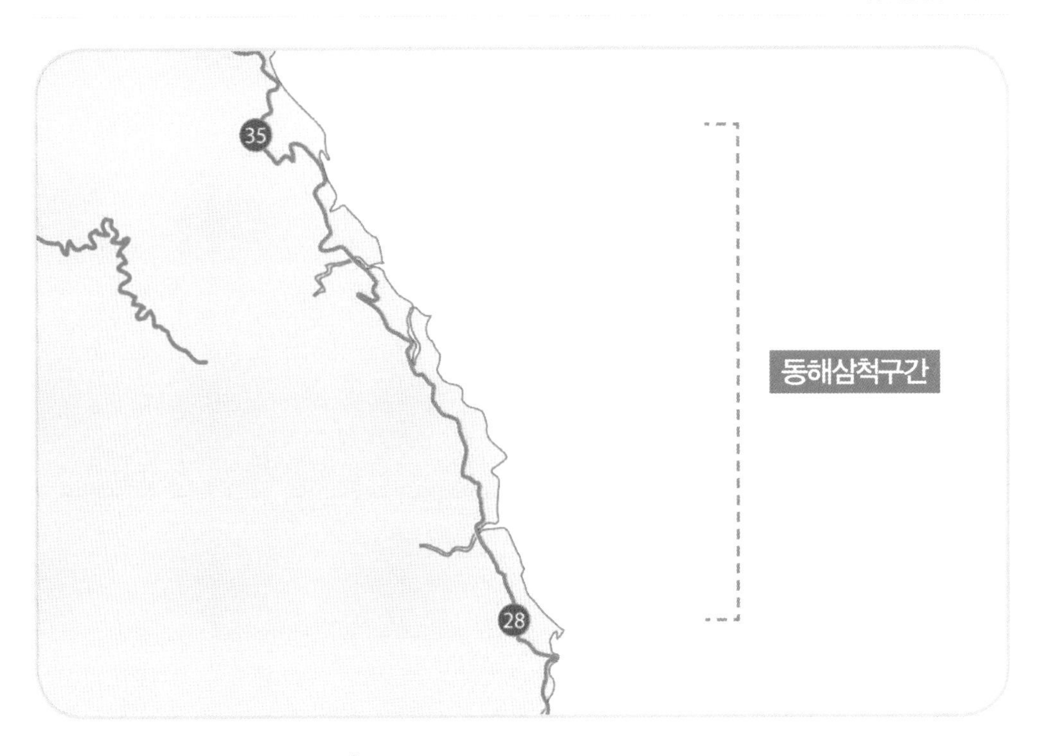
35
28
동해삼척구간

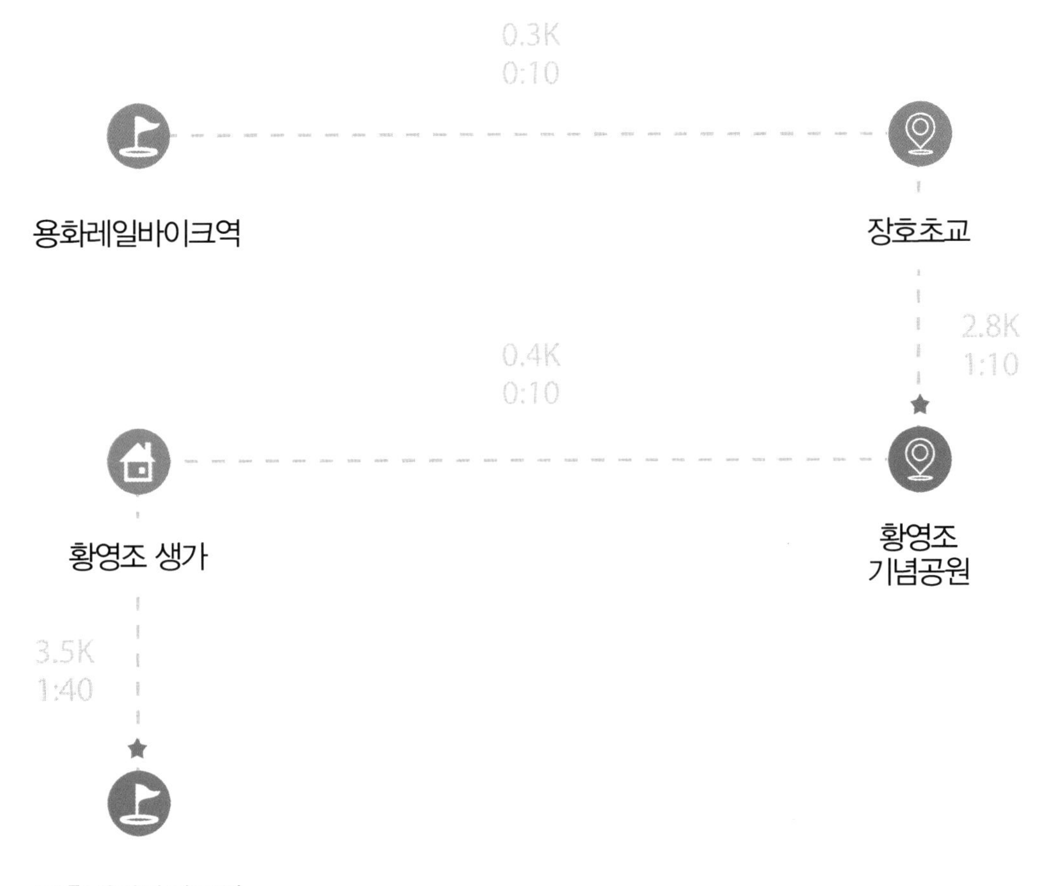
0.3K
0:10
용화레일바이크역
장호초교
2.8K
1:10
0.4K
0:10
황영조 생가
황영조
기념공원
3.5K
1:40
궁촌레일바이크역

해파랑길 30코스 (용화레일바이크역~궁촌레일바이크역)

장호항 삼척해상케이블카와 삼척해양레일바이크

삼척해양레일바이크

용화해수욕장을 지나 장호초교 정문에서 스탬프를 찍고 해안가 언덕 위의 정자쉼터에 도착하니, 해변가 백사장으로 연이어 몰아치는 거대한 파도 물결이 속을 뻥 하니 뚫어주는 것 같았다. 내륙으로 도로를 따라 걷다가 초곡리의 황영조기념공원에 도착했다. 황영조기념공원은 1992년 제25회 바르셀로나올림픽 마라톤경기에서 우승한 삼척 출신 황영조 선수의 인간승리 과정과 세계제패의 감격을 기리고, 자라나는 청소년들에게 용기와 꿈을 심어주기 위해서 1999년 8월에 조성한 공원이다. 공원에는 황영조가 마라톤 결승점을 1등으로 달려 들어오는 동상이 세워져 있었고, 공원 바로 앞에 있는 초곡항이 황영조가 태어난 마을로 초곡항을 내려다보며 황영조가 태어나고 자랐던 황영조 생가를 찾는 테마도 만들어놓았다. 황영조기념관에 들어가서 황영조 세계제패관,

황영조기념공원

황영조기념관

황영조 생가

초곡항

황영조 성장관, 마라톤 체험관, 세계마라톤 역사관 등을 관람했다. 초곡항으로 내려가 황영조 생가를 방문하니 대문에 오륜기 마크가 선명했다. 물질하는 해녀의 아들로 태어나서 마라톤 분야에서 우리나라 최초로 세계를 제패하였다니 인간승리이고 정말로 '개천에서 용이 났다'라는 생각이 들었다.

근덕면의 '금메달 한식뷔페'에서 점심식사를 하였는데 가격대비 반찬의 종류도 다양하고 정갈하며 맛도 좋았다. 문암해변과 원평해변을

원평해변

궁촌항

도착스탬프 찍는 곳

따라 걷다가 궁촌정류장에 도착했다. 궁촌정류장에는 많은 피서객들이 삼척해양레일바이크를 타느라고 북적거렸다. 궁촌정류장 공영주차장 입구에서 도착스탬프를 찍었다. 삼척해양레일바이크를 타기 위하여 매표소로 갔더니, 토요일 주말이라서 티켓이 모두 매진되었다고 한다. 미리 예약을 해야 했는데... 다음 기회에 타기로 하고 해파랑길을 이어갔다.

해파랑길 완주를 끝내고 삼척해상케이블카와 삼척해양레일바이크를 타러 갔다. 장호항에서 해상케이블카에 탑승했는데 케이블카 안에서 바라본 장호항 부근의 풍경은 너무나 아름다워 감탄을 연발했다.

삼척해양레일바이크는 용화정거장에서 궁촌정거장까지 동해의 해

용화레일바이크역

삼척해양레일바이크

안선을 따라 5.4km의 복선으로 운행되었다. 용화정거장을 출발하여 바다풍경을 감상하다가 해양터널 안으로 들어가면 각종 레이져쇼와 바다의 생태를 경험할 수 있고, 중간에 초곡휴게소에서 잠시 쉰 다음 다시 해양터널을 통과하여 궁촌정거장에 도착하기 500m 전부터는 해송 소

삼척해양레일바이크

삼척해양레일바이크

삼척해양레일바이크

궁촌레일바이크역

삼척해상케이블카

나무숲과 바다풍경이 어우러져 아름다운 풍경을 연출했다. 레일바이크의 탑승시간은 대략 1시간 정도이며 도착지에서 출발지까지 무료 셔틀버스를 운행했다.

궁촌레일바이크역 → 덕산해변입구

마읍천 변 따라 한가로이 걷는 내륙길

도보여행일: 2018년 08월 18일

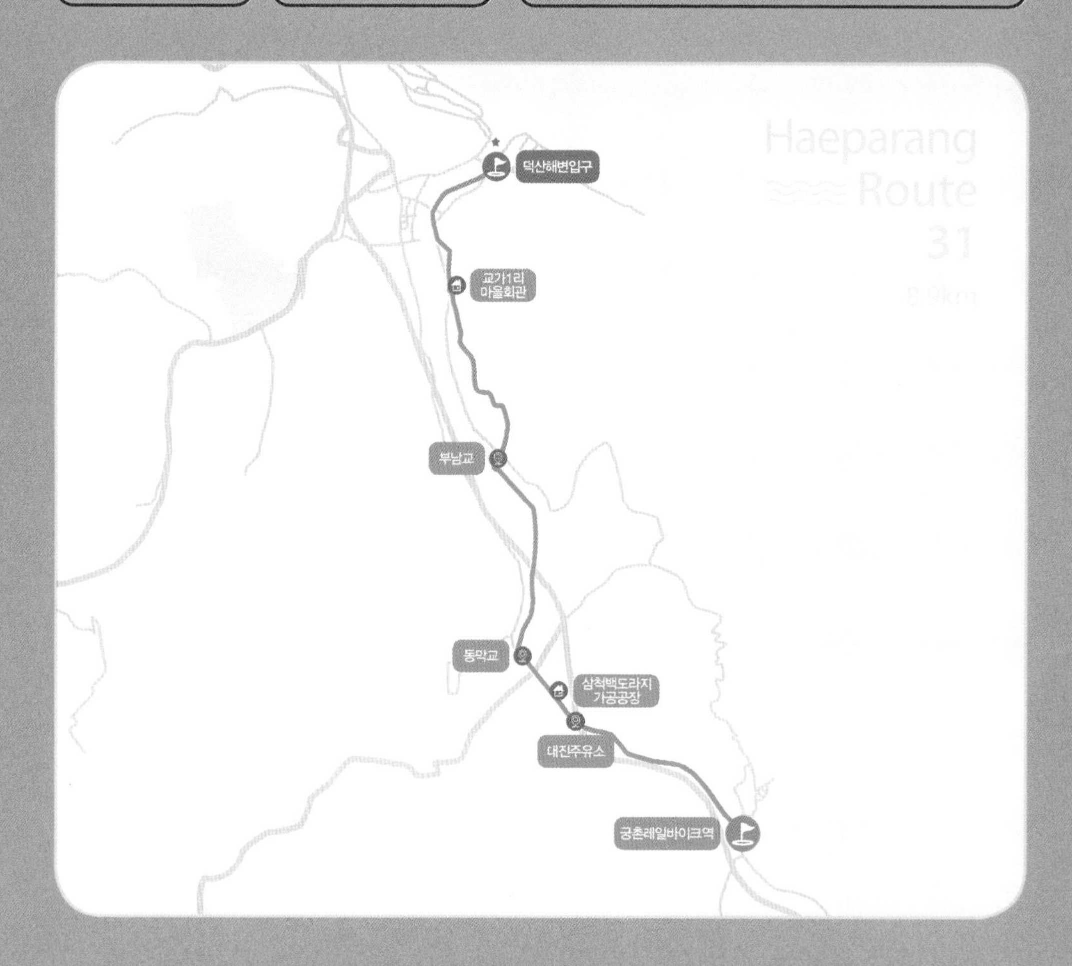

★ 꼭 들러야 할 필수 코스!

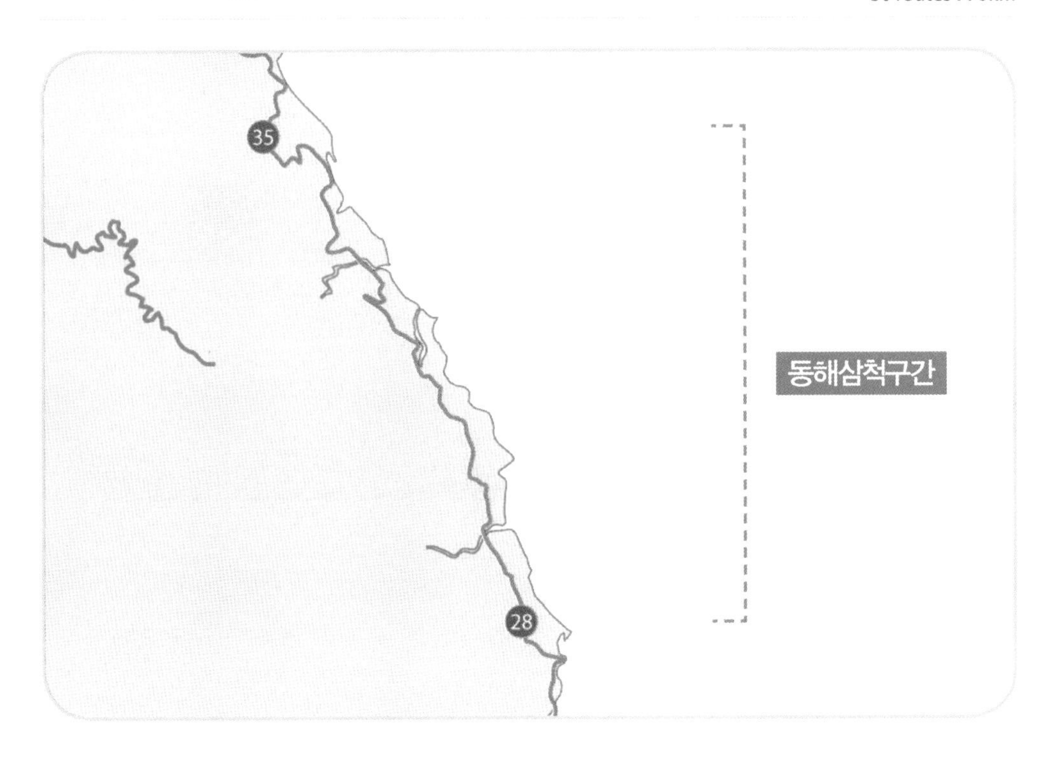
35
28
동해삼척구간

1.7K
0:30
0.4K
0:10
궁촌레일바이크역
대진주유소
삼척백도라지
가공공장
0.8K
0:20
2.1K
0:30
2.2K
0:50
교가1리
마을회관
부남교
동막교
1.7K
0:40
덕산해변입구

해파랑길 31코스 (궁촌레일바이크역~덕산해변입구)

마읍천 변 따라 한가로이 걷는 내륙길

덕산해수욕장

궁촌레일바이크역을 지나 내륙코스로 접어들었다. 대진항주변 대규모 삼척방재 일반산업단지를 우회하여 해파랑길은 내륙으로 되어있었

백도라지 가공공장

동막교

다. 삼척백도라지 가공공장과 동막교를 지나서 마읍천을 따라 올라가다 부남교를 지나 교가1리 마을회관에 도착했다. 주로 논농사를 짓는 한적한 마을로, 마을입구에 소나무 세 그루가 고귀한 자태를 뽐내며 서 있었다.

교가리 소나무

마읍천을 따라 아스팔트길을 걸어 내려가자 덕봉대교 너머로 덕산해수욕장이 나타났다. 덕산해수욕장에는 많은 피서객들이 놀러 와 신나는 음악과 함께 시끌벅적했다. 덕봉산을 중심으로 오른편에는 덕산해수욕장이, 왼편에는 명사십리로 유명한 맹방해수욕장이 있

덕산항

맹방해수욕장

었다. 맹방해변 관광안내소 정자 뒤쪽에서 도착스탬프를 찍는데, 개념 없는 피서객이 관광안내판과 정자 사이에 자동차를 받쳐놓고 삼겹살을 구워 먹고 있었다. 인증 사진을 찍을 수 없어 속이 부글부글 끓어올라 비켜달라고 말하고 싶었지만 식사 중이라서 분위기 망칠까봐 참고 또 참았다.

도착스탬프 찍는 곳

덕산해변입구 → 추암해변

삼척기줄다리기와 관동팔경 죽서루

거리(km)
22.5

시간(시, 분)
10:30

도보여행일: 2018년 08월 19일

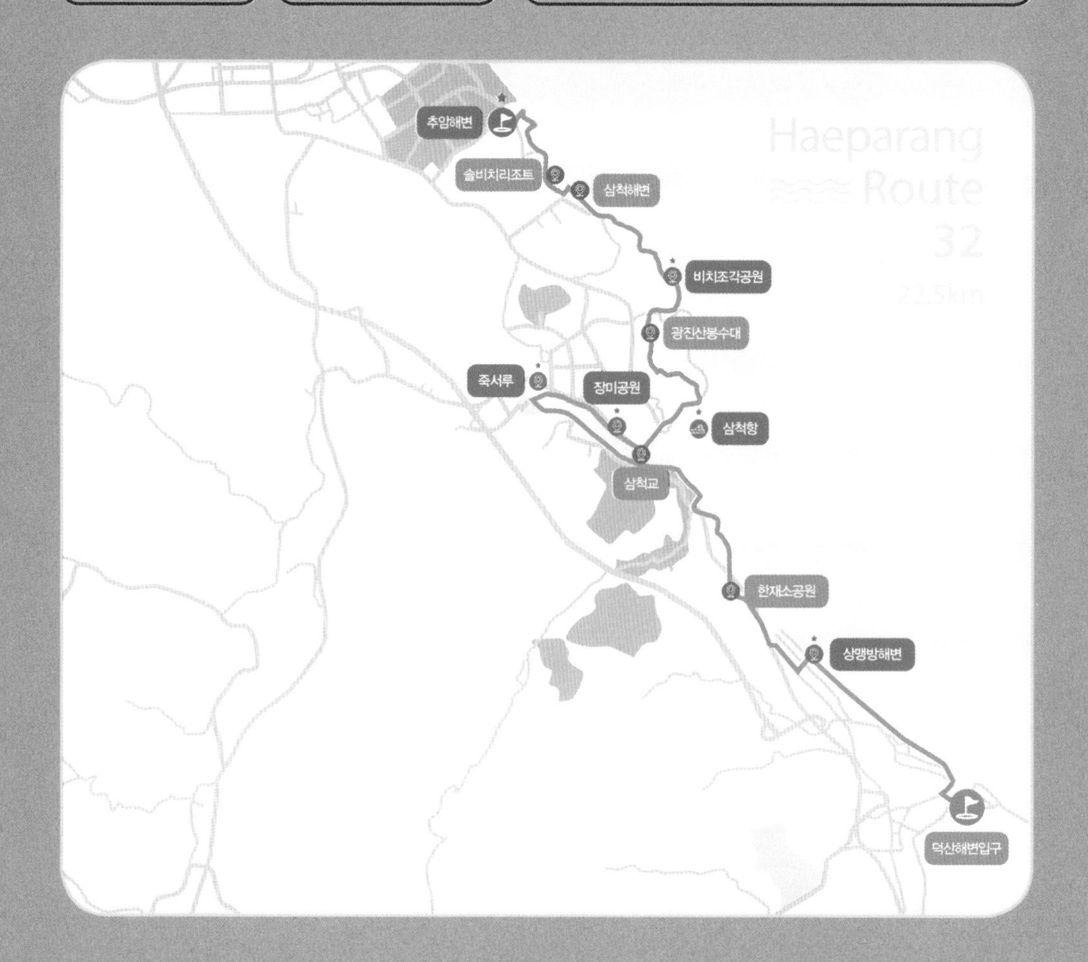

★ 꼭 들러야 할 필수 코스!

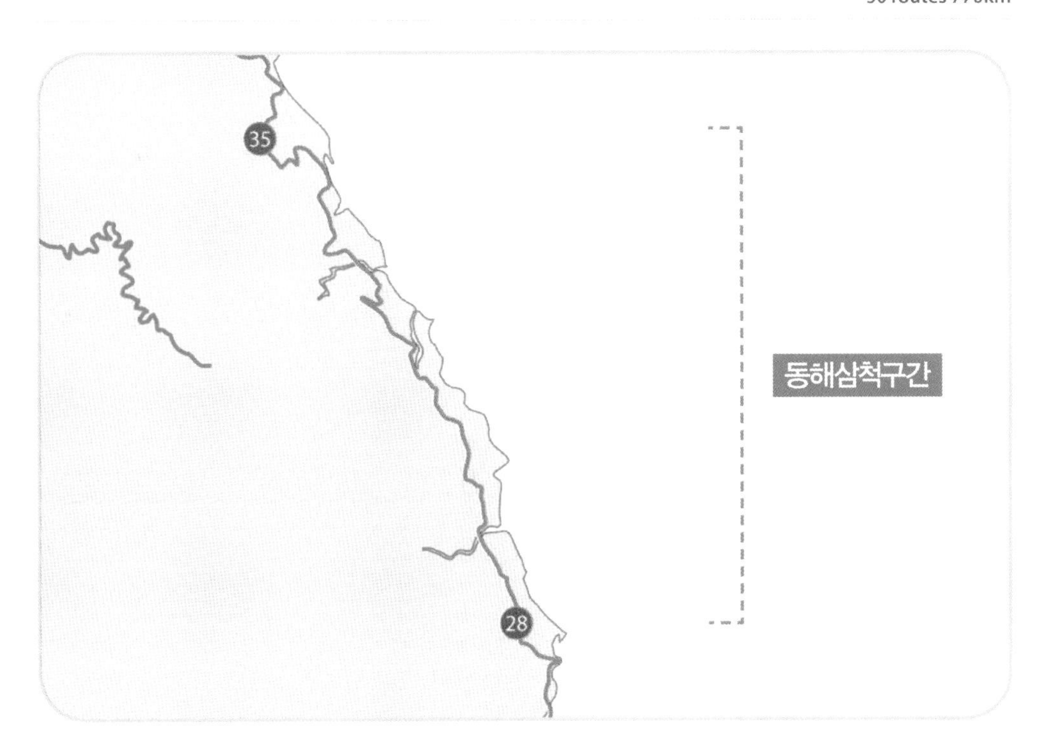
35
28
동해삼척구간

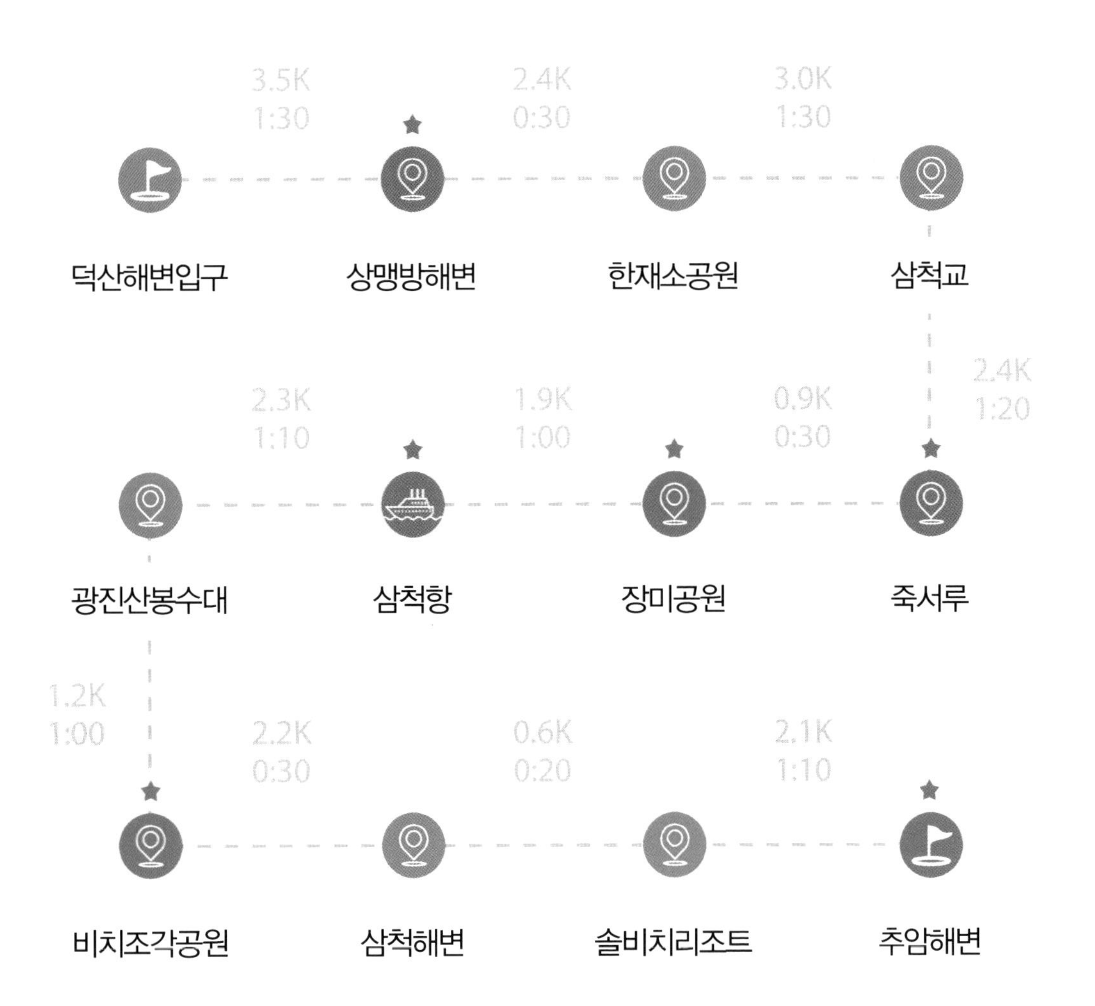
3.5K 1:30
2.4K 0:30
3.0K 1:30
덕산해변입구
상맹방해변
한재소공원
삼척교
2.4K 1:20
2.3K 1:10
1.9K 1:00
0.9K 0:30
광진산봉수대
삼척항
장미공원
죽서루
1.2K 1:00
2.2K 0:30
0.6K 0:20
2.1K 1:10
비치조각공원
삼척해변
솔비치리조트
추암해변

해파랑길 32코스 (덕산해변입구~추암해변)

삼척기줄다리기와 관동팔경 죽서루

삼척해변

명사십리 맹방해변에 들어서자 끝없이 펼쳐진 백사장이 우리의 시선을 압도했다. 대규모의 파도 물결이 띠를 이루며 명사십리백사장으로 달려오는 모습은 마치 대규모 상륙작전을 방불케 했다. 백사장 모래들은 성난 파도로 인하여 뒤집히고, 파도 물결이 백사장을 때리는 파도

하맹방해변

상맹방해변

소리는 마치 천둥 치는 소리 같았다. 이러한 장면을 넋을 놓고 바라보고 있노라니 가슴이 뻥 뚫리고 속이 후련했다. 맹방해변을 따라 하맹방해변을 지나 상맹방해변에 도착하니 날이 어둑어둑해졌다. 승공마을 버스 정류장에서 24번 좌석버스를 타고 삼척종합버스터미널에 도착한 다음 크라운모텔에 숙소를 정하고 소나무식당에서 지리산 흑돼지 생삼겹살로 저녁식사를 했다. 소나무식당은 손님들로 북적거려 발 디딜 틈도 없었다. 마치 삼척의 모든 사람들이 고기 먹으러 이 집에 다 모인 것 같은 분위기였다. 식당 주인과 종업원이 찾아오는 손님들을 효율적으로 접대하지 못해 많은 손님들이 다른 곳으로 떠나고 있었다. 식당 운영방법이 아쉽긴 하였지만 어찌 되었건 생삼겹살은 정말 맛있었다.

새벽 6시에 삼척역 앞 '삼척번개시장'을 둘러보았다. 새벽에 잠깐 서는 시장으로 이른 아침부터 싱싱한 생선, 회, 과일, 채소를 사려고 모인 삼척시민들로 시장이 시끌벅적했다. 규모는 크지 않았지만 사람 사는 냄새를 느낄 수 있어 행복했다. 간식용으로 황도 복숭아와 찐 옥수수 한 봉지를 샀다. 터미널 부근의 정원식당에서 할아버지와 할머니가 준비해주신 오징어볶음으로 아침식사를 하였는데 성의는 감사했지만 맛은 별로였다.

삼척번개시장

삼척종합버스터미널에서 24번 좌석버스를 타고 승공마을 정류장에서 내린 다음 해파랑길 트레킹을 이어갔다. 한재소공원을 지나 한재전망대에 오르니 명사십리 맹방해변 백사장이 한눈에 들어왔다. 끝없이 펼쳐진 백사장으로 몰려드는 파도 물결을 해안가 언덕에서 내려다보니 그야말로 장관이었다. 오분항을 바라보며 삼척항 방향으로 걸어오다 삼척하수종말처리장을 지나서 삼척 오십천을 만났다. 오십천 하구에서 오십천 변을 따라 올라가는데 엄청난 규모의 '삼표시멘트공장' 시설이 보

한재전망대

오분항

오십천변길

였다. 외국에서 배로 실어온 시멘트 원료들을 옮기는 커다란 둥근 모양의 컨베이어 벨트가 오십천을 가로질러 해안가에서부터 내륙 시멘트공장까지 길게 이어져 있었다. 오십천 변 길인 '오랍드리 산소길'을 따라 올라가면서 수변공원과 오십천에서 한가롭게 물놀이하는 시민들도 만났다.

한참을 올라가니 삼척문화예술회관이 나타났다. 근처에는 동굴신비관, 세계인류무형문화유산인 삼척기줄다리기, 관동팔경 중 하나인 죽서루가 나타났다. 삼척기줄다리기는 정월대보름의 대동제 때 행해지는 줄다리기행사 때 사용하는 줄다리기로 규모가 어마어마했다. 죽서루는 관동팔경 중 하나로 오십천이 굽이치는 깎아지른 절벽에 세워진 망루로 풍광이 매우 아름다웠다. 죽서루 마룻바닥에 앉아서 주변경치를 만끽하며 잠시 휴식을 취한 다음, 부근의 중국음식점 '만금'에서 회짬뽕과 짜장면으로 점심식사를 하였다.

삼척기줄다리기

죽서루

장미공원

삼척항

오십천을 따라 삼척항 방향으로 내려오다 삼척장미공원을 둘러보았다. 다양한 장미꽃으로 조성된 공원으로 장미꽃이 만개하면 풍광이 무척 아름다울 것 같았다. 삼척항에 들러 활어센터를 둘러보고 이사부광장을 구경한 다음, 광진산 봉수대 방향의 내륙코스로 접어들었다. 가파

비치조각공원

른 길을 한참 올라가다 '국난극복유적지'라고 쓰여 있는 돌무덤을 만났다. 이곳이 광진산 봉수대라고 하는데 세워진 비문과 돌무덤이 너무 생뚱맞아 어떤 연관성이 있는지 잘 이해되지 않았다. 전망대쉼터에서 이사부광장, 새천년도로, 광진항으로 이어지는 해안가 풍경을 감상하고 구름다리를 건너 비치조각공원으로 내려왔다.

비치조각공원, 두꺼비바위, 작은후진해수욕장, 후진해변으로 이어지는 약 4km의 이사부길을 걸어서 삼척해수욕장에 도착하니 많은 피서객들이 막바지 여름피서를 즐기느라 북적거렸다. 에메랄드빛 동해바다와 어울려 멋진 풍경을 자아내는 파란 줄무늬와 하얀 색으로 디자인된 삼척쏠비치호텔리조트도 인산인해였다. 쏠비치리조트 내부를 둘러보고 옥상에 올라가서 주변경치를 감상한 다음 증산마을의 임해정과 해가사의 터에 도착했다. 증산마을에는 거북이에게 삼척수로부인을 돌려달라고 노래를 불렀다는 '해가사의 터'가 있었다. 해가사의 터에는 드래곤볼이 있는데, '드래곤볼을 돌려서 용을 타고 있는 수로부인이 내 앞에 멈추면 소망하는 일이 모두 이루어지고, 헌화가 배경 이미지가 멈추면 마음속 깊이 묻어둔 사랑을 되찾을 수 있다'라고 하여 염원을 다 하여 정성껏 돌려보았으나 행운은 찾아오지 않았다. 이어서 이사부사자공원에 올라갔다. 이사부사자공원은 신라 시대 실직국(삼척) 군주 이사부장군이 동해의 해상왕국 우산국을 정벌하여 울릉도와 독도를 편입시켜 해양영토를 확장한 업적을 기리기 위하여, 그 당시 전선에 싣고 가 위협의

새천년도로

삼척쏠비치호텔리조트

해가사의 터

수단으로 사용했던 나무사자를 해양개척의 상징물로 조성해 놓은 공원이다. 다양한 모양의 사자상들이 아기자기하게 전시되어 있었다. 이사부사자공원에서 추암해변을 내려다보니 아름다운 백사장과 촛대바위가 어울려 한 폭의 그림같이 아름다웠다. 추암공원 화장실 앞에서 도착 스탬프를 찍고, 동해시 택시를 불러 천곡동의 킹모텔에 투숙했다. 근처의 '해왕해물탕'에서 가오리찜으로 저녁식사를 하였는데, 반찬도 정갈하고 푸짐하며 맛도 좋고 주인도 친절하여 매우 기분이 좋았다.

이사부사자공원

도착스탬프 찍는 곳

추암해변 → 묵호역입구

애국가 첫 소절의 배경화면 추암 촛대바위

도보여행일: 2018년 08월 20일

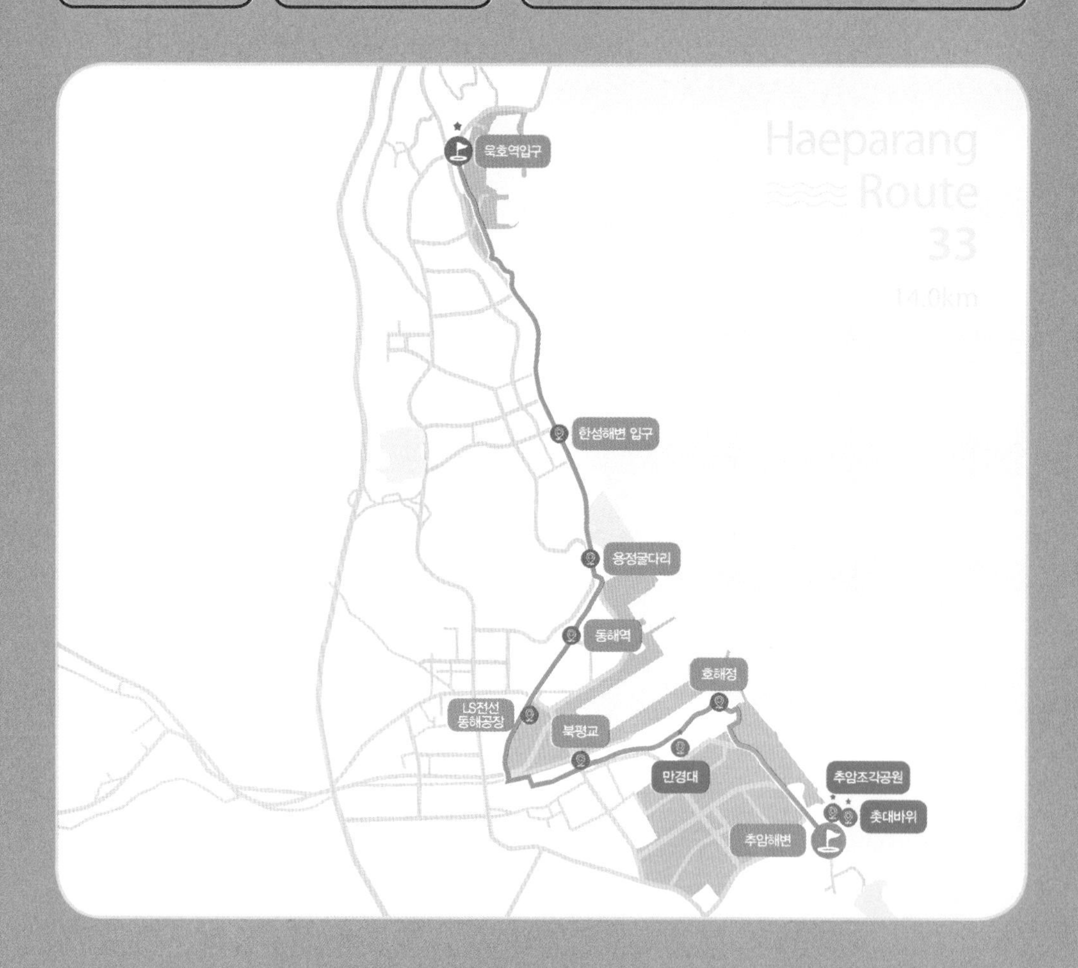

★ 꼭 들러야 할 필수 코스!

35
28
동해삼척구간

0.2K
0:20
0.5K
0:40
2.3K
1:00
추암해변
촛대바위
추암조각공원
호해정
1.0K
0:30
1.0K
0:10
1.8K
0:40
1.0K
0:20
동해역
LS전선 동해공장
북평교
만경대
1.0K
0:20
1.9K
0:40
3.3K
1:40
용정굴다리
한섬해변 입구
묵호역입구

해파랑길 33코스 (추암해변~묵호역입구)

애국가 첫 소절의 배경화면 추암 촛대바위

촛대바위

동해시 천곡동에서 택시를 타고 추암해변에 도착했다. 이른 아침이라 사람들도 없고 조용해서 여유롭게 촛대바위 일대를 둘러보았다. 애국가 첫 소절 배경화면인 일출 광경의 추암 촛대바위에서 멋진 작품사진도 찍었다. 해암정과 능파대를 구경한 다음 해안산책로를 돌아 추암

촛대바위

추암해수욕장

추암해변

능파대

조각공원으로 넘어갔다. 북평 해암정은 1361년 삼척 심씨의 시조인 심동로(沈東老)가 여생을 보낸 정자이고, 능파대는 인근 하천과 파랑에 의해 운반된 모래가 쌓여 촛대바위와 같은 암석기둥(라피에)들이 생성된 지역을 말했다. 해안산책로에서 바라본 능파대와 추암해변, 쏠비치호텔리조트까지의 풍경은 정말로 장관이었다. 추암조각공원에는 여러가지 조각품들을 야외에 전시해 놓았는데 관리를 하지 않아 정원에는 잡풀들이 무성했다.

동해항 쪽으로 걸어가자 민물인 전천과 동해 바닷물이 만나는 곳에 세워진 정자 호해정에 도착했다. 전천 하구에는 엄청난 규모의 '쌍용시멘트공장'이 자리 잡고 있었다. 전천을 따라 올라가다 만경대를 만났는데, 만경대로 오르는 소나무숲길은 아름답고 한적해서 너무 좋았다. 전천 상류 부근에서 다리를 건너 동해역까지 1km가량의 해파랑길은 철로 옆 농로를 따라 걷는 길이었다. LS전선 동해공장에서 동해역까지는 해

호해정

쌍용시멘트

만경대

전천 상류

잡풀숲길

파랑길 표지판은 있는데 길은 전혀 정비되어 있지 않았다. 1m 이상 되는 잡풀들이 무성한 길을 헤치고 나아가느라 무척 애를 먹었다. 부산에서 지금까지 걸어온 해파랑길 중에서 최악이다. 동해역의 송정칼국수에서 점심식사를 하였는데 마음이 불편해서 맛도 없었다.

마음을 달래며 용정삼거리를 지나 감추사에 도착하니 철로 옆을 따라 방풍용으로 심은 소나무 숲길이 나타났다. 한섬해변까지 이어진 아름다운 소나무 숲길이 산책하기에 너무 좋았다. 동해바닷바람의 짠 냄새를 맡으며 소나무 향을 만끽하면서 많은 시민들이 삼삼오오 소나무 숲길을 걷고 있었다. 하평해변에 들어서자 홍조류들이 해안가를 뒤덮어 역겨운 냄새가 진동했다. 묵호항역으로 가는 해안도로는 해안가 외곽조성공사로 일시적으로 중단되어 내륙으로 우회했다. 해리슈퍼, 합동전자를 지나 발한동의 옛 골목길을 지나서 묵호역에 도착하여 도착스탬프를 찍었다.

감추사

발한동

하평해변

묵호역입구 → 옥계시장

묵호등대와 벽화마을 논골담길

거리(km)
18.9

시간(시, 분)
7:50

도보여행일: 2018년 08월 21일

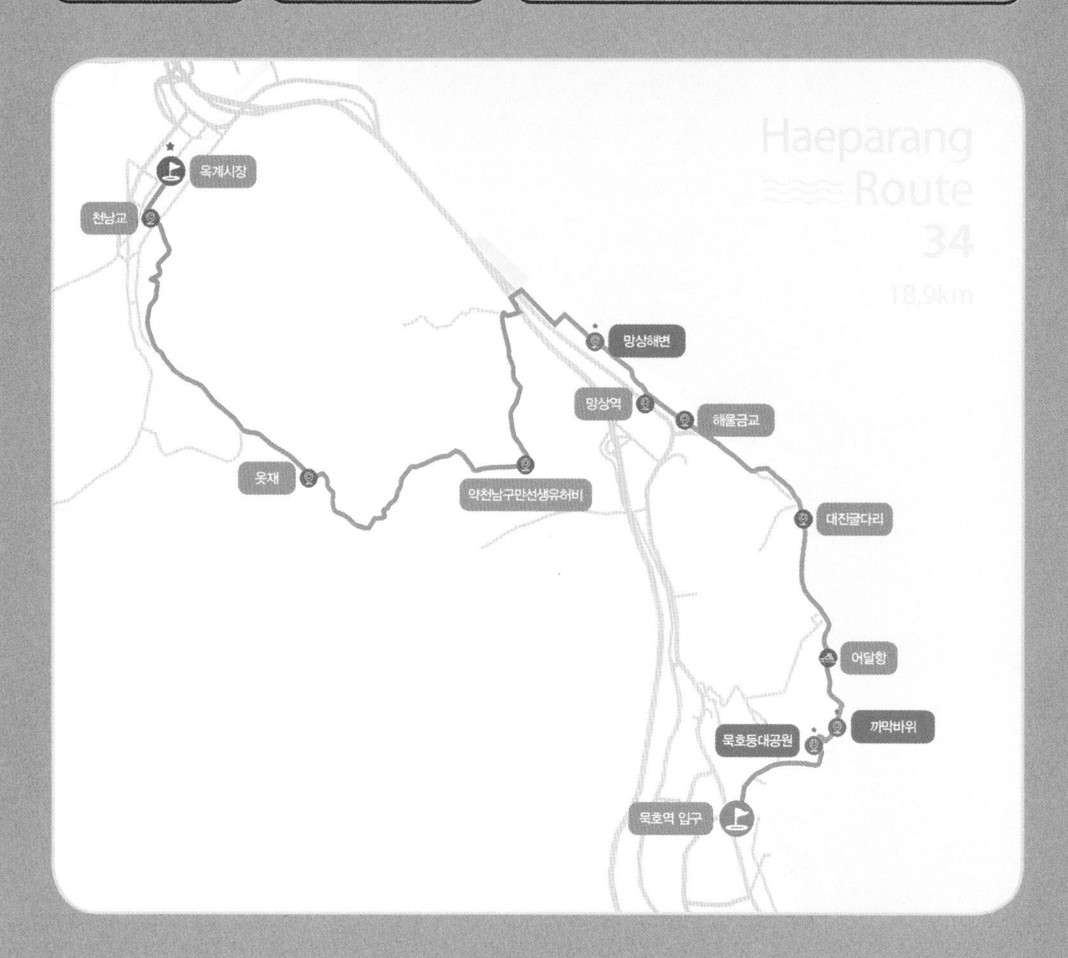

★ 꼭 들러야 할 필수 코스!

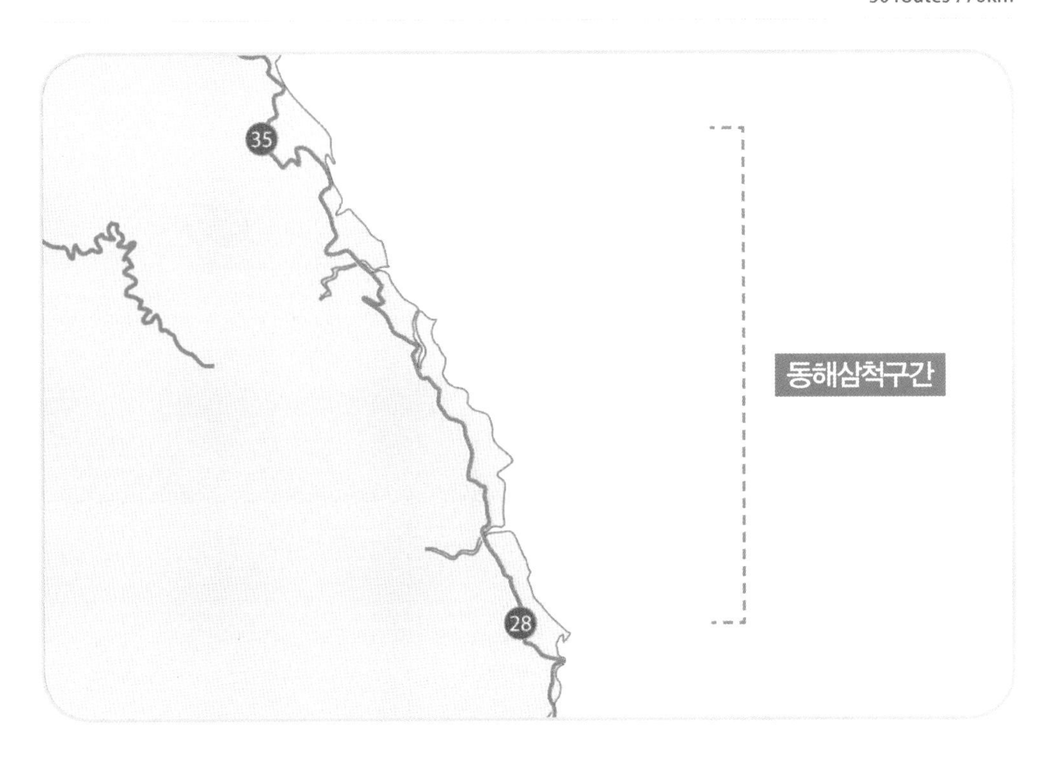
35
동해삼척구간
28

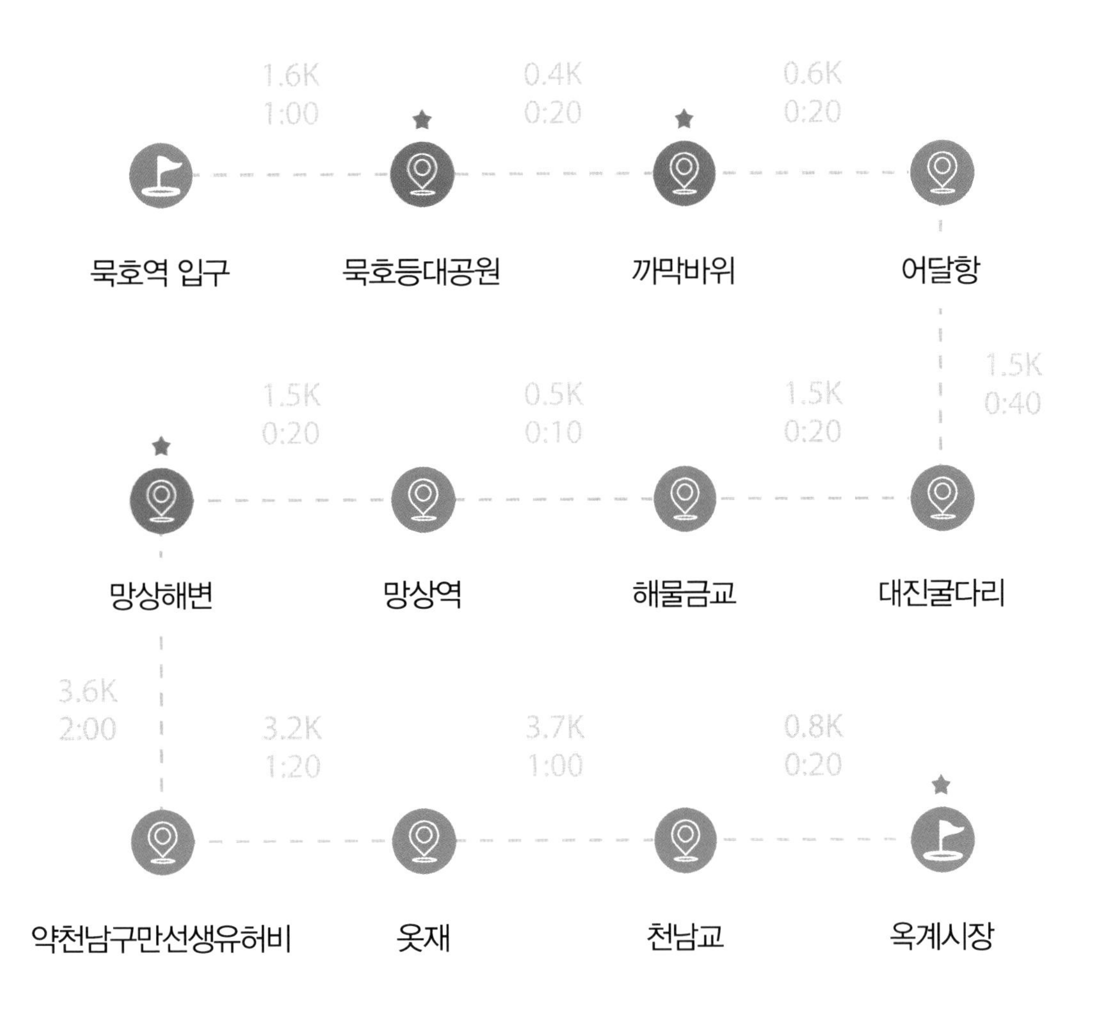
묵호역 입구
1.6K
1:00
★ 묵호등대공원
0.4K
0:20
★ 까막바위
0.6K
0:20
어달항
1.5K
0:40
대진굴다리
1.5K
0:20
해물금교
0.5K
0:10
망상역
1.5K
0:20
★ 망상해변
3.6K
2:00
약천남구만선생유허비
3.2K
1:20
옷재
3.7K
1:00
천남교
0.8K
0:20
★ 옥계시장

해파랑길 34코스 (묵호역입구~옥계시장)

묵호등대와 벽화마을 논골담길

묵호항

묵호항 활어회센터에는 횟집들이 즐비했고 묵호시장 주변에는 많은 건어물 가게가 있었다. 건어물 가게에는 오징어, 쥐치포, 황태포, 가오리, 미역, 멸치, 다시마 등 여러 가지 해산물들을 팔고 있었는데, '묵호등대 건어물'에서 쥐치포를 4봉이나 구매했다. 묵호항 수변공원을 둘러보

묵호시장

묵호항수변공원

고 등대오름길로 묵호등대로 올라갔다.

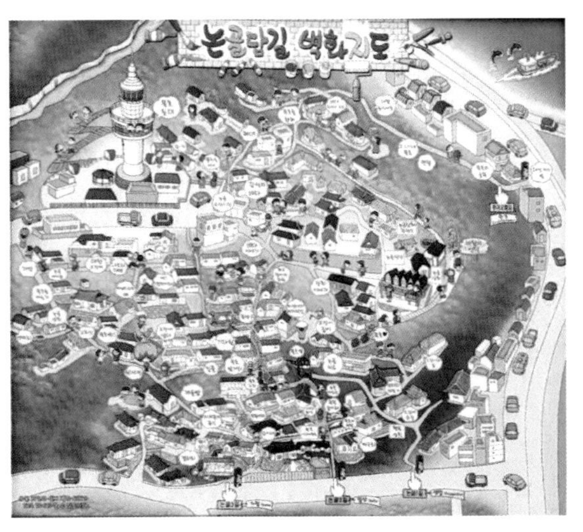

논골담길

등대오름길 주변에는 70년대의 동네 모습을 벽화로 그려놓아서 정겨웠고, 논골담길을 따라 설치한 알록달록한 바람개비들이 바람에 빙글빙글 돌고 있었다. 논골댁, 재래식화장실, SBS 수목드라마 〈상속자들〉의 여주인공 차은상이 살던 집, 바다 가는 길, 등대카페, 영화 〈미워도 다시 한 번〉의 촬영장소 등을 감상하면서 천천히 논골담길을 걸어 묵호등대에 도착했다. 진돗개가 만 원짜리 지폐 한 장을 물고 있는 벽화가 매우 인상적이었다. 묵호등대는 1963년 6월 8일에 건립되어 동해 연안 항해선

논골담길

묵호등대

문어상

까막바위

박과 묵호항을 찾는 선박들의 길잡이 역할을 담당하고 있었다. 주변에는 등대전망대, 해양문화전시물 파고라 등 해양문화공간을 조성해 놓았다. 등대전망대에 올라 묵호항 일대와 논골담길의 경치를 감상하고 논골담길 테마길을 내려와서 해안가에 세워진 문어상에 도착했다. 익살스러운 문어상을 배경으로 인증샷을 하고 날이 저물어 까막바위의 '꿈의궁전호텔'에 투숙했다. 까막바위회마을의 청보횟집에서 광어와 우럭회로 저녁식사를 하였는데 회가 싱싱하고 주인도 친절해서 맛있게 먹었다.

새벽 5시 45분에 일출을 감상하고, 마땅히 아침식사를 할 곳이 없어서 일찍 꿈의궁전호텔을 출발했다. 어달항과 대진굴다리, 대진항을 지나 노고암을 구경한 다음 망상해변에 도착했다. 망상해변의 너른 백사장에는 카라반 등 오토캠핑장이 잘 갖추어져 있었다.

어달항 일출

어달항

대진항

망상제2오토캠핑장

망상해변

옷재

망상해수욕장을 지나 내륙으로 접어들어 기곡리 마을회관을 지나니 과수원에 사과가 탐스럽게 열렸다. 가을이 다가오는 기분이었다. 약천 마을에서 약천 남구만 선생 유허비를 구경하고 삼척 김 씨 열녀문을 지나 옷재로 오르는데 대자연민박이 있었다. 다 쓰러져가는 집에 귀신이 나올 것 같아 무서웠다. 옷재 정상 부근에서 농기계로 사료용 목초를 채취하는 광경을 구경하고 옷재 정상에 도착했다. 동해시에서 강릉시 옥계면으로 넘어가는 고개인 옷재는 사람들의 왕래가 거의 없어서 산길도 전혀 정비가 되어있지 않았다. 남양3리로 내려오는 산길은 골짜기도 깊고 멧돼지들이 길 주변을 모두 파헤쳐 놓아서 혹시나 멧돼지가 나타나지나 않을까 신경이 곤두섰다. 며칠 전에 검봉산에서 멧돼지에 워낙 혼난 뒤라서 머리끝이 쭈뼛하고 귀가 쫑긋했다. 다행히 별일 없이 내려

도착스탬프 찍는 곳

오기는 했지만 옷재 골짜기도 혼자 트레킹하기엔 너무 위험했다. 한라시멘트아파트를 바라보며 천남교를 건너 주수천 둑방길로 걷다가 터널을 지나서 옥계현내시장 서울슈퍼 옆의 승규반점에서 도착스탬프를 찍었다. 110번 좌석버스를 타고 남대천정류장에 도착한 다음, 택시로 강릉고속버스터미널에 도착했다. '쌍둥이네 탕수육'에서 짜장면으로 늦은 점심식사를 하고, 고속버스 편으로 각자 귀가했다.

옥계시장 → 정동진역

수로부인의 헌화로 따라 강릉바우길로

거리(km) 13.8

시간(시, 분) 5:00

도보여행일: 2018년 08월 27일

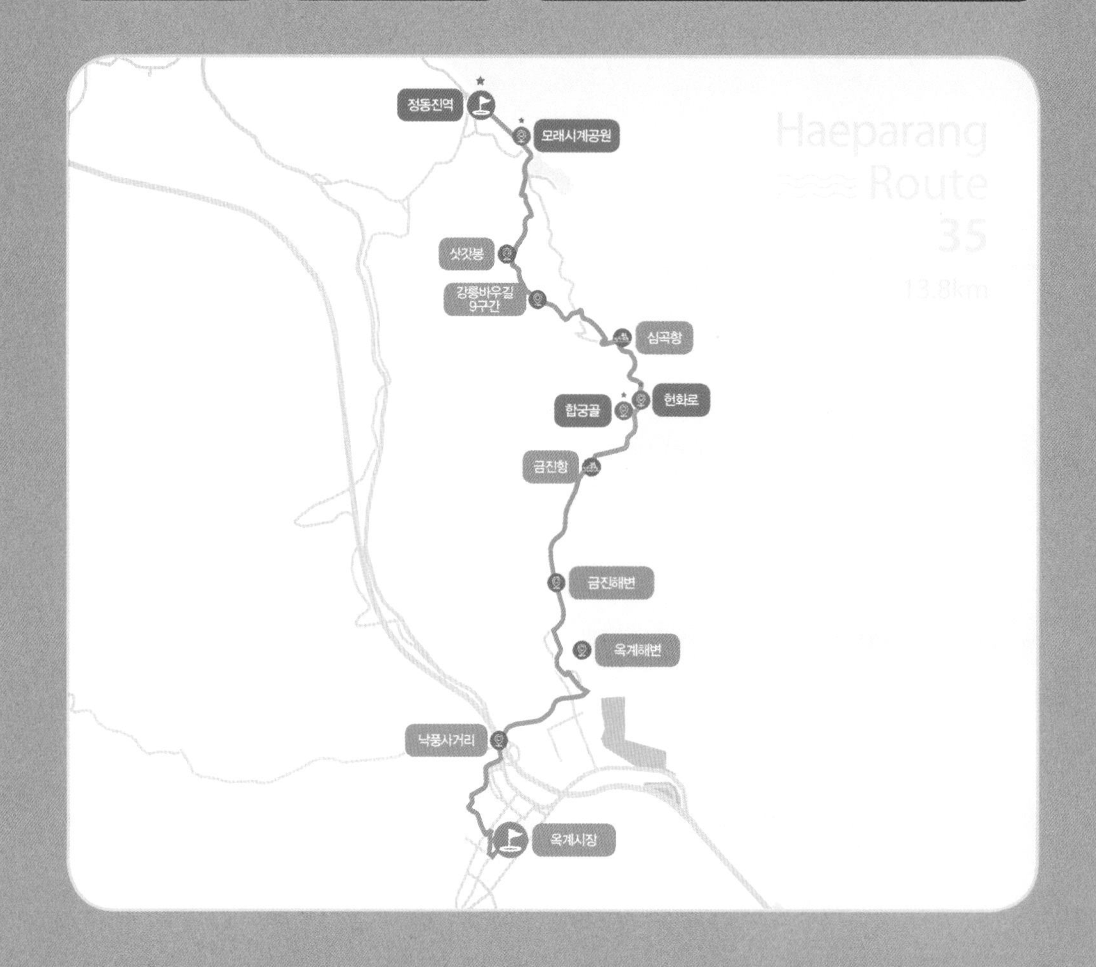

★ 꼭 들러야 할 필수 코스!

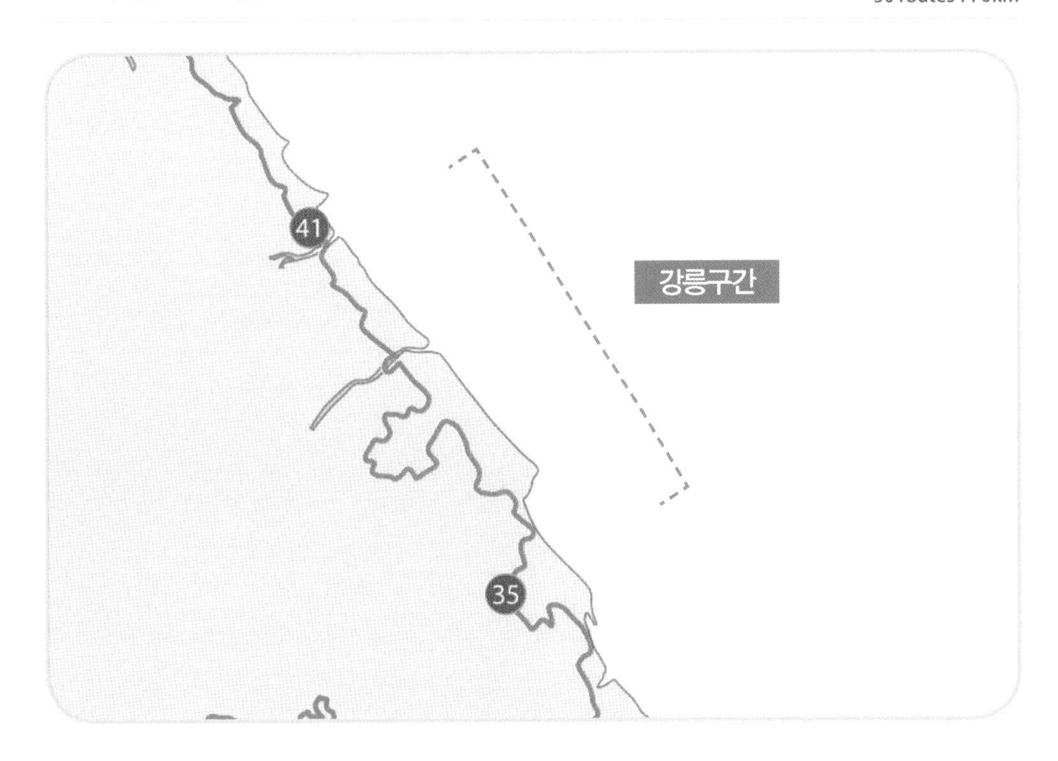
41
강릉구간
35

1.7K
0:50
1.6K
0:20
1.2K
0:20
옥계시장
낙풍사거리
옥계해변
금진해변
2.4K
1:00
1.0K
0:20
0.5K
0:10
0.5K
0:10
심곡항
합궁골
헌화로
금진항
0.7K
0:10
1.2K
0:40
2.0K
0:40
1.0K
0:20
강릉바우길9구간
샷갓봉
모래시계공원
정동진역

헌화로

강릉고속버스터미널에서 택시로 강릉역을 거쳐 옥계시장에 도착했다. 해파랑길이 해안가에 있어서 고속버스터미널에서 출발지까지 접근하는데 많은 시간과 경비가 소요됐다. 11시경에 옥계시장의 '진가락' 중식점에서 잡채밥으로 아점식사를 했다. 옥계초교 부근에서 이정표가 잘못되어 길을 찾지 못하여 한참을 헤매다가 낙풍사거리에서 낙풍교를 건너 낙풍천을 따라 옥계해변에 도착하니 여름 피서철이 지나 해변가에는 피서객들이 별로 없고 한가했다. 비를 맞아 선명한 붉은 빛이 감도는 해송숲길을 걸어가니 기분이 상큼했다. 금진해변과 금진항을 지나 해안경치가 절경인 헌화로를 걸었다. 헌화로는 신라 성덕왕 때 순정공이 강릉태수로 부임하러 오던 중 길옆 벼랑 끝에 핀 아름다운 꽃을 소를 몰고 가던 한 노인이 꺾어 순정공의 아내인 수로부인에게 바치면서

옥계해변

금진해변

헌화로

부른 헌화가에서 유래되었다는 길이다. 헌화로를 걷다 보면 합궁골이 나타나는데 바위 모양이 남근과 여근이 마주하는 형상을 하고 있어 부부가 함께 오면 부부금실이 좋아지고 기다리던 아기가 생긴다고 전해오는데, 담쟁이 덩굴로 뒤덮여있고 주변 정리가 전혀 되어있지 않아서 무척 아쉬웠다.

심곡항

선크루즈리조트

모래시계

모래시계공원

시원한 파도소리를 들으며 헌화로 해안산책로를 즐기면서 심곡항에 도착했다. 심곡리 복지회관에서 강릉바우길 9구간인 내륙코스로 올라 삿갓봉 고개에 도착했다. 관목들로 우거진 등산로를 오르다 보니 숨이 턱까지 차고 온몸이 땀으로 뒤범벅되었다. 고개를 넘어 한참을 내려와서 정동진에 도착했다. 정동진은 '경복궁이 있는 한양에서 정동쪽에 있는 바닷가'여서 정동진이라고 했다. 정동진 모래시계공원에는 거대한 모래시계가 있었다. 모래시계는 1999년 11월 11일에 한반도의 정동쪽인 이곳에 '지나온 천년의 세대와 살아갈 천년의 세대가 하나 되어 새

정동진역

정동진역

천년의 희망과 발전을 기원하기 위해 건립하였다'라고 했다. 상부의 모래는 미래의 시간을, 하부의 모래는 과거의 시간을, 흘러내리는 모래는 시간의 흐름을, 황금빛 둥근 모양은 동해의 떠오르는 태양을, 유리의 푸른빛은 동해바다를, 평행선의 기차레일은 시간의 연속성을 의미한다고 했다. 정동진역은 세계에서 바다와 가장 가까운 역으로 기네스북에 등재되었다고 한다. 정동진역 앞에는 모래시계 소나무가 있는데 1994년 7월 SBS 드라마 〈모래시계〉의 촬영장소로 유명했다. 정동진천 일월교에서 바라본 정동진 시간박물관의 기차는 붉은 저녁노을과 어울려 신비스러웠다. 정동진해변의 백사장을 걸으며 정동진역, 시간박물관, 모래시계 소나무, 선크루즈리조트 등 아름다운 경치를 만끽하고, 괘방산 등산로 입구에서 도착스탬프를 찍었다. 정동진 항구회센터에서 우럭회로 저녁식사를 하고 정동진모텔에 투숙했다.

도착스탬프 찍는 곳

정동진역 → 안인해변

새천년의 희망과 발전을 기원하는 정동진 모래시계

도보여행일: 2018년 08월 28일

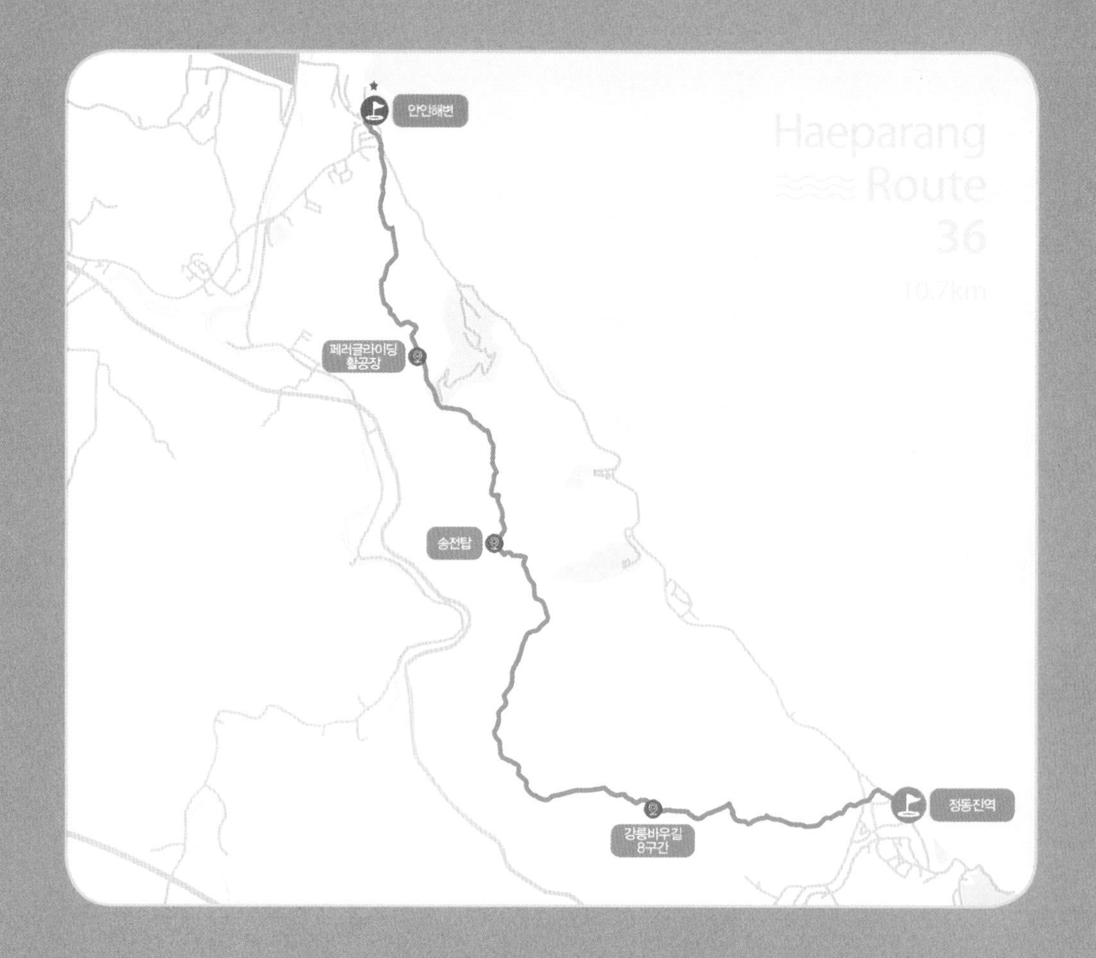

★ 꼭 들러야 할 필수 코스!

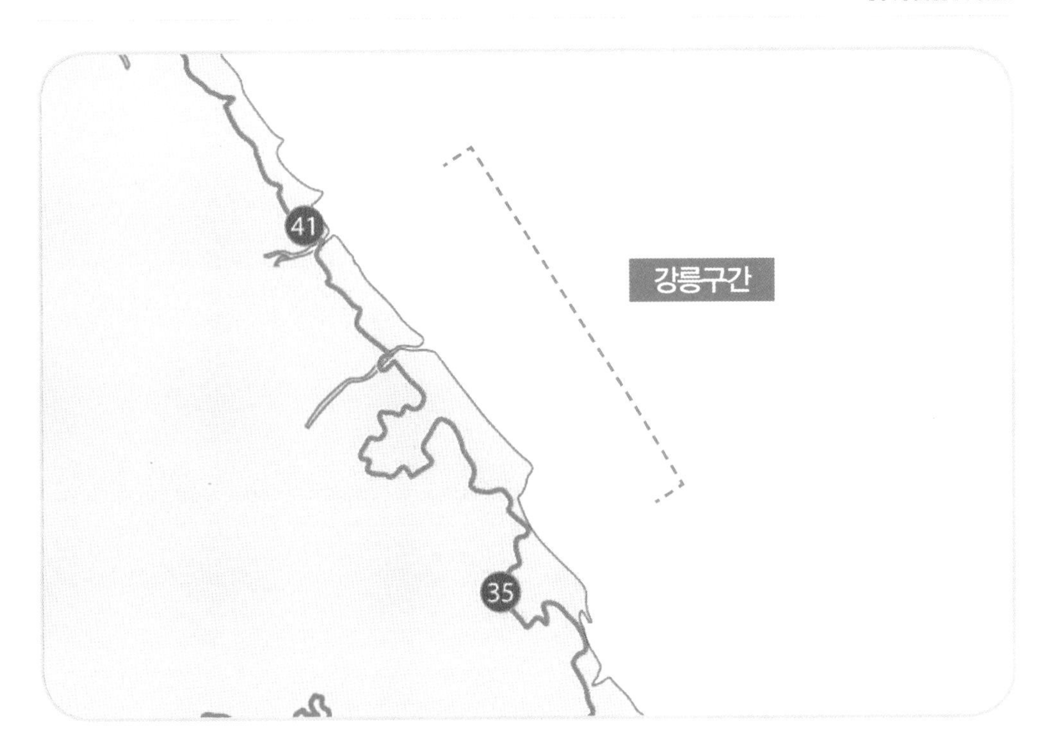
41
강릉구간
35

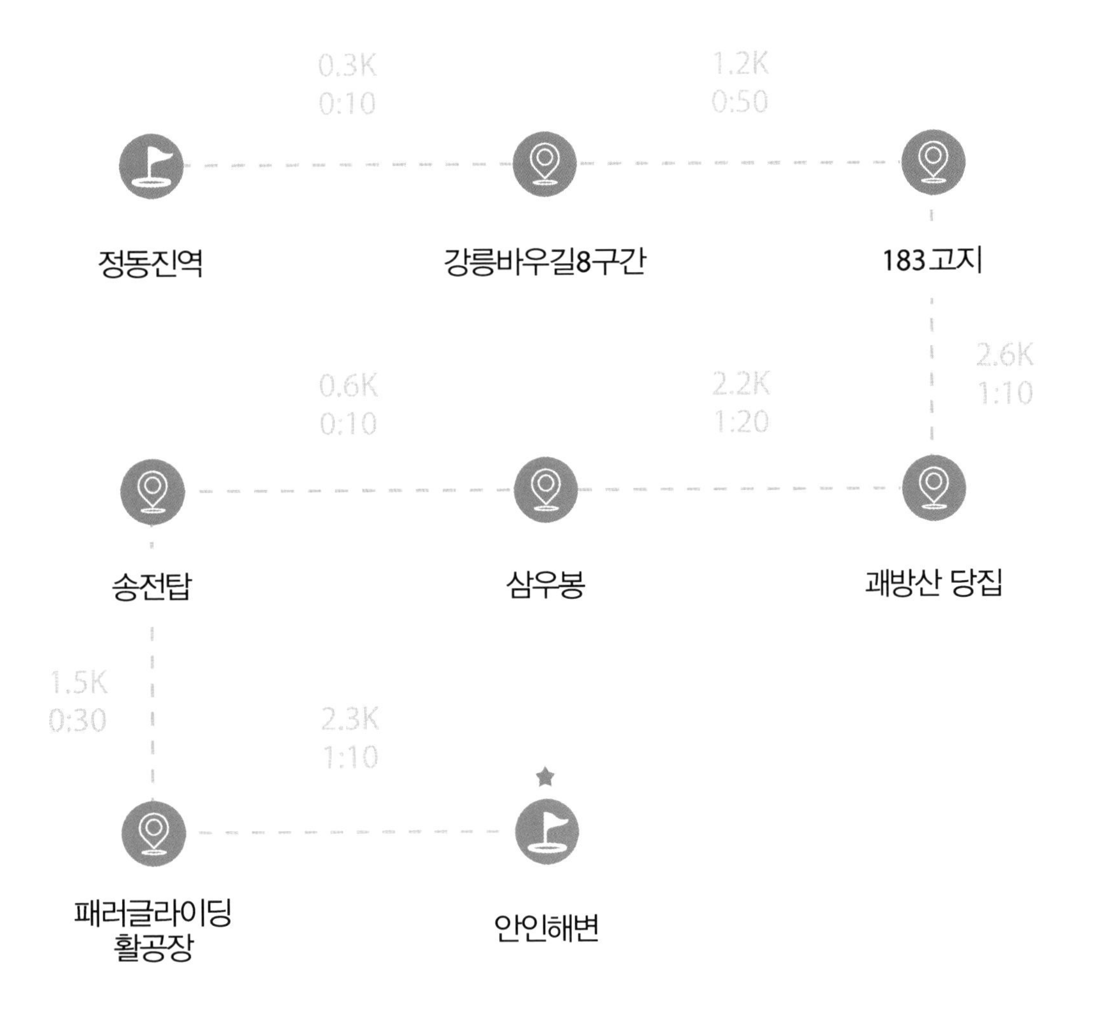
0.3K
0:10
1.2K
0:50
정동진역
강릉바우길8구간
183고지
2.6K
1:10
0.6K
0:10
2.2K
1:20
송전탑
삼우봉
괘방산 당집
1.5K
0:30
2.3K
1:10
패러글라이딩
활공장
안인해변

해파랑길 36코스 (정동진역~안인해변)

새천년의 희망과 발전을 기원하는 정동진 모래시계

괘방산 송전탑

정동진은 일출로 유명했지만 날씨가 흐린 탓에 일출은 감상하지 못했다. 입장권을 구매하여 역내로 들어가서, 동해바다를 배경으로 서있는 모래시계 소나무, 정동진 시비, 사랑의 자물쇠 탑과 하트 모양, 정동

당집

진역사 등을 구경하고 ‘어머니밥상’에서 한식뷔페로 아침식사를 하였다. 괘방산 등산로 입구에서 해파랑길 36코스인 강릉바우길 8구간 ‘산우에바닷길’로 오르기 시작했다. 바우는 강원도 말로 바위를 가리키는 것이고, 강릉바우길이란 강원도 강릉의 산천을 자연적이고 인간 친화적으로 걷는 트레킹코스를 말한다고 했다. 183고지를 지나 당집에 도착했다. 당집은 무당들이 자신이 숭배하는 신들을 모신 사당인데 산신, 칠성, 삼불제석, 용왕을 모셔 놓았다.

당집 쉼터에서 시원한 물로 갈증을 해소하며 휴식을 취한 다음 송전탑이 있는 괘방산 정상으로 올라갔다. 삼우봉에서 안인진항 일대의 경치를 감상하고 내려가다 활공장에 도착하여 동해안 쪽을 바라보니 강릉통일공원, 안보전시관, 강릉임해자연휴양림, 안인해변으로 이어지는 풍경이 그림같이 아름다웠다. 안인해변을 지나 안인진항에 도착하여 도착스탬프를 찍고, ‘해장국마을’에서 감자탕으로 점심식사를 하였다.

삼우봉

삼우봉에서 바라본 안인진항

활공장에서 바라본 강릉통일공원

안인해변

안인진항

도착스탬프 찍는 곳

안인해변 → 오독떼기전수관

전통 노동요 강릉 학산오독떼기

도보여행일: 2018년 08월 28~29일

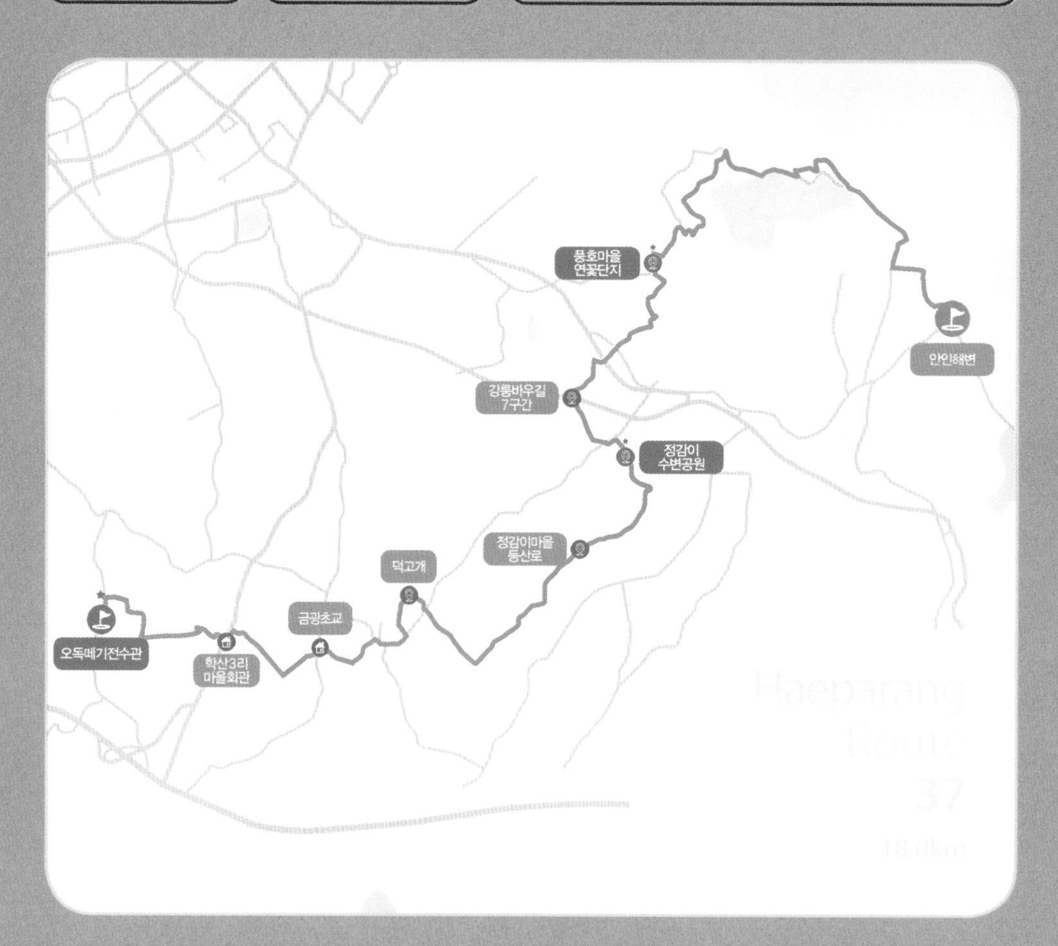

★ 꼭 들러야 할 필수 코스!

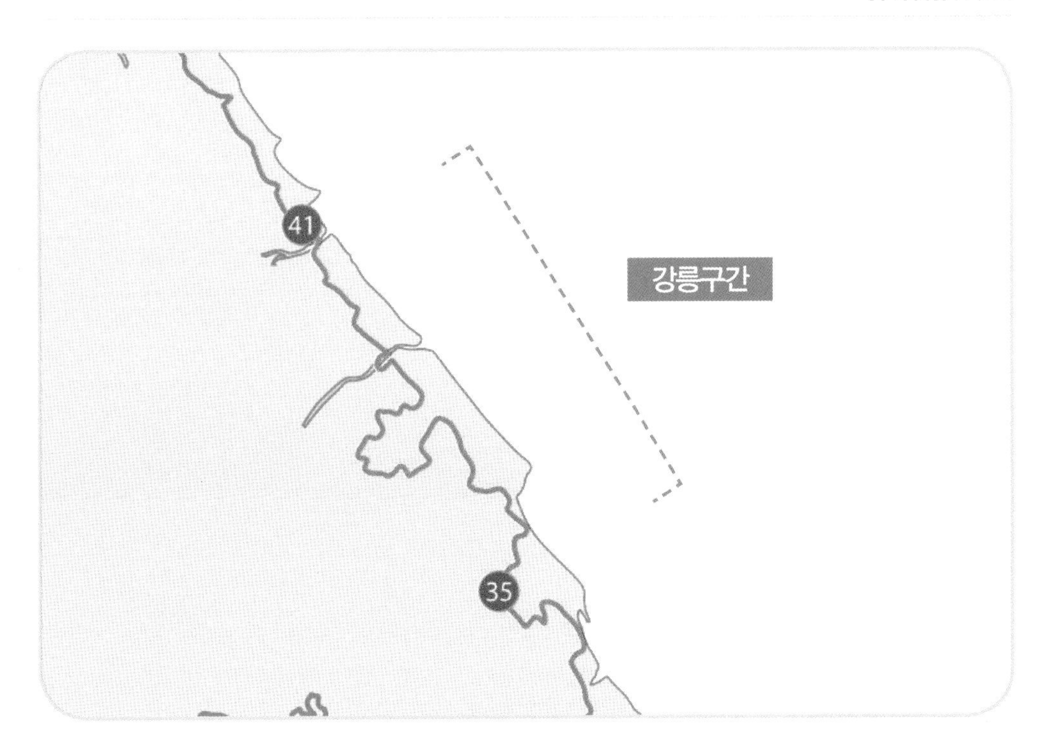
41
강릉구간
35

1.5K
0:30
4.3K
1:40
안인해변
한국남동발전소
★
풍호마을
연꽃단지
1.5K
0:30
0.5K
0:30
1.5K
0:30
정감이마을
등산로
★
정감이수변공원
강릉바우길7구간
3.0K
1:00
1.0K
0:20
3.1K
1:00
1.6K
0:30
덕고개
금광초교
학산3리
마을회관
★
오독떼기전수관

HAEPARANG ROUTE 37

해파랑길 37코스 (안인해변~오독떼기전수관)

전통 노동요 강릉 학산오독떼기

풍호마을 연꽃단지

안인진리의 동양수산을 지나 염전해변 해안가를 돌아 나와 하시동리버스정류장에 도착했다. 하시동리에는 싱싱한 소나무 네 그루가 있었다. 풍호마을 연꽃단지에 도착했다. 마을에 연꽃단지가 아름답게 조성되어 있었는데, 연꽃밭 안으로 조성된 산책로를 따라 걷다 보니 조롱박

한국남동발전소

하시동리버스정류장

풍호마을 연꽃단지

쟁골저수지

정감이마을등산로

들이 주렁주렁 달려있는 조롱박 터널이 있었다. 천장에 주렁주렁 매달려 있는 가지각색의 조롱박들을 쳐다보며 걷는 내내 마음이 행복했다. 풍호마을의 아름다운 경치를 구경한 다음, 강릉바우길 7구간을 걸으며 정감이수변공원을 돌아 정감이마을등산로로 접어들었다. 정감이마을등산로는 쭉쭉 뻗은 소나무들이 가득해서 솔향을 맡으며 걷다 보니 몸과 마음이 치유되는 것 같았다. 덕고개에 도착해서 해가 저물어 금광초교앞 버스정류장에서 트레킹을 마무리하고 102번 시내버스를 타고 강릉시내로 들어갔다. 강릉역 근처 '고려원' 중식점에서 짬뽕으로 저녁식사를 하고 크리스탈 모텔에 투숙했다.

아침 6시 30분 '동부식당'에서 우거지해장국으로 아침식사를 한 다음 용지각 버스정류장에서 102번 시내버스를 타고 금광초교에 도착했다. 금광초교가 있는 금광리는 교통이 매우 불편한 지역으로 102번 시내버스 1대만 들어오고 배차간격도 1~2시간이나 되었다. 금광초교를 출발하여 금광리 들판을 지나 학산3리 마을회관을 지났다. 들판에 요즘에는 보기 어려운 조가 많이 있었다. 갑자기 옛날 어릴 적 뛰어놀던 시골풍경이 떠올랐다. 학산2리의 굴산사지 당간지주에 도착했다. 굴산사는 통일신라 말기에 통효대사 범일이 머물렀던 곳으로 선종 9개 파 중 '사굴산문 굴산사파'의 본산이다. 당간지주는 사찰에서 불교의식이나 행사가 있을 때 '당'이라는 깃발을 거는 깃대(당간)를 지지하기 위하여 세운 돌기둥이다. 굴산사지 당간지주는 우리나라에서 가장 큰 것이라고 한다. 이어서 굴산사지 석불좌상으로 갔다. 굴산사지 석불좌상은 고려 시대 만들어진 것으로 추정되며 얼굴의 마모가 너무 심해 형체를 알아볼 수가 없었다. 하반신 등 많은 부분이 심하게 파손되어 돌조각을 조

김광리

조

굴산사지 당간지주

굴산사지 석불좌상

오독떼기전수관

도착스탬프 찍는 곳

각조각 붙여 복원한 모습이 마음을 아프게 했다. 마을길을 걸어 내려가서 오독떼기전수관에 도착했는데 전수관의 문이 굳게 닫혀있었다. 다행히 직원 한 분이 있어 오독떼기가 무엇이냐고 물어보았더니 오독떼기는 강릉지역 농민들이 농사일을 하면서 부르던 농요라고 했다. 이곳 학산리에서 부른 농요를 '학산오독떼기'라고 했다. 전수관 앞 쉼터에서 도착스탬프를 찍었다.

오독떼기전수관 → 솔바람다리

천년의 찬란한 역사를 간직한 강릉단오제

도보여행일: 2018년 08월 29일

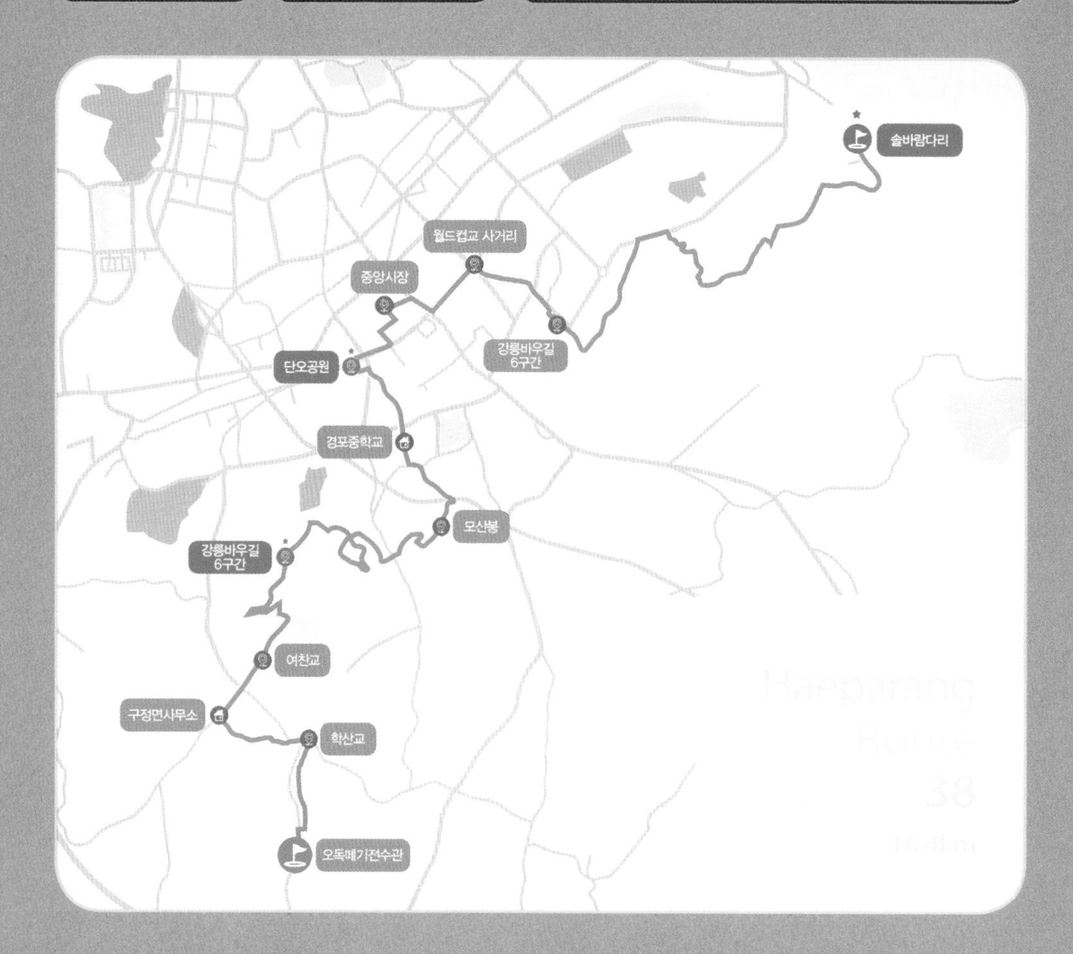

★ 꼭 들러야 할 필수 코스!

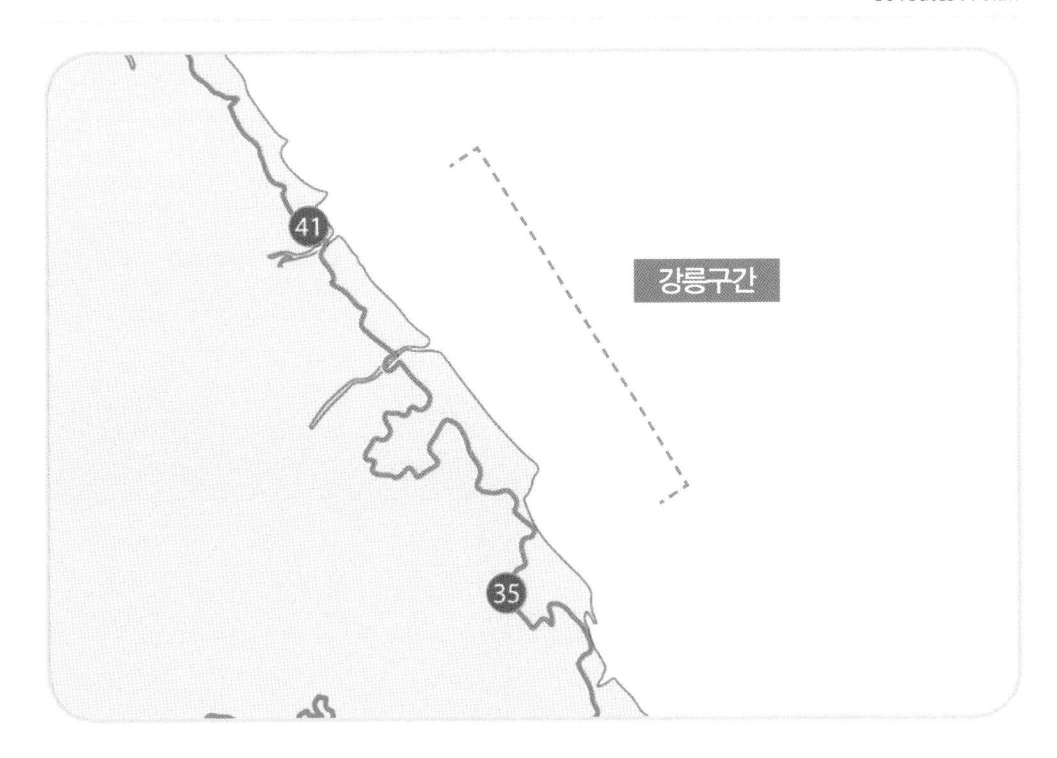
41
강릉구간
35

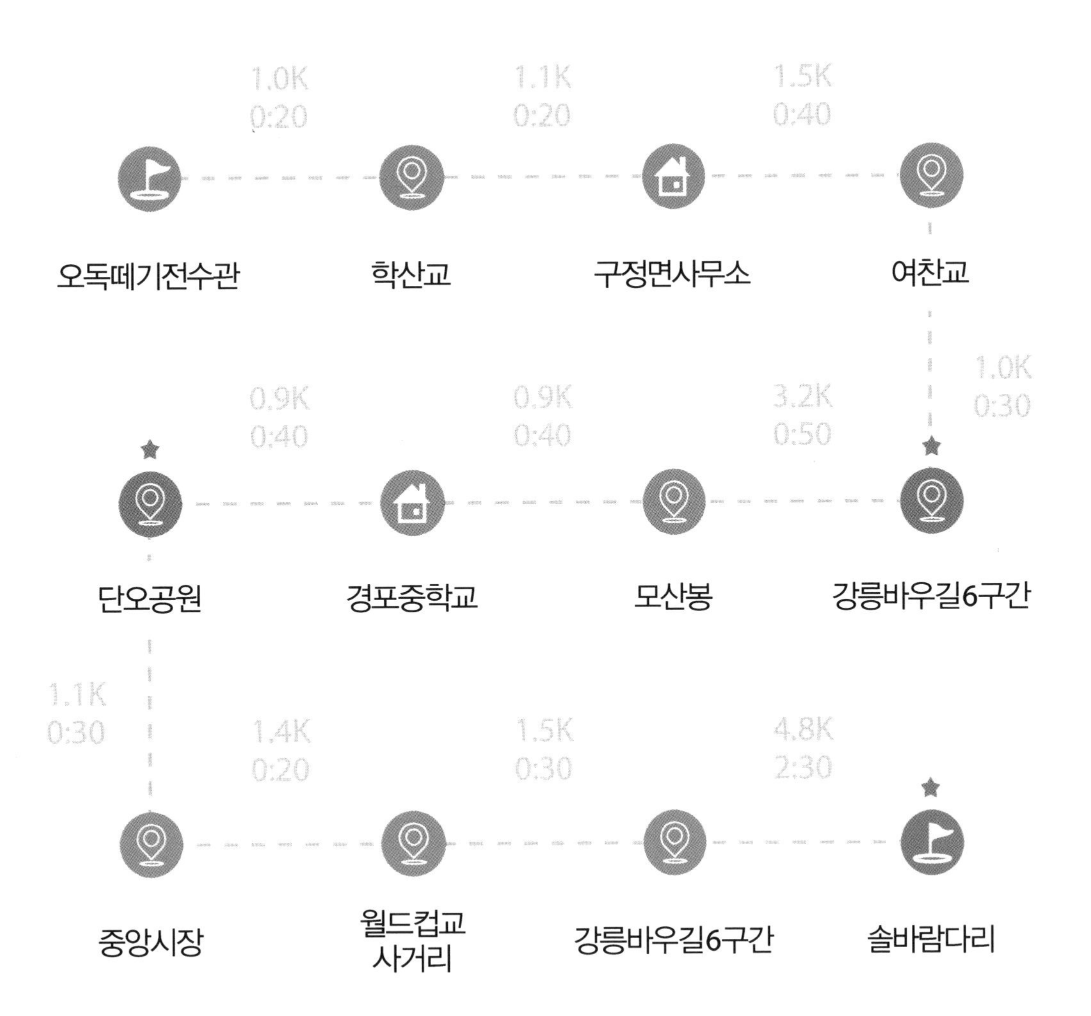
1.0K
0:20
1.1K
0:20
1.5K
0:40
오독떼기전수관
학산교
구정면사무소
여찬교
1.0K
0:30
0.9K
0:40
0.9K
0:40
3.2K
0:50
단오공원
경포중학교
모산봉
강릉바우길6구간
1.1K
0:30
1.4K
0:20
1.5K
0:30
4.8K
2:30
중앙시장
월드컵교
사거리
강릉바우길6구간
솔바람다리

해파랑길 38코스 (오독떼기전수관~솔바람다리)

천년의 찬란한 역사를 간직한 강릉단오제

솔바람다리

학산오독떼기 전수회관을 출발하여 굴산교를 건너 어단천 변을 따라 걸으면서 학산교를 지나 구정면사무소에 도착했다. 여찬교를 건너서 모산봉 방향 안내판을 따라 강릉바우길 6구간을 걸어가는데, 장현저수지 부근에서 남자 두 분이 예초기를 들고 잡풀이 무성하게 우거진 해파

여찬교

장현저수지

단오공원

랑길을 정비하고 있었다. 강릉지역을 대표하는 강릉바우길 관계자분들이었다. 감사한 마음으로 모산봉 등산로를 걸었다. 등산로 양옆으로는 하늘로 쭉쭉 뻗은 붉은 금강송들이 즐비하게 서 있었다. 금강송 숲터널을 걷노라니 풍광과 숲향에 취해 천국에 온 것 같았다. 이렇게 아름다운 숲길이 바로 지천에 있으니…. 강릉시민들은 정말로 복 많이 받았다. 붉은 소나무를 휘감아 올라가는 담쟁이 덩굴은 태초의 자연을 보는 느낌이었다. 모산봉 정상에 오르자 거대한 금강송 소나무 한 그루가 서 있었다. 이 금강송을 배경으로 기념사진을 찍고 경포중학교를 지나 강릉단오공원에 도착했다.

단오공원에서 강릉단오문화관을 관람했다. 강릉단오제는 음력 5월 5일 단옷날에 행해지는 천년의 역사를 간직한 대한민국 전통축제이자

유네스코 인류무형유산으로 등재된 축제로, 유교적 제례와 무녀의 굿이 혼합된 모습으로 행해졌다. 강릉단오제는 산신제, 송신제, 영신제, 국사 성황제, 봉안제의 총 다섯 가지 제사로 이루어졌다. 유명한 산신으로는 대관령산신(신라 시대 김유신 장군), 대관령국사성황신(신라 시대 고승 범일국사), 대관령국사여성황신(조선 시대 숙종 때 강릉에 살던 정 씨)이 있으며, 굿마당에는 손님굿, 제면굿, 꽃노래굿, 뱃노래굿 등 18여 가지의 다양한 굿마당이 있었다. 강릉단오문화관에서 시청각 자료들을 통하여 잠깐이나마 강릉단오제에 대하여 시청한 다음 강릉중앙시장으로 들어가 '원 할머니 나물밥'에서 비빔막국수로 점심식사를 했는데 맛은 별로였다. 강릉중앙시장을 둘러보면서 자두, 복숭아, 닭강정을 산 다음 강릉교를 건너 강릉바우길 6구간으로 걸어갔다. 남대천 수변쉼터에서 잠시 쉬면서 닭강정을 먹고 있는데 갑자기 하늘에 먹구름이 끼면서 소나기가 쏟아지기 시작했다. 얼른 짐을 챙기고 우산을 폈지만 한 치 앞도

강릉교

남항진교

남항진해변

보이지 않게 쏟아지는 폭우로 더 이상 걸을 수가 없어 근처 버스정류장에서 잠시 소나기를 피했다. 굵어지던 빗방울이 점점 멈춰지길래 스패치를 차고 청량학동길 산길과 성덕로 213번길을 물속을 헤치면서 어렵게 빠져나와 남항진교를 건너 남항진해변에 도착했다.

솔바람다리 초입에서 도착스탬프를 찍고 솔바람다리를 건너 안목해변의 안목장에 투숙했다. 시간이 너무 늦어서 우선 저녁식사를 하러 강릉항 수산물회센터로 갔다. 수산물회센터 내의 '동성호'에서 돌도다리회로 식사를 하였는데, 생전 처음 먹어보는 것으로 식감이 쫄깃쫄깃하고 맛이 너무 좋았다. 주인아주머니가 매우 친절했다. 서비스로 주신 놀래미, 해삼이 그냥 남았다. 자연산 놀래미가 식감이 떨어져서 샤브샤브하러 뜨거운 국물에 풍덩 들어갈 정도이니, 과연 돌도다리회의 식감을 짐작할 만하지 않을까? 즐겁게 저녁식사를 하고 안목해변의 강릉커피거리를 걸어서 숙소로 돌아왔다.

솔바람다리

도착스탬프 찍는 곳

강릉커피거리(안목해변)

오늘 강릉지방에 시간당 200mm 정도의 폭우가 쏟아져서 도로가 침수되고 엉망이란다. 그 비를 다 맞으면서 행군하였으니 옷은 다 젖고 등산화는 물에 잠겨 질척거렸다. 소주를 한 병 마셨더니 정신은 해롱해롱! 여관방에 들어왔는데 아무리 장급여관이라지만 TV는 채널조정도 안되고 방에는 전화기도 없고 주인을 찾았더니 호실 점검 중이라는 표찰만 남겨놓고 행방불명이다. 숙소를 옮기자니 주변에 마땅한 숙소도 없고, 시간도 너무 늦어서 어쩔 수가 없었다.

솔바람다리 → 사천진해변

안목해변 커피거리와 경포호의 경포대

도보여행일: 2018년 08월 30일

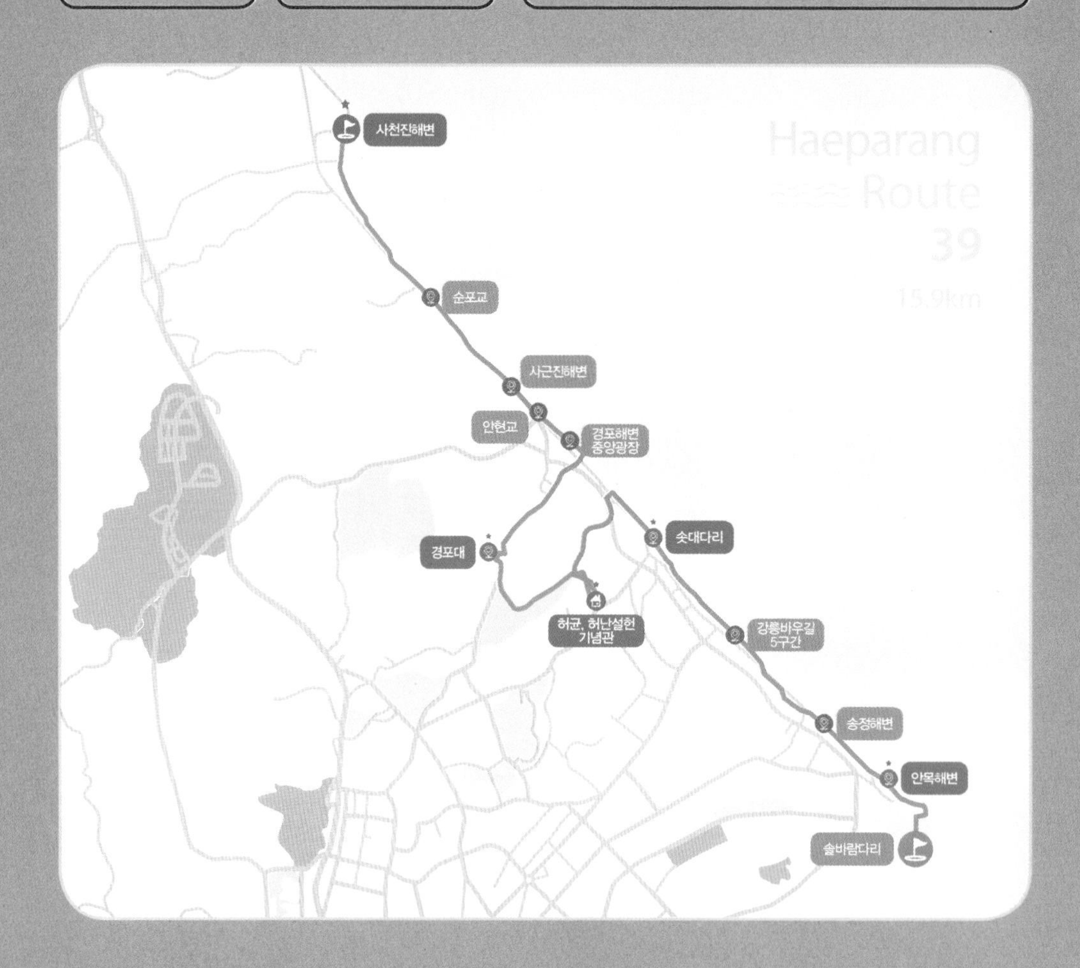

★ 꼭 들러야 할 필수 코스!

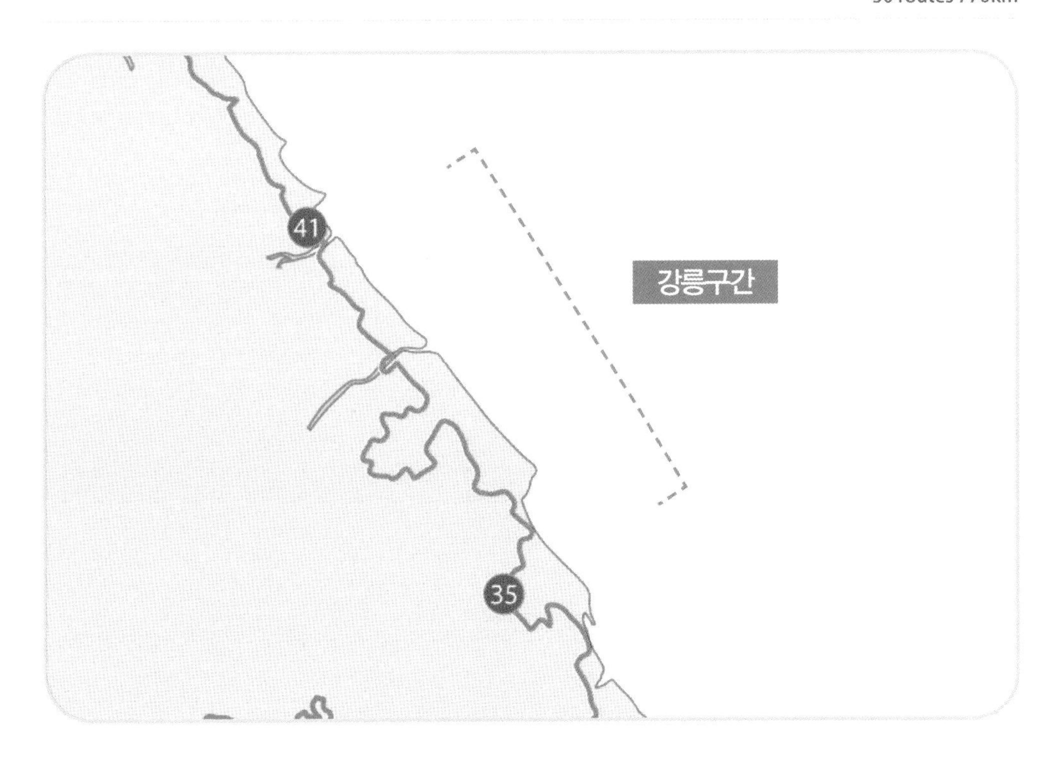
41
35
강릉구간

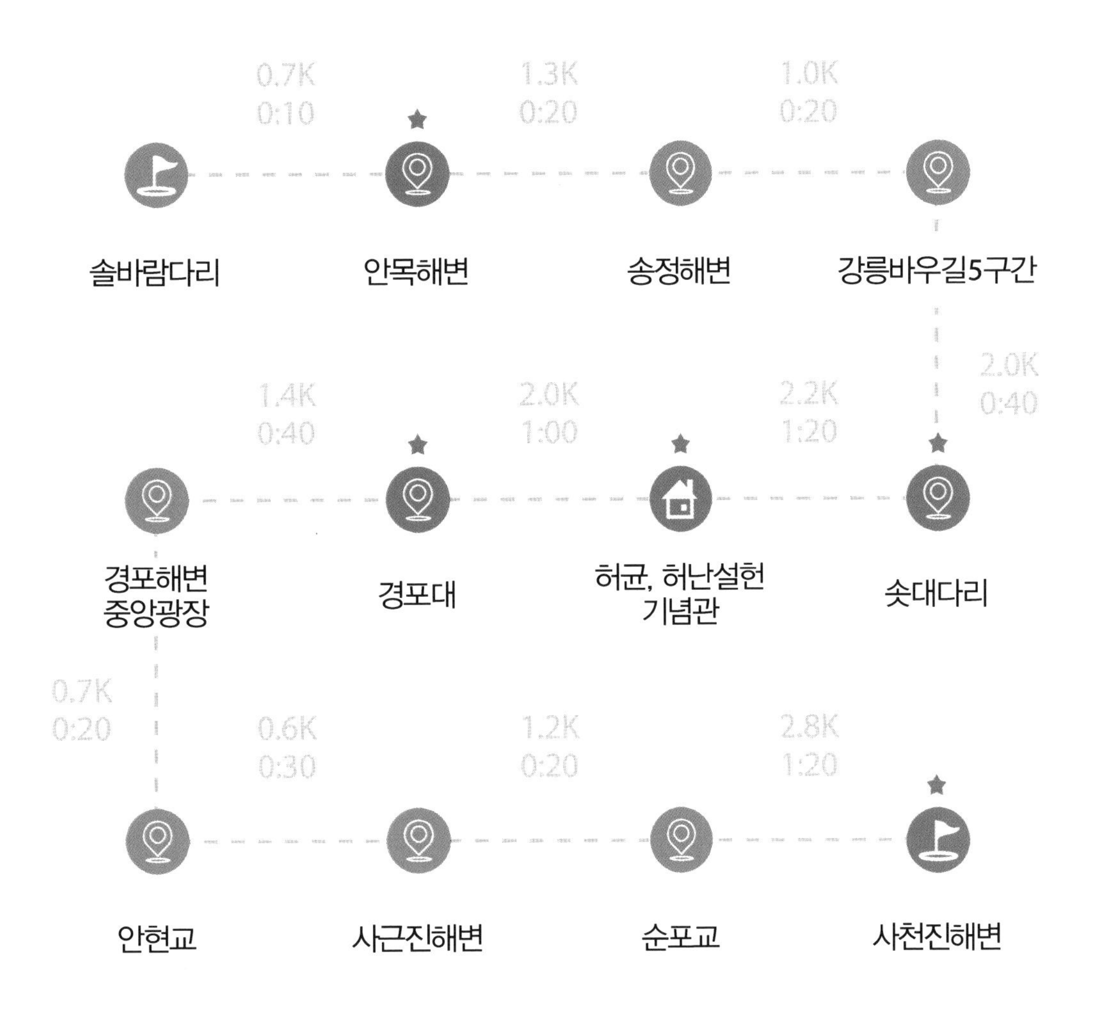
솔바람다리
0.7K
0:10
★ 안목해변
1.3K
0:20
송정해변
1.0K
0:20
강릉바우길5구간
2.0K
0:40
★ 솟대다리
2.2K
1:20
★ 허균, 허난설헌 기념관
2.0K
1:00
★ 경포대
1.4K
0:40
경포해변 중앙광장
0.7K
0:20
안현교
0.6K
0:30
사근진해변
1.2K
0:20
순포교
2.8K
1:20
★ 사천진해변

경포호

안목장모텔 창밖의 수평선 위로 떠오르는 동해바다의 멋진 일출장면을 감상하고 트레킹을 시작했다. 아침식사를 할 마땅한 식당이 없어서 생략하고 출발했다. 강릉에는 유명한 커피전문점이 셋 있는데 안목해변 강릉커피거리의 '산토리니', 사천해변의 '테라로사', 하평해변의 '보헤미안'이다. 어젯밤에는 늦게 도착하고 오늘은 일찍 출발하느라 이곳 안목해변의 '산토리니'에서 커피를 먹지 못하고 가는 것이 못내 아쉬웠다. 송정휴양소에서 강문해변까지 이어지는 강릉바우길 5구간의 해송림 숲길이 너무 아름다웠고 솔향도 상큼해서 너무 좋았다. 하늘 높이 쭉쭉 뻗은 붉은 소나무들 사이로 솔향과 바다내음을 마음껏 맡으며 몸과 마음을 치유하며 걸었다. 이러한 숲길을 만들어 준 송림처사 최봉작 선생께 진심으로 감사했다. 강문해변에서 강문솟대다리를 넘어 경포해

강릉항 일출

안목해변

송정해변

강문해변

강문솟대다리

변으로 향했다. 솟대란 마을 앞에 세우는 긴 장대로 액이나 잡귀의 침입을 막아주는 수호신을 상징했다. 강릉시 강문동에서는 솟대를 유달리 '진또배기'라고 불렀는데, 마을 삼재(수재, 화재, 풍재)를 막고 풍요를 기원하는 서낭굿 형식의 '강문진또배기제'를 음력 정월 보름날, 3월 보름날, 8월 보름날 세 번에 걸쳐 지내고 있었다.

경포호에 들어서자 엄청난 규모의 호수 전경이 눈에 들어왔다. 경포호 주변 산책로를 한 바퀴 도는데 1시간 이상은 족히 걸릴 것 같았다. 경포호 주변 산책로를 걷다가 허균허난설헌공원에 도착했다. 홍길동전의 저자 허균이 태어난 곳이자 허균의 누나인 조선 시대 여류시인 허난

경포호

허균허난설헌공원

설헌(본명 허초희)이 태어난 곳이다. 시대를 앞서 세상과 화합하지 못했던 두 예술가 허균과 허난설헌은 조선 시대 유교이념에서 유래된 남존여비, 적서차별, 숭유억불정책을 맹렬히 비판했다. 허균의 아버지 허엽의 호는 초당으로 허균과 허난설헌은 둘째 부인인 강릉 김 씨에서 태어났다. 허균의 이러한 태생적 환경이 홍길동전이라는 적서차별을 비판하는 소설을 만들게 하였구나 하는 생각이 들었다. 허균의 홍길동전이라는 소설로 말미암아 조선 시대의 건립사상인 유교를 비판하고 나라를 전복시키려 했다는 음모로 5대 문장가 집안이 역적으로 몰려 가족들 모두 처참하게 몰살당했다고 한다. 전국적으로 유명한 '강릉 초당순두부'가 이곳에 살던 허균의 아버지 허엽의 호 '초당'에서 유래되었다는 것을 이번에 알았다. 점심때가 가까워져서 초당동의 '정은숙 초당순두부'에서 순두부전골로 점심식사를 하였는데 담백하고 맛이 좋았다.

점심식사 후 경포 가시연습지를 둘러보고 경포호 주변을 걸었다. 고요하고 너른 경포호수는 마치 거대한 거울처럼 주변 풍광들이 호수에 비춰보였다. 강릉 3.1 독립만세운동기념탑과 소녀상을 둘러본 후 경포대에 올랐다. 경포대 정자에서 내려다본 경포호수 전경은 그림처럼 아름다웠다. 참소리 축음기박물관과 에디슨박물관을 지나 홍장암에 도착했다. 홍장암은 경포호숫가에 있는 바위로 절세미녀기생 홍장과 고려말 강원도 안찰사 박신의 사랑이야기가 전해 내려오는 곳이다. 호수 주

경포대

흥장암

테라로사

변에 두 사람의 사랑이야기를 조각상으로 테마공원을 만들어 놓았는데 경포호를 산책하며 둘러보니 재미있었다. 경포호수를 한 바퀴 둘러본 다음 해안으로 나와서 사근진해변, 순긋해변, 순포해변을 지나 사천해변에 도착했다. 사천해변의 강릉의 3대 커피숍인 '테라로사 사천점'에 도착해서 '브라질 파비아노'와 '피지서머 드립'으로 커피향을 즐겨보았다. 테라로사 사천점에는 사람들이 인산인해로 북적였는데 강릉이 커피로 유명한 곳인지도 이번에 처음 알았지만 우리나라 사람들이 값비싼 커피를 이렇게나 즐겨 마신다는 것도 이번에 처음 알았다. 종류도 다양하지만 가격도 만만하지 않았는데…. 문화적 충격이랄까?

사천진항을 지나 사천진해변공원의 지명정사 앞에서 도착스탬프를 찍었다. 사천진해변 백사장에는 재미있는 설치미술 작품들이 세워져 있었는데 '웃자!'라는 작품과 '사랑'이라는 작품이 인상적이어서 인증샷을 찍었다.

사천진항의 멍게 채취장면

도착스탬프 찍는 곳

사천진해변 '사랑'

사천진해변

사천진해변 → 주문진해변

주문진등대와 소돌해안 일주산책로

거리(km)
12.7

시간(시. 분)
5:00

도보여행일: 2018년 08월 30~31일

★ 꼭 들러야 할 필수 코스!

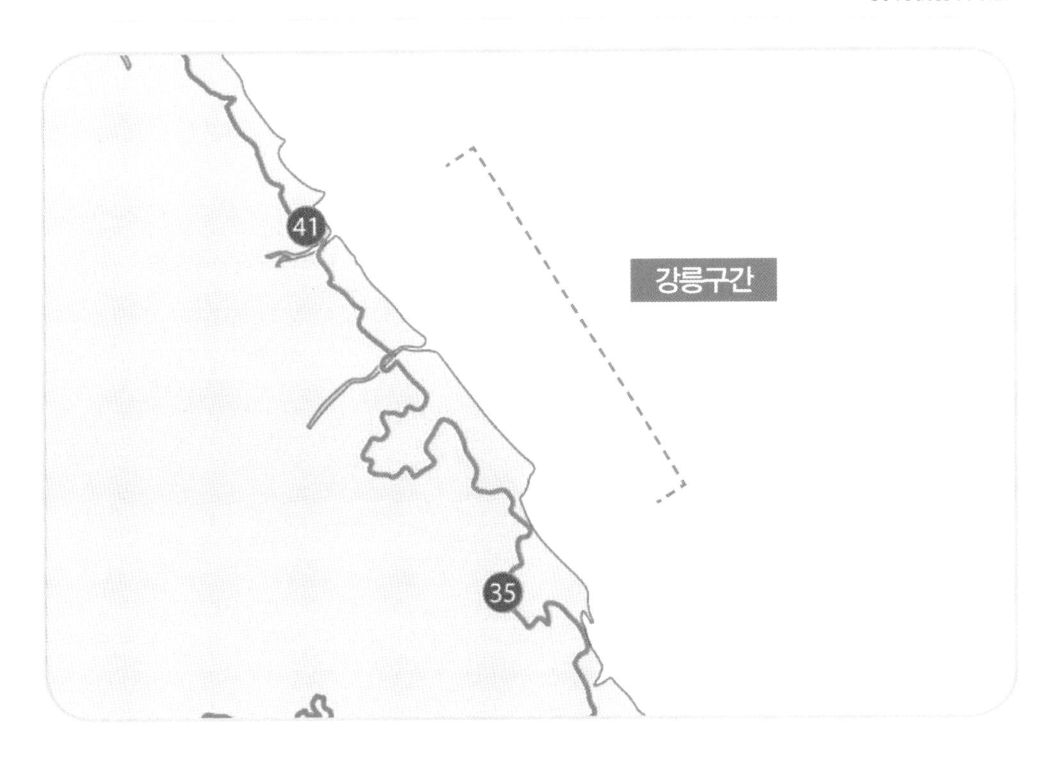
41
강릉구간
35

1.6K
0:40
1.7K
0:40
사천진해변
보헤미안커피
연곡해변
강릉바우길12구간
3.4K
1:20
0.8K
0:20
1.6K
0:20
주문진항
신리하교
주문진하수처리장
1.1K
0:40
1.1K
0:30
1.4K
0:30
주문진등대
아들바위공원
주문진해변

해파랑길 40코스 (사천진해변~주문진해변)

주문진등대와 소돌해안 일주산책로

아들바위공원

교문암은 옛날 교산의 구릉과 사천의 시내가 나란히 바다로 들어가는 백사장에 서 있는 큰 바위로 허균의 호 교산이 이곳 지명에서 유래되었다고 한다. 사천진해변의 영락대와 해다리바위를 감상하고 해변을

해다리바위

강릉바우길 12구간

주문진해변

신리하교

따라 하평해변에 이르자 7번 국도변에 강릉의 3대 커피숍인 '보헤미안'에 많은 사람들이 북적거리고 있었다. 연곡해변을 지나고 연곡천을 가로지르는 영진교를 지나서 내륙코스인 영진리고분군으로 올라갔다. 가파른 오르막이라 힘은 들었지만 영진해변으로 넘어가는 길이 그리 길지 않아서 다행이었다. 영진해변으로 내려와 해안가를 따라 걷다가 주문진항에 도착했다. 주문진어항과 주문진 수산시장을 둘러보고 수산시장 내의 일출건어물에서 황태 2축, 노가리, 다시마 등을 사서 집으로 부쳤다. 전씨청과에서 복숭아, 자두, 포도를 산 다음, 숙소 근처 '꽃보다 소라'에서 삼겹살로 저녁식사를 하고 메모리호텔에 투숙했다.

아침 6시, 주문진어항으로 새벽 어시장 모습을 구경하러 갔다. 경매사들이 고깃배들이 들어오는 쪽으로 왔다 갔다 하고는 있었지만 잡은 고기가 너무 적어 경매사들도 고기를 사러 온 사람들도 모두 시큰둥하게 서서 멀찌감치 바라만 보고 있었다. 예전과 달리 연근해에 어족자원

주문진어항

주문진어항

주문진건어물시장

이 씨가 말랐다는 소문이 사실인 것 같았다.

메모리호텔에서 토스트와 계란으로 간단히 아침식사를 하고 주문진 등대에 올라 주문진항 전경을 바라보았다. 탁 트인 동해바다를 보고 있노라니 속이 뻥 뚫리는 기분이었다. 하얀 등대는 파란 하늘의 뭉게구름과 어울려 환상적인 풍광을 자아냈다. 소돌항에 도착하여 소돌해안일주 산책로를 걸었다. 소돌항은 마을 전체가 소가 누워있는 모양이라 하여 소돌이라는 지명이 붙었다고 하며 주변은 가수 배호의 파도소리비와 기암괴석들로 덮여있고 앞바다에 소를 닮은 바위가 있다. 소돌해안일주 산책로는 아들바위 주변으로 연결되는 산책로로 소돌해변에서 주문진해변까지의 1.5km 구간으로 여러 형상의 바위들을 감상할 수 있었다. 아들바위공원전망대에 오르자 소돌해변에서 주문진해변으로 이어지는 에메랄드빛 동해바다와 타원형 모양의 해변 전경이 한 폭의 그림 같았다. 주문진해변의 여름파출소 건너편에서 도착스탬프를 찍었다.

주문진등대

주문진등대에서 바라본 주문진항

아들바위공원

아들바위

주문진해변

강릉바우길 구간안내 12
GUIDE TO ROUTE 12
12 주문진 가는길
코스길이 12.5Km(소요시간 4~5시간)
사천해변공원
영진교
주문진항
주문진해수욕장 주차장
소돌항(아들바위공원)
주문진등대
(사)강릉바우길

도착스탬프 찍는 곳

주문진해변 → 죽도정입구

관음성지 휴휴암의 관세음보살입상과 비룡관음전의 진신사리

도보여행일: 2018년 08월 31일

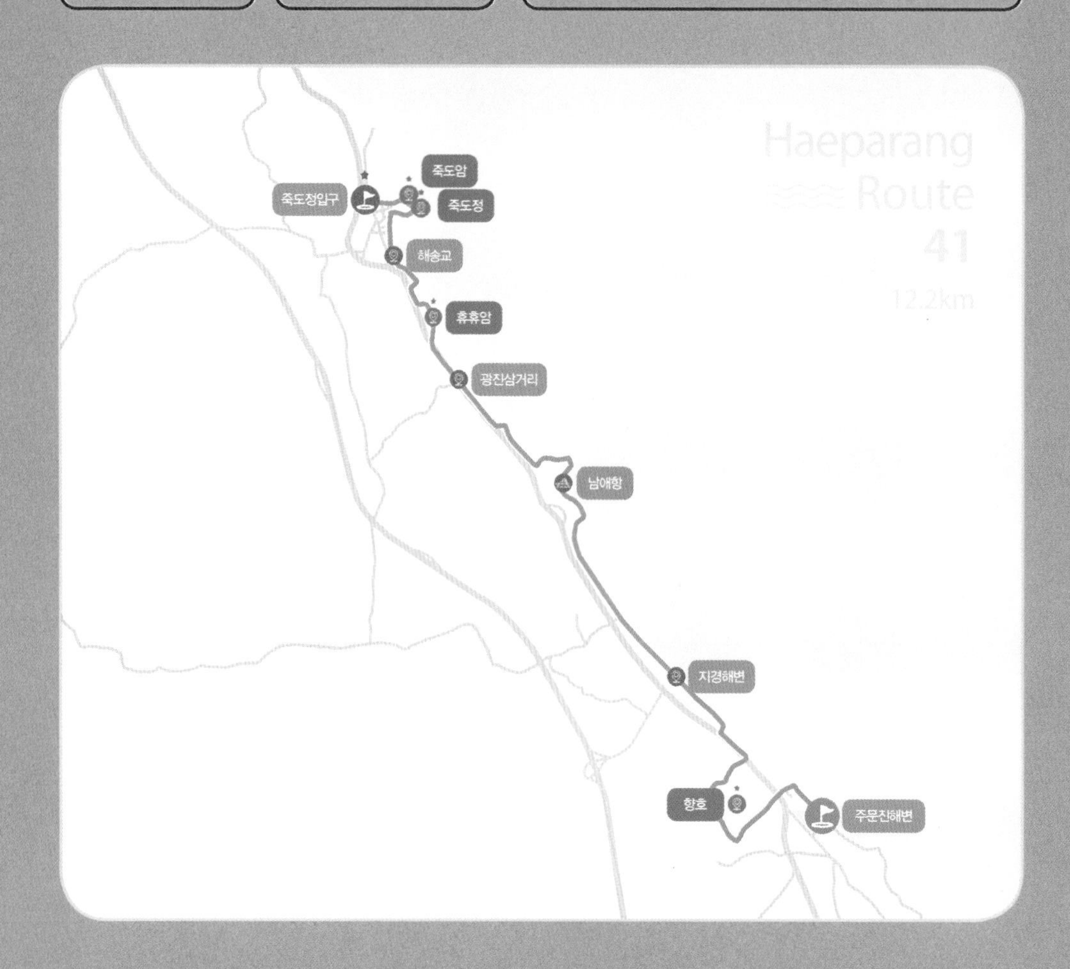

★ 꼭 들러야 할 필수 코스!

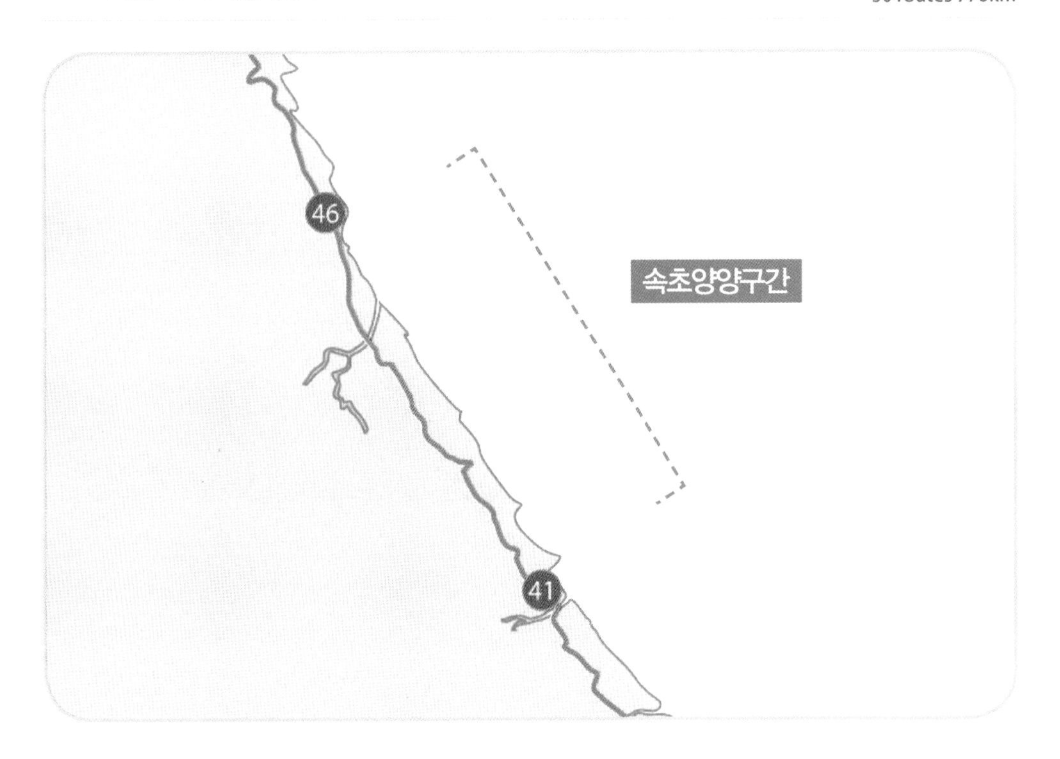
46
속초양양구간
41

1.6K
0:50
2.0K
0:50
3.1K
0:30
주문진해변
향호
지경해변
남애항
4.3K
1:00
0.3K
0:30
0.3K
0:30
해송교
휴휴암
광진삼거리
0.2K
0:40
0.1K
0:10
0.3K
0:30
죽도정
죽도암
죽도정입구

HAEPARANG
ROUTE
41

해파랑길 41코스 (주문진해변~죽도정입구)

관음성지 휴휴암의 관세음보살입상과 비룡관음전의 진신사리

인구해변

주문진해변을 지나서 향호 호수산책로로 접어들었다. 쏟아지는 뙤약볕에 그늘막 숲 하나 없는 갈대가 무성한 향호 호수산책로를 걷노라니 땀이 비 오듯 흘러내리고 어지럽기까지 했다. 잠시 쉬면서 자두와 물로 갈증을 해소하고 트레킹을 이어갔다. 향호삼거리를 지나 지경공원으로 접어들자 '산 좋고 물 맑은 양양이라네'라는 표지석이 우리가 양양에 입성한 것을 축하해주었다. 지경해변과 원포해변을 지나 남애1리 해변에 도착해서 30년 전통의 남애면옥에서 아침 겸 점심으로 황태냉면을 먹었다. 성수기가 지나서인지 식당 안에는 손님이 거의 없었다. 젊은 남녀 한 팀이 있었는데 어찌나 큰소리로 떠들고 욕설로 대화하는지 천박해서 도저히 들을 수가 없었다. 식사도 대충 하고 나와버렸다.

향호

지경해변

남애항

남애해변

남애항을 돌아 나와 남애해수욕장을 지나서 해안가 절벽에 세워진 휴휴암에 도착했다. 휴휴암(休休庵)은 말 그대로 고통과 시름에서 잠시 벗어나 여기 와서 '쉬고 또 쉬었다 가라는 암자'이다. 동해바다를 보고 우뚝 서 있는 장엄한 지혜관세음보살과 두꺼비 바위, 묘숙전에 모셔져 있는 11면 관세음보살, 부처님의 진신사리 53과가 모셔져있는 굴법당 등이 인상적이었다. 많은 사람들이 휴휴암을 찾아와 저마다의 소원을 비는 것 같았다.

휴휴암

굴법당의 부처님 진신사리

휴휴암을 지나자 아름다운 인구해변과 죽도항이 나타났다. 죽도정을 지나 15m 이상 높이에 위치한 죽도전망대에 올라서 사방을 둘러보니 한국의 대표적인 서핑 천국인 죽도해변이 한눈에 들어왔다. 많은 젊은이들이 죽도해변에서 서핑을 즐기고 있었다. 죽도해변과 동산포해변

인구항

죽도산책로

부채바위

죽도정

일대는 규칙적인 파도와 수심이 깊지 않아 10년 전부터 서핑의 메카로 전국의 서퍼들이 이곳으로 몰리기 시작했다고 한다. 수십여 개의 서핑 업체들, 이국적인 카페, 게스트하우스들이 밀집하면서 한국의 대표적인 서핑해변으로 자리 잡게 되었다고 한다. 많은 젊은이들이 파도타기를 즐기고 있었고, 상점에도 젊은이들로 가득 찼고, 거리에는 활력이 넘쳐 흘렀다. 죽도산책로를 따라 기암괴석인 부채바위와 신선바위, 죽도암을 구경한 다음 죽도해변의 하조대 농협 앞에서 도착스탬프를 찍었다.

죽도암

죽도해변

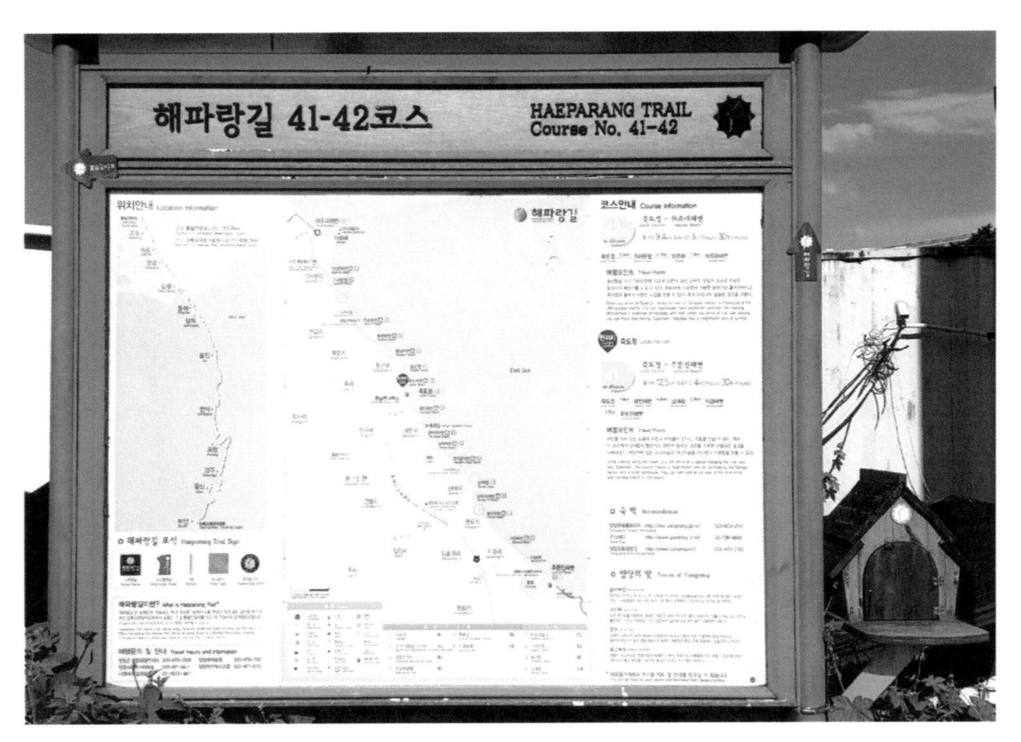

도착스탬프 찍는 곳

죽도정입구 → 하조대해변

한국 현대사의 민족적 비극 38선

거리(km)
9.9

시간(시, 분)
4:00

도보여행일: 2018년 08월 31일
~09월 1일

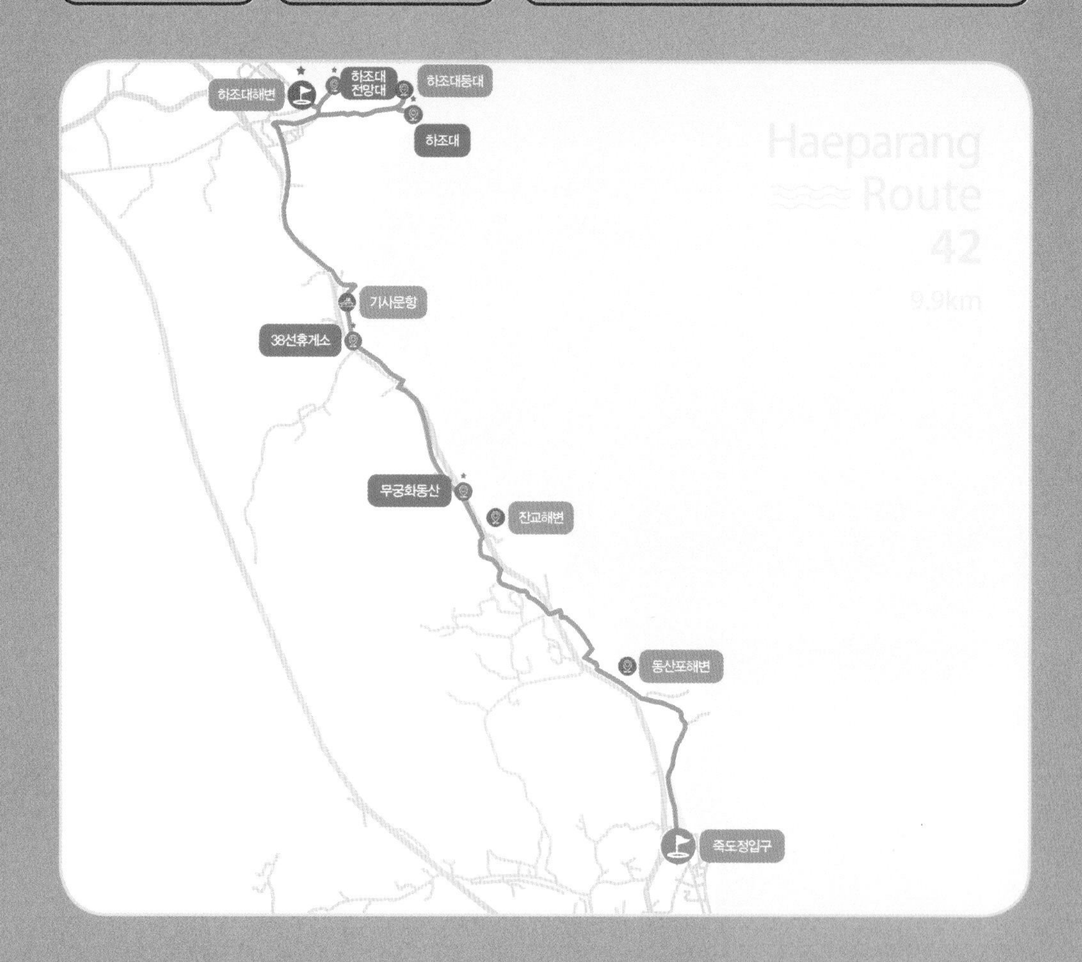

★ 꼭 들러야 할 필수 코스!

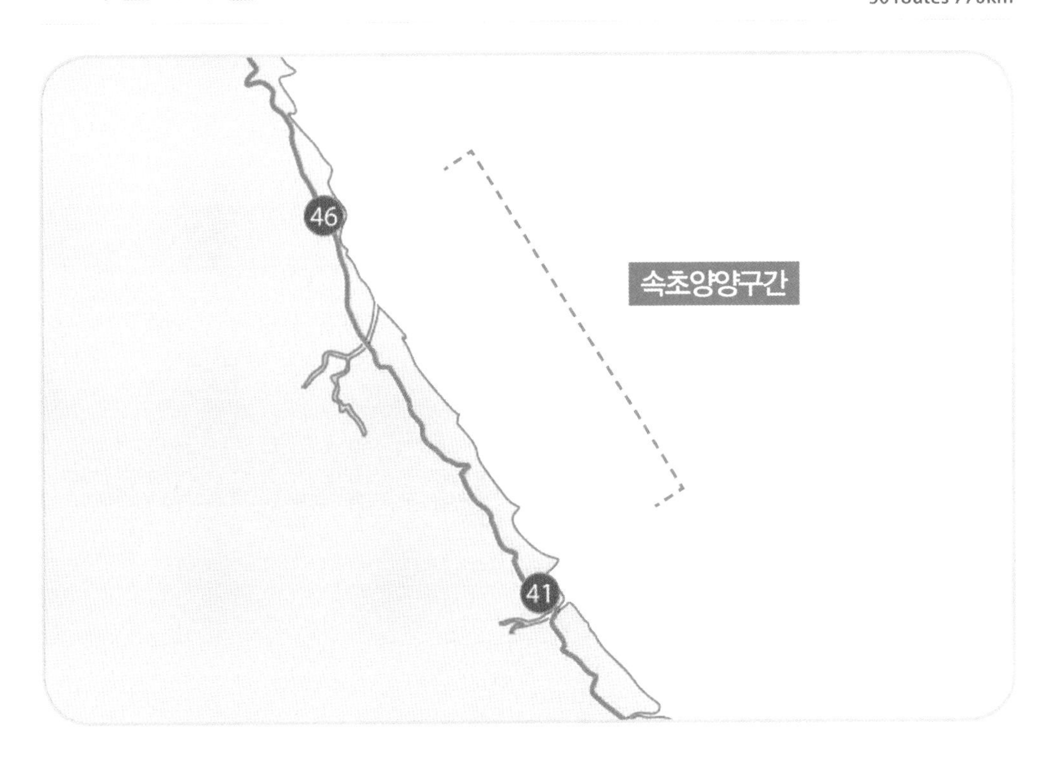
46
속초양양구간
41

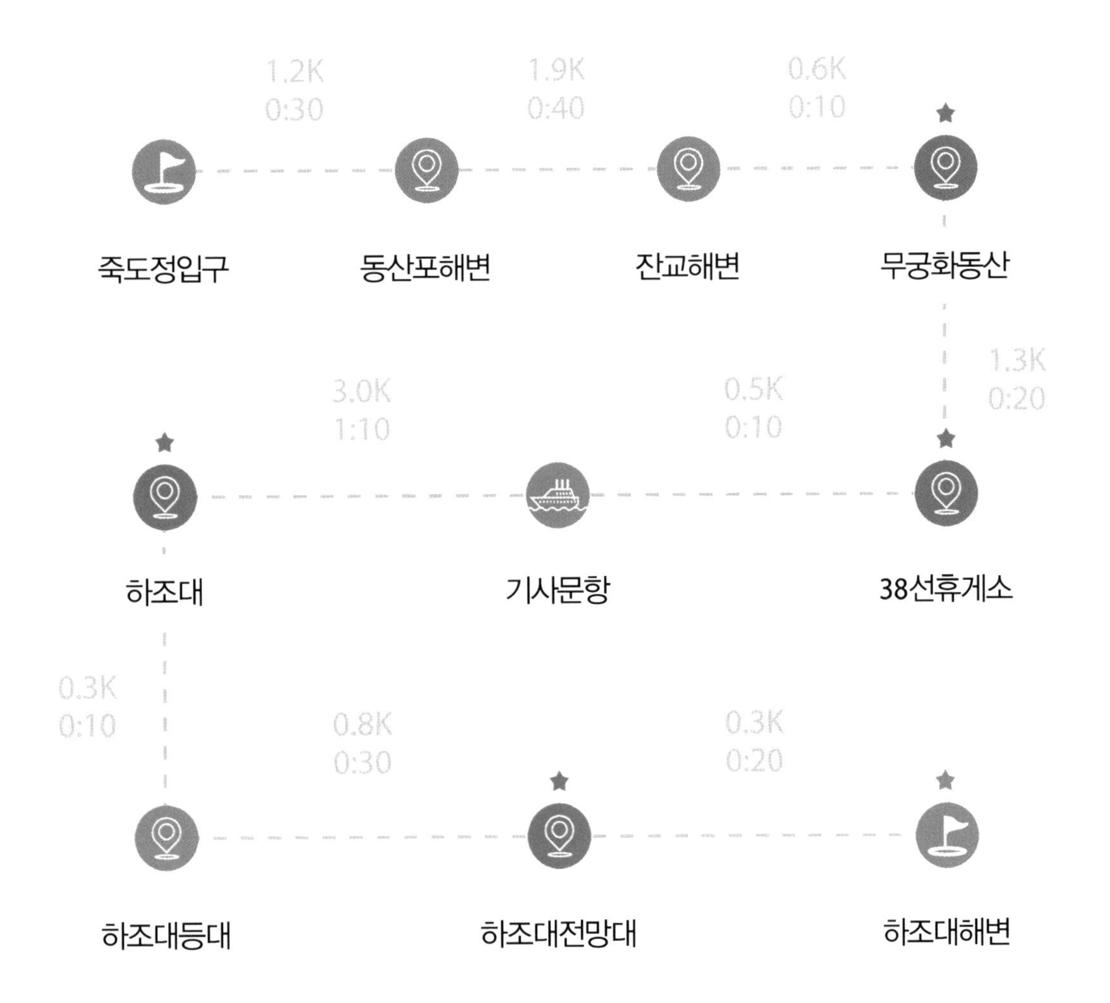
1.2K
0:30
1.9K
0:40
0.6K
0:10
죽도정입구
동산포해변
잔교해변
무궁화동산
1.3K
0:20
3.0K
1:10
0.5K
0:10
하조대
기사문항
38선휴게소
0.3K
0:10
0.8K
0:30
0.3K
0:20
하조대등대
하조대전망대
하조대해변

HAEPARANG
ROUTE
42

해파랑길 42코스 (죽도정입구~하조대해변)

한국 현대사의 민족적 비극 38선

하조대등대

죽도해변과 동산항을 지나 동산포해변에 이르자 이곳에도 많은 서퍼들이 파도타기를 즐기고 있었다. 죽도해변과 더불어 동산포해변도 서

동산항

38선휴게소

기사문항

서핑보드

서핑숍

핑천국이라는 소문대로 해변가에는 많은 서퍼들로 인산인해였다. 해파랑길 양양구간부터는 해안가에 철책들이 즐비하게 세워져 있어서 이전 지역들과는 분위기가 사뭇 달랐다. 북분해변과 잔교해변, 무궁화동산을 지나서 38선 휴게소에 도착했다. 6.25 한국전쟁의 참상으로 빚어진 38선이라는 분단선 위에 서 있는 기분이 묘했다. 평화통일을 기원하는 38선 표지석과 38선 유래 안내문을 보고 있노라니 지금도 우리나라가 종전이 아니라 휴전 중이라는 현실을 깨닫게 되었다. 38선휴게소 앞 기사문해변에는 젊은 청년들이 서핑을 즐기느라 북새통인데 한반도의 현실은 전쟁을 잠시 쉬고 있는 휴전상태라니! 해가 저물어 일정을 마무리하고 기사문항의 38모텔에 숙소를 정한 다음 '곤드레 밥집'에서 곤드레 정식으로 저녁식사를 했다. 반찬도 정갈하고 맛이 좋았다.

아침 6시에 숙소를 출발하여 3.1만세운동 유적비가 있는 만세고개를 넘어 하조대에 도착했다. 하조대는 기암괴석과 바위섬들로 이루어진 암석해안으로 조선의 개국공신 하륜과 조준이 은둔하며 혁명을 도모한 곳으로 두 사람의 성을 따서 하조대라 불리게 되었다고 한다. 하조대에는 동해바다를 배경으로 기암괴석 위에 뿌리를 박고 우뚝 서 있는 백년송의 자태가 장관이었다. 하조대의 하얀 등대와 하조대전망대에서 바라본 해변 백사장의 풍경은 한 폭의 그림을 연상케 했다. 하조대해변에서는 동네 어르신들이 하조대 백사장으로 떠 밀려오는 엄청난 양의 해안쓰레기를 열심히 치우고 있었다. 덕분에 깨끗한 해안이 유지된다고 생각하니 매우 감사했다. 하조대해변의 하륜교 북쪽 입구에서 도착스탬프를 찍었다.

3.1만세운동 유적비

하조대

하조대

하조대 보호수

하조대 전망대

도착스탬프 찍는 곳

하조대해변 → 수산항

동해의 요트마니아들의 천국 수산항

도보여행일: 2018년 09월 01일

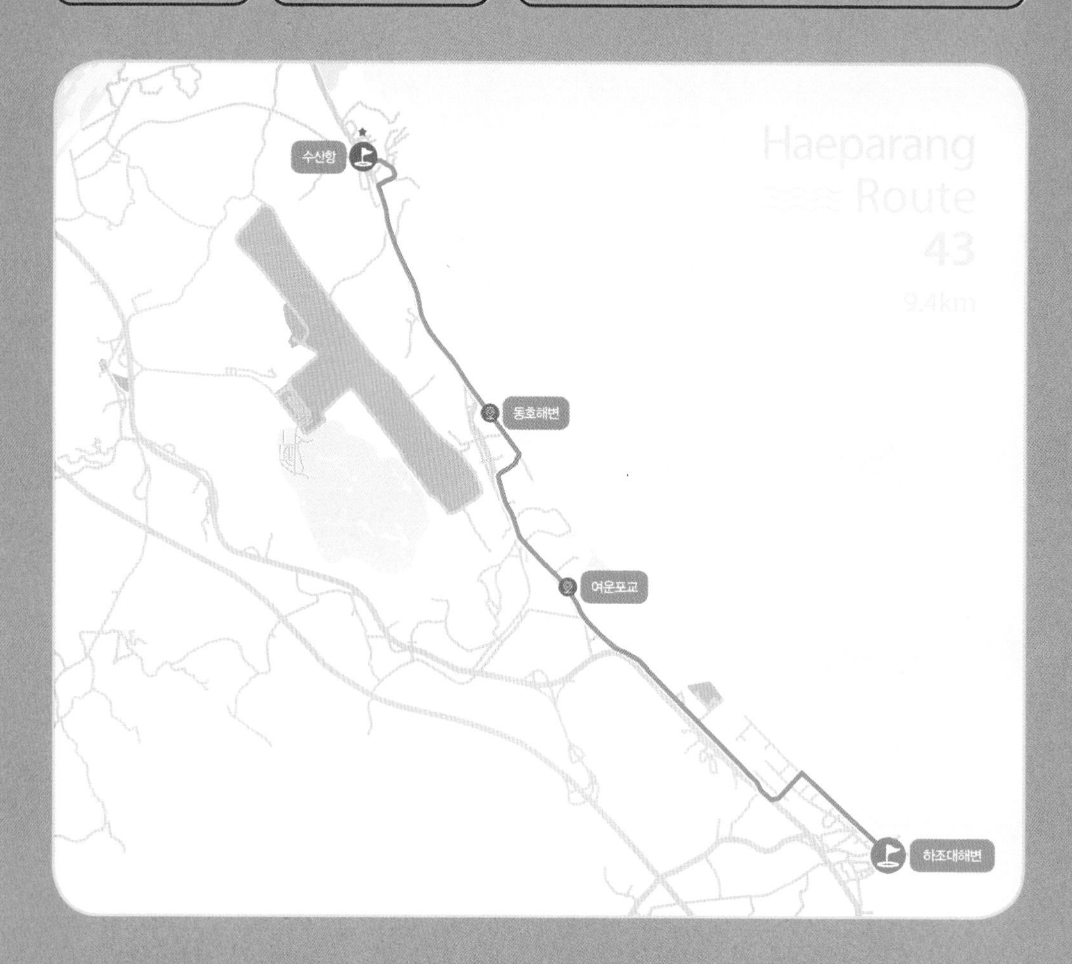

★ 꼭 들러야 할 필수 코스!

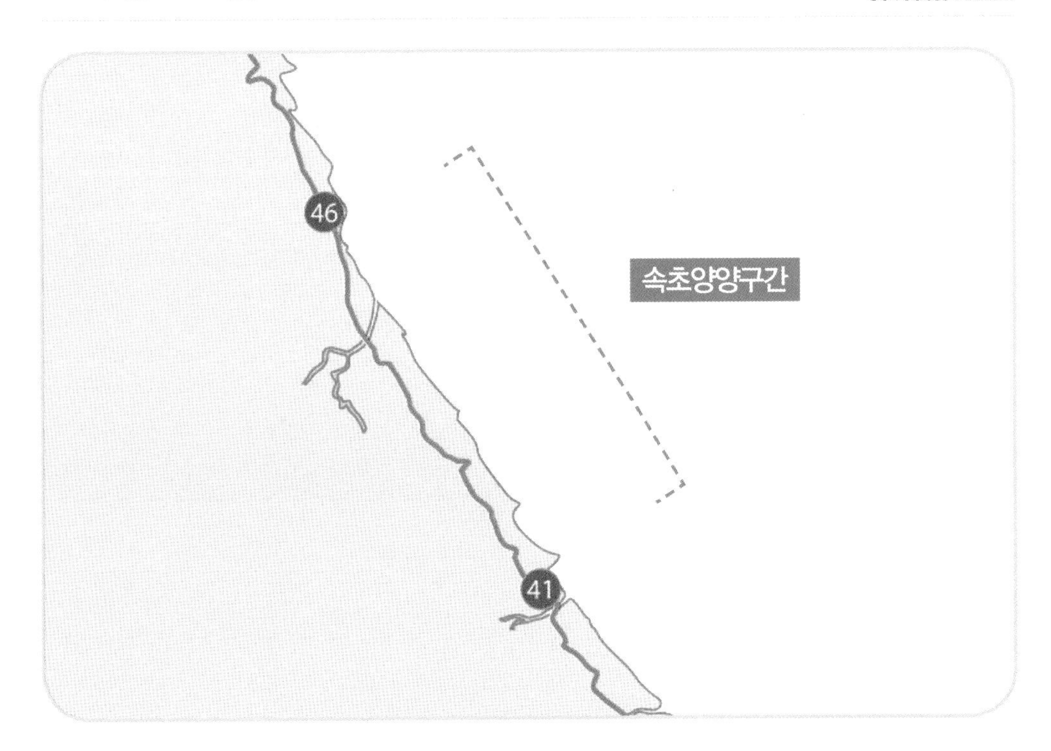

해파랑길 43코스 (하조대해변~수산항)

동해의 요트마니아들의 천국 수산항

하조대해변

하조대해변에서 동호해변까지는 군부대 시설이 많아 해안가 접근이 대부분 금지되어 있었다. 내륙코스인 7번 국도를 따라 걷다가 여운포교를 건넜다. 노보펜션을 돌아 동호해변으로 내려왔다. 한산한 동호해변 해안가를 걷고 수산리산길을 지나서 수산항에 도착했다.

여운포리

동호해변

동호리

동호해변

수산항에는 주말에 바다낚시를 하러 온 사람들로 북적거렸다. 이번 코스는 지금까지 걸어 본 해파랑길 중에서 가장 지루하고 재미없는 구간으로 개선이 필요할 것 같았다. 수산항의 우미밥상에서 생선조림으로 아침식사를 했는데 생선에서 비린내가 심했다. 뽈락, 갈치, 고등어, 가자

수산해변

수산항

미를 함께 조려서 무슨 맛인지? 알 수가 없었고 밥도 질고 반찬도 너무 엉망이라 뭐 하나 마음에 드는 게 없었다. 수산항의 문화마을 정류장 옆에서 도착스탬프를 찍었다.

도착스탬프 찍는 곳

수산항 → 설악해맞이공원

일출명소 낙산사 홍련암과 황금연어의 고향 남대천

거리(km)
12.7

시간(시. 분)
5:00

도보여행일: 2018년
09월 01, 09일

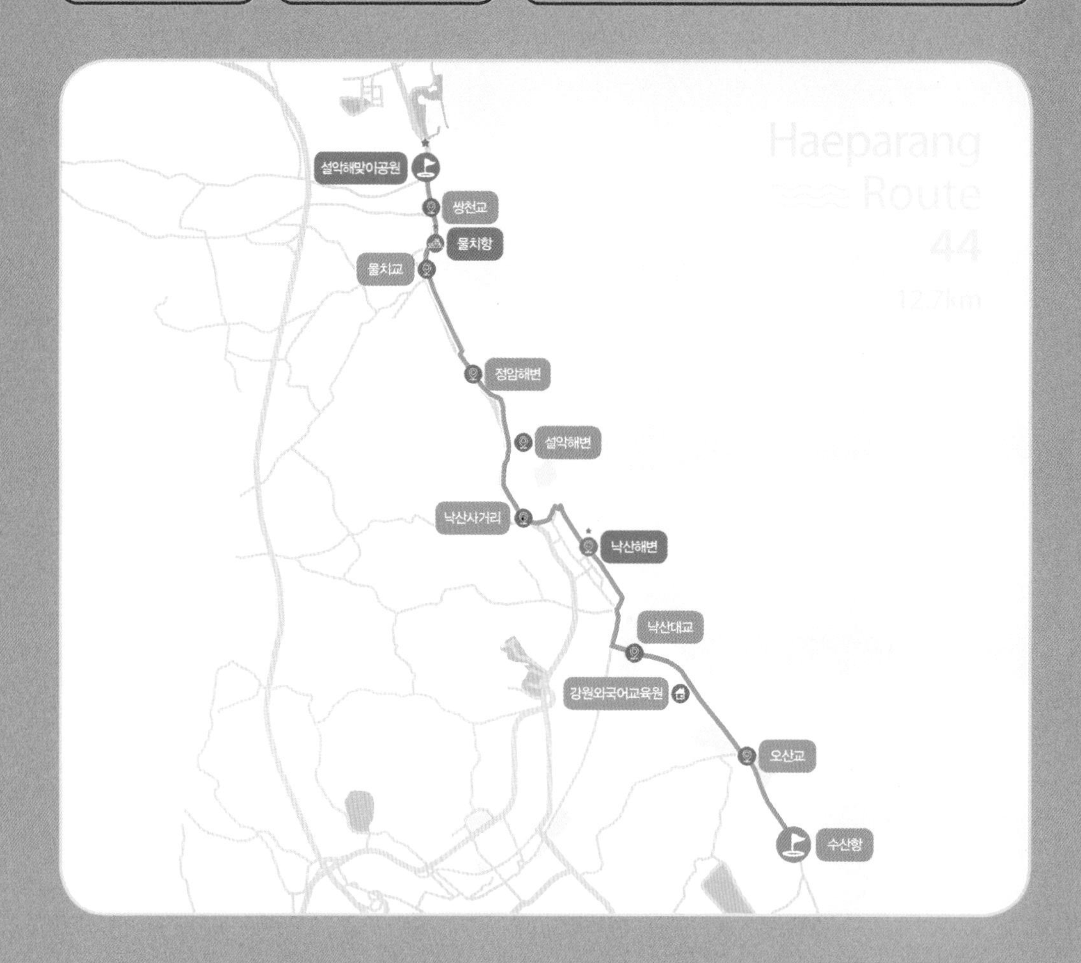

★ 꼭 들러야 할 필수 코스!

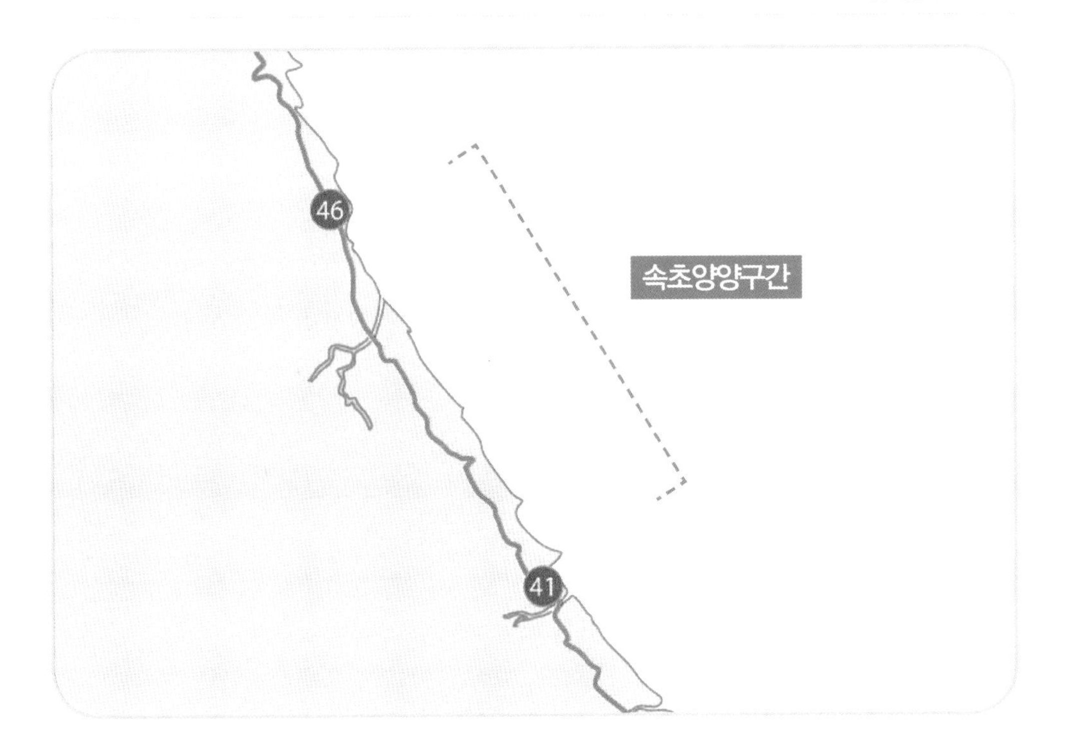
46
속초양양구간
41

1.9K
0:50
1.3K
0:30
1.3K
0:30
수산항
오산교
강원외국어교육원
낙산대교
0.9K
0:20
1.2K
0:20
1.8K
0:40
1.3K
0:40
정암해변
설악해변
낙산사거리
낙산해변
1.5K
0:30
0.5K
0:10
0.5K
0:20
0.5K
0:10
물치교
물치항
쌍천교
설악해맞이공원

해파랑길 44코스 (수산항~설악해맞이공원)

일출명소 낙산사 홍련암과 황금연어의 고향 남대천

설악해변

오산리 선사유적박물관과 양양솔비치리조트를 지나 낙산대교에 도착했다. 연어 회귀장소로 유명한 양양 남대천을 가로지르는 낙산대교를 건너며 바라본 낙산해변과 낙산항의 경치가 장관이었다. 푸른 하늘에 뭉게구름이 두둥실 설악산 주능선에 걸려있는 모습도 환상적이었다. 낙산

가평리

낙산대교

양양남대천

낙산해변

낙산해변

콘도에서 해수사우나로 도보여행의 피로를 말끔히 씻은 다음 아름다운 낙산해변을 배경으로 멋진 작품사진도 한 컷 찍었다. 주말이라 많은 관광객들이 낙산해변을 찾아 백사장을 걷거나 서핑을 즐기며 행복한 시간을 보내고 있었다. 오후 3시에 낙산사거리에서 이번 여정을 마감하고 택시로 양양고속버스터미널로 갔다. '대흥반점'에서 잡탕밥으로 점심식사를 한 다음 양양고속버스터미널에서 우등고속버스로 각각 귀가했다.

해파랑길 트레킹의 마지막 출격이다. 4박 5일간 7개 구간을 완주할 계획으로 9월 9일 새벽 5시에 집을 나섰다. 8시 30분에 강남터미널에서 동생과 만나 우등고속버스로 11시에 양양고속터미널에 도착했다. 터미널기사님식당에서 오징어볶음으로 아침 겸 점심식사를 하고 택시로 낙산사거리에 도착했다. 오봉산 낙산사 일주문을 지나 청명한 가을하늘과 에메랄드빛 바다 풍경을 즐기며 걷다가 설악해변에 도착했다. 후진항을 지나고 백사장과 해안선이 아름다운 정암해변산책로를 따라 걸으며 물치교 다리를 지나 물치해변에 도착했다. 물치항의 붉은색과 흰색 송이 등대가 인상적이었다.

설악해변

후진항

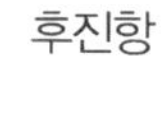

정암해변

정암해변

물치교

물치항회센터를 둘러보고 내 물치해변의 황금연어상에서 인증사진을 찍은 다음 쌍천교를 건너 설악해맞이공원에 도착해서 공영주차장 입구에서 도착스탬프를 찍었다. 설악해맞이공원에

황금연어상

는 속초시 승격 50주년을 기념하는 타임캡슐, 성장공간, 한 걸음씩 앞으로 나아가도록 조각된 젊은 남자상 등의 다양한 야외 조각작품들을 조성해 놓고 속초시가 앞으로 계속 발전해 나가는 도시가 되겠다는 의미를 상징하고 있어 매우 인상적이었다.

쌍천교

설악산 울산바위

설악해맞이공원

설악해맞이공원

도착스탬프 찍는 곳

설악해맞이공원 → 장사항

전 세계 마지막 분단국의 애환이 서린 아바이길

도보여행일: 2018년
09월 09~10일

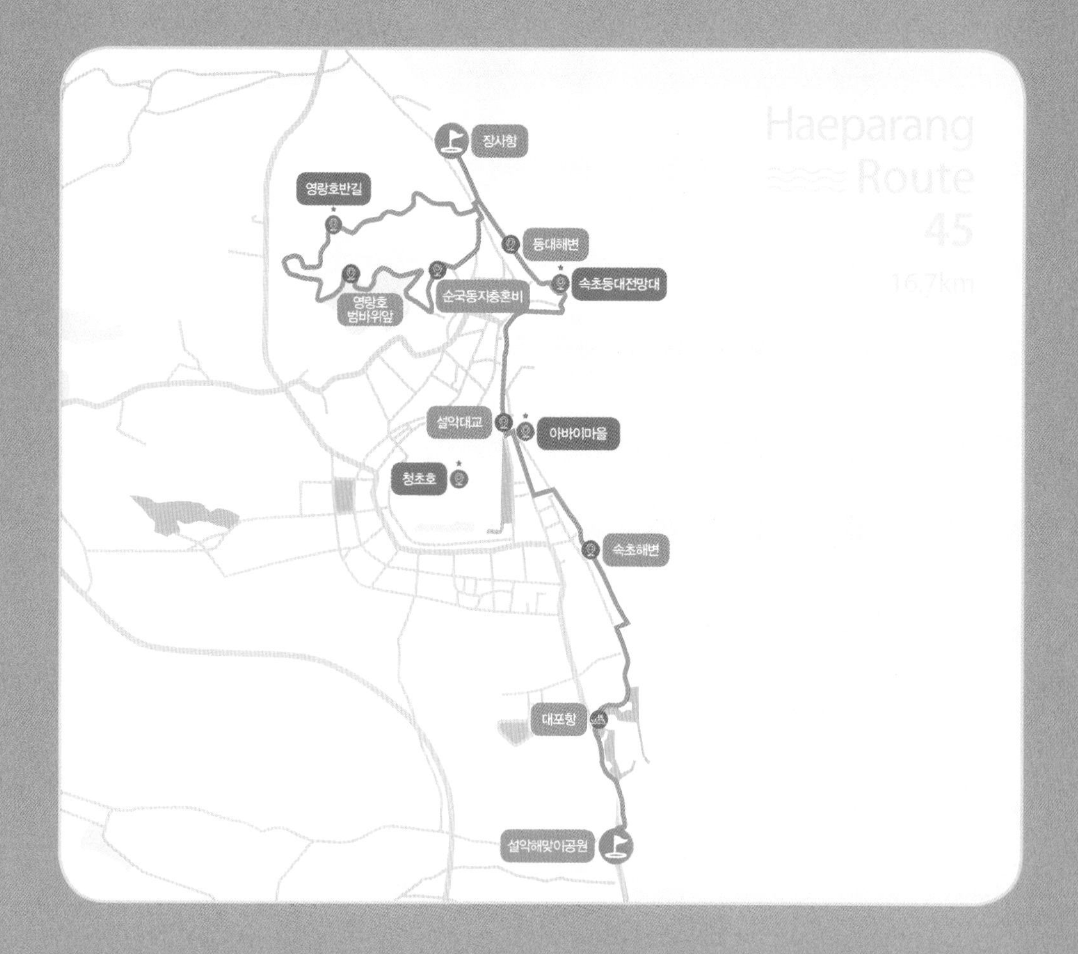

★ 꼭 들러야 할 필수 코스!

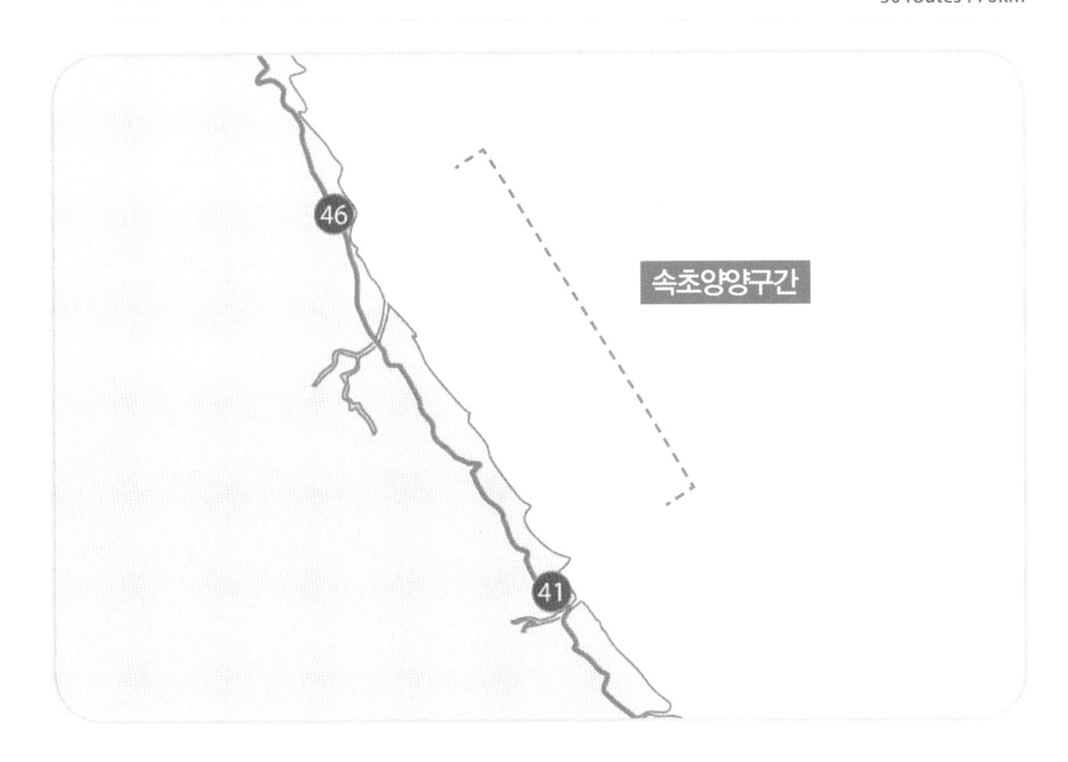
46
속초양양구간
41

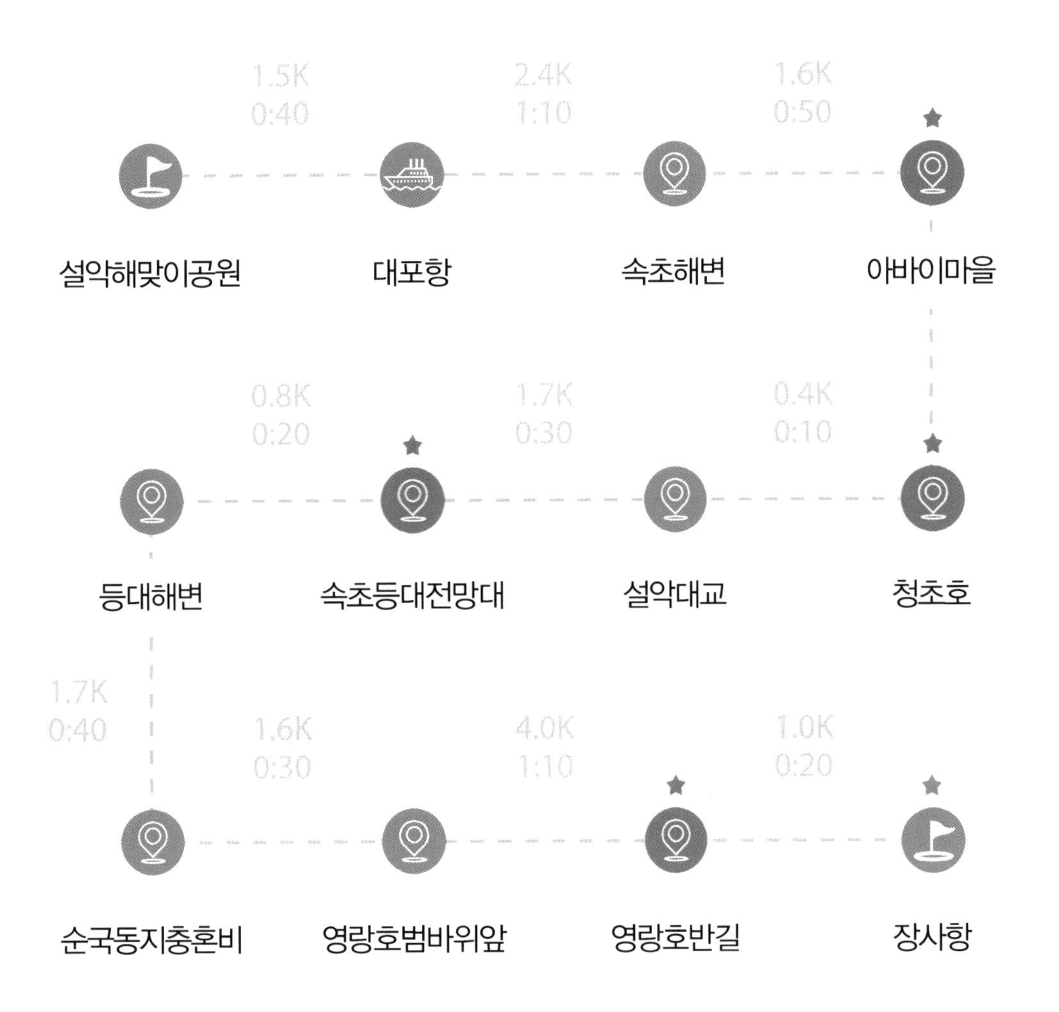
설악해맞이공원
1.5K 0:40
대포항
2.4K 1:10
속초해변
1.6K 0:50
★ 아바이마을
0.4K 0:10
★ 청초호
1.7K 0:30
설악대교
0.8K 0:20
★ 속초등대전망대
등대해변
1.7K 0:40
순국동지충혼비
1.6K 0:30
영랑호범바위앞
4.0K 1:10
★ 영랑호반길
1.0K 0:20
★ 장사항

해파랑길 45코스 (설악해맞이공원~장사항)

전 세계 마지막 분단국의 애환이 서린 아바이길

속초해변

해돋이 마을 대포항에 도착하니 항구도 제법 크고 상점들도 많았다. 라마다속초호텔이 랜드마크처럼 우뚝 솟아 있었고 대포항 관광수산시장에는 항구 주변을 띠를 두른 듯 많은 가게들이 장관이었다. 외옹치항에 도착하니 많은 가게들이 있고 롯데리조트 건물이 해안언덕에 우뚝

대포항

대포항

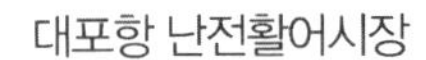
대포항 난전활어시장

외옹치항

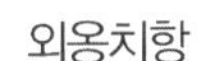
외옹치항

외옹치해변

솟아있었다. 60여 년간 통행금지구역이었던 외옹치항에서 외옹치해변에 이르는 950m 해안도로를 속초시가 올해 4월에 데크로 아름답게 조성해서 '외옹치 바다향기로'라 명명하고 출입을 개방했다. 천혜의 비경을 맛볼 수 있는 이곳을 벌써부터 입소문을 타고 많은 관광객들이 즐기고 있었다.

속초해변에서 많은 조각품들을 감상하고 속초해변자연박물관을 지나 6.25 전쟁 당시 설악산, 향로봉 전투에서 공을 세운 제1군단 전적비를 구경한 다음 청호동의 아바이마을에 도착했다. 아바이마을이란 1950년 한국전쟁으로 피난 내려온 함경도 실향민들이 집단적으로 정착한 마을로 함경도 실향민의 애환이 깃든 마을이다. 행정구역으로는 속초시 청호동이다. 오랜 세월 동안 고향에 가지 못한 실향민의 삶을 돌아보고 실향민의 희로애락이 묻어있는 이곳을 후손들이 보존하고자 아바이 골목을 국화거리로 조성하였다. 설악대교와 금강대교 주변으로 청초호, 갯배선착장, 속초해수욕장, 속초수협어판장, 실향민 문화전시물, 가을동화 촬영지 포토존 등 다양한 문화공간이 있었다.

속초해변

설악대교

청호동

청초호

설악대교를 건너 동명항으로 들어와 리츠모텔에 숙소를 정하고 속초등대전망대 앞의 대선횟집에서 우럭 및 광어회로 저녁식사를 했다. 대선횟집에서 바라본 동명해교의 야경과 바다풍경이 너무나 아름다웠다. 회도 싱싱하고 경치도 너무나 좋았는데 가격이 너무 비쌌다. 저녁식사 후에 동명해교에 올라서 영금정과 동명항의 야경, 동명해교 불빛쇼를 구경했는데 거세게 밀려오는 파도와 어울려 그야말로 장관이었다.

아침 6시, 동명해교에서 영금정 일출광경을 감상했다. 삼킬 듯이 밀려오는 파도 물결과 해안가에 부딪혀 하얗게 부서지는 물보라, 온 바다가 붉은 노을로 이글거리며 수평선 위로 붉게 떠오르는 일출장면을 보고 있노라니 정신이 그냥 멍했다. 마치 태초에 세상이 열리는 느낌이랄까? 아침햇살을 받으며 영금정에서 바라본 속초항, 동명대교 일원의 경치가 압권이었다.

영금정 일출

영금정

동명해교에서 바라본 속초등대

속초등대전망대에 올라 설악산 경관과 해안선을 따라 펼쳐지는 푸른 바다의 풍경을 감상하고 영랑호로 들어섰다. 영랑호는 바다의 일부가 모래에 의해 바깥 바다와 분리되어 형성된 갯벌호수로 신라 시대 화랑도들의 순례처였으며 신라화랑 영랑이 이 호수 풍광에 매료되어 여기에 오래 머물며 풍류를 즐겼다고 해서 영랑호라 불리게 되었다고 한다. 영랑호수 둘레를 따라 조성된 6km가량의 '영랑호반길'을 걸으며 영

영랑호

화랑도체험관광단지

장사항

랑교, 통천군 순국동지충혼비, 보광사, 영랑정, 범바위, 화랑도 체험관광단지 등을 구경했다. 잔잔한 호수와 주변의 풍광이 마음을 평온하게 만들어주었다. 영랑호를 돌아 나와 장사항의 청화대횟집 앞에서 도착스탬프를 찍었다.

도착스탬프 찍는 곳

장사항 → 삼포해변

관동팔경 및 고성팔경의 청간정과 천학정

거리(km)
15.0

시간(시, 분)
7:00

도보여행일: 2018년 09월 11일

★ 꼭 들러야 할 필수 코스!

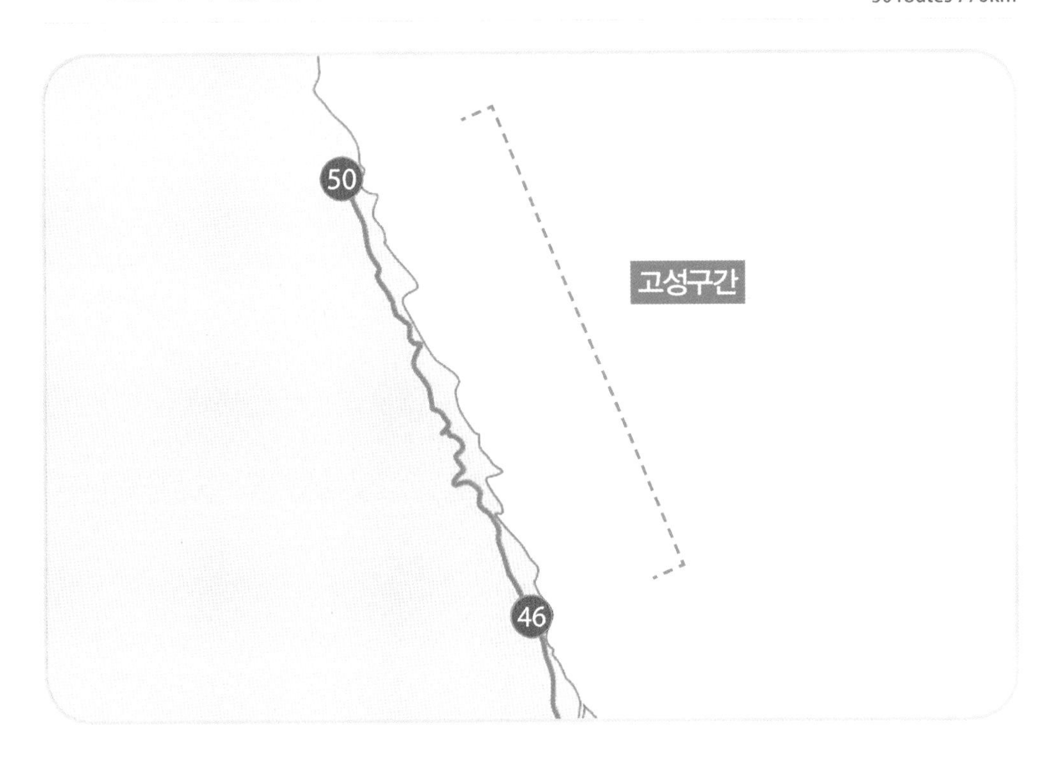
50
고성구간
46

1.8K
0:40
0.9K
0:30
1.0K
0:50
장사항
용촌교
캔싱턴해변
봉포항
2.8K
1:20
0.4K
0:10
1.8K
1:00
1.7K
0:50
교암해변
천학정
아야진해변
청간정
0.6K
0:20
1.3K
0:30
1.4K
0:20
1.1K
0:30
능파대
백도항
자작도해변
삼포해변

해파랑길 46코스 (장사항~삼포해변)

관동팔경 및 고성팔경의 청간정과 천학정

청간해변

장사항을 출발하여 속초해경충혼탑에 도착했다. 속초해경충혼탑은 1974년 6월 28일 북한에 의해 피격된 863함과 1980년 1월 23일 출동경비 중 침몰한 72정의 해양경찰 영령들을 위로하기 위해 건립된 충혼탑이다. 드디어 최북단지역 금강산이 부르는 고성군에 입성했다. 용촌교

켄싱턴해변

봉포항

천진해변

천진해변

청간정

청간정

를 건너 켄싱턴해변에 도착하자 쉴 새 없이 백사장으로 밀려드는 파도 물결과 푸른 하늘이 어울려 마치 한 폭의 그림을 연상케 했다. 켄싱턴해변에 설치된 하트의자에 앉아 동해바다를 배경으로 기념사진을 찍었다. 봉포항의 경동반점에서 잡탕밥으로 점심식사를 하고 천진해변을 지나 관동팔경 중 하나인 청간정에 도착했다. 청간정에 올라 동해바다를 바라보니 풍광이 환상적이었다.

청간해변

고성지역은 최북단지역이라 해안가 대부분이 높은 철조망으로 둘러쳐져 있어 사뭇 분위기가 살벌했다. 청간해변과 아야진해변을 시원한 바닷바람과 천둥 치는 파도소리를 들으며 걷노라니 가슴이 뻥 뚫리고 기분이 상쾌했다. 고성팔경 중 하나인 천학정은 생각보다 조그마한 정자라 다소 실망했다. 교암해변을 지나 문암항의 능파대에 도착했다. 능

아야진항

아야진해변

아야진해변

천학정

교암해변

교암해변

능파대

파대는 바닷물의 소금성분이 화강암 틈에 침투하여 염풍화작용을 통하여 만들어진 곰보바위(타포니) 지역을 말한다. 능파대 정상에서 내려다본 교암해변과 교암항, 문암해변과 백도해변의 파도치는 모습은 화창한 가을하늘과 더불어 멋진 풍광을 자아냈다. 자작도해변을 지나 자작도 쉼터에서 오늘의 여정을 마무리하고 1-1번 시내버스를 타고 간성시외버스터미널에 도착하여 성신모텔에 투숙한 다음 장안숯불갈비에서 돼지갈비로 저녁식사를 했다.

오전 7시 30분에 간성읍의 화진식당에서 백반정식으로 아침식사를 한 다음 시내버스로 송암리 버스정류장에 도착했다. 황금들판을 가로질러 해안가로 접어들어 삼포해변에 도착했다. 이른 아침의 푸른 물결과 시원한 바닷바람이 상큼했다. 삼포해변 백사장에 설치된 사진액자와 푸른색 둥근 모양의 조각작품을 활용해 에메랄드빛 동해바다를 배경으로 멋진 사진을 찍고 삼포해변의 행정봉사실 옆에서 도착스탬프를 찍었다.

백도항

도착스탬프 찍는 곳

삼포해변 → 가진항

강릉(양근) 함씨 민속촌 고성왕곡마을

 도보여행일: 2018년 09월 11일

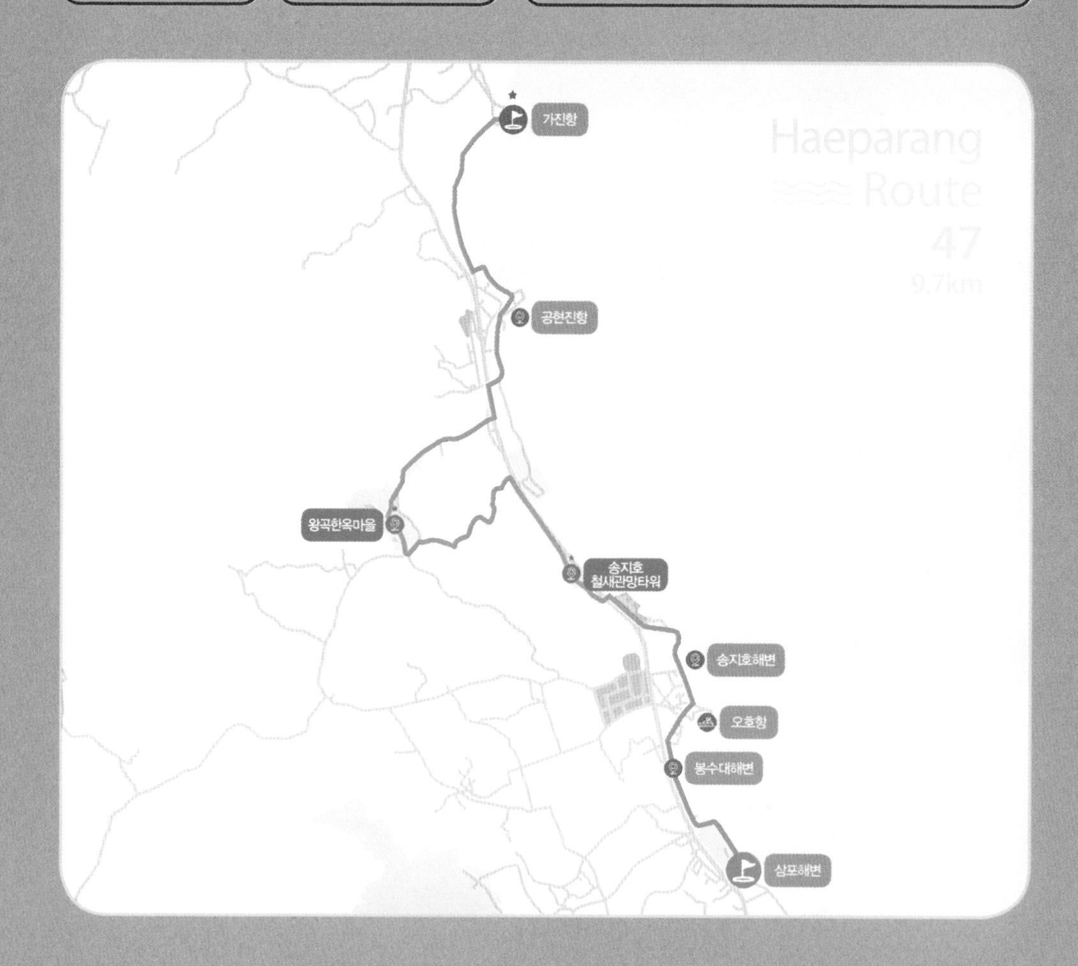

★ 꼭 들러야 할 필수 코스!

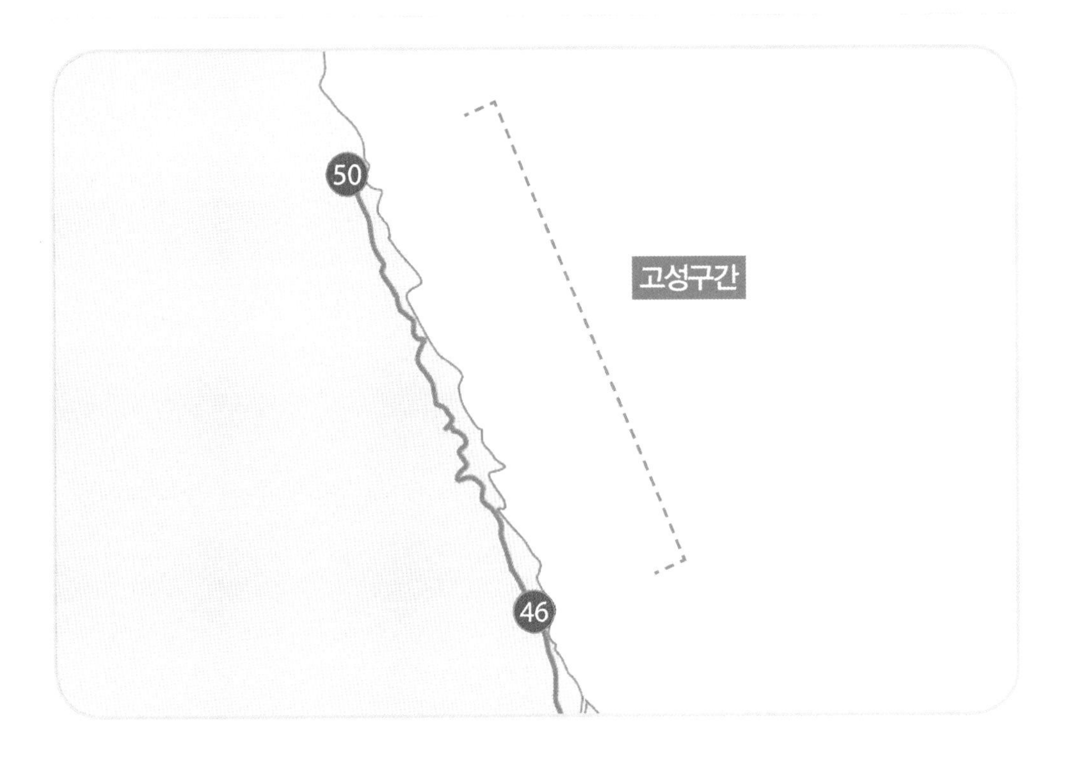
50
고성구간
46

0.9K
0:20
0.7K
0:20
삼포해변
봉수대해변
오호항
0.8K
0:20
3.0K
1:10
0.8K
0:30
왕곡한옥마을
송지호철새관망타워
송지호해변
2.0K
1:00
1.5K
0:40
공현진항
가진항

해파랑길 47코스 (삼포해변~가진항)

강릉(양근) 함씨 민속촌 고성왕곡마을

가진해변

봉수대해변에 들어서자 너른 백사장이 오토캠핑장 시설들로 가득했다. 화장실과 샤워장 건물을 이 지역 특색에 맞게 봉수대 모양으로 만든 것이 인상적이었다. 오호항을 지나 송지호해변에 도착하니 해안가 동해 바다에 조그마한 섬 죽도가 시야에 들어왔다. 송지호해변을 지나서 철

오호항

봉수대해변

죽도

송지호

송지호

송지호 관망타워

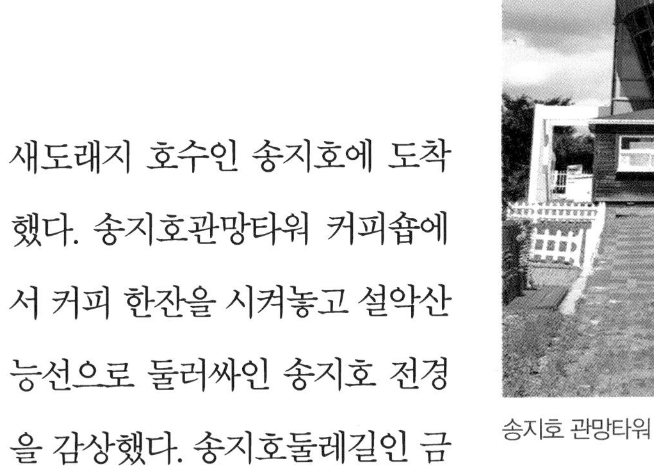

새도래지 호수인 송지호에 도착했다. 송지호관망타워 커피숍에서 커피 한잔을 시켜놓고 설악산 능선으로 둘러싸인 송지호 전경을 감상했다. 송지호둘레길인 금강소나무산책로를 걸으며 솔숲향에 취해보았다.

송지호둘레길을 지나 왕곡한옥마을로 접어들었다. 옛날 강원도 전통가옥들이 옹기종기 모여있는 고성왕곡한옥마을은 마을 사람들이 현재 거주하고 있는 강원도의 민속촌이었다. 마을에 들어가 정미소, 초가집, 그네, 우물 등 오래된 물건들을 둘러보니 옛 추억이 생각났다. 오봉막국수에서 감자전과 동치미 막국수로 점심식사를 하였는데 감자전은 강원도의 별식으로 담백하고 맛이 좋았다. 식사 도중에 화상을 입어 상처가 깊은 주인집 개가 사람이 그리워서 가까이 오는데, 왠지 자꾸만 신경이 쓰여서 밥맛이 없어졌다. 왕곡한옥마을 초입에는 익살스러운 장승들이 많이 세워져 있었다.

고성왕곡마을

고성왕곡마을

오봉막국수

왕곡마을저잣거리

수뭇개바위

가진항

도착스탬프 찍는 곳

왕곡마을저잣거리를 지나고 공현진항을 지나 동해안 일출명소인 수뭇개바위가 있는 공현진해변에 도착했다. 수뭇개바위는 동해안 최고의 일출명소로, 1910년에 발간된 '조선지지자료'에 3개의 바위가 묶여있다는 뜻에서 삼속도(三束島)라는 이름으로 기록되어 있으며 삼속도의 한글표현이 '수뭇개'로 구전되었다고 한다. 아름다운 해안가 백사장을 밟고 싶었으나 높이 세워진 철조망이 발길을 막았다. 6.25 한국전쟁의 잔상들과 분단의 현실을 곳곳에서 느끼면서 가진항에 도착하여 가진항 입구 삼거리에서 도착스탬프를 찍었다.

가진항 → 거진항

6.25전쟁 비극의 현장 평화누리길 북천철교

도보여행일: 2018년 09월 11~12일

★ 꼭 들러야 할 필수 코스!

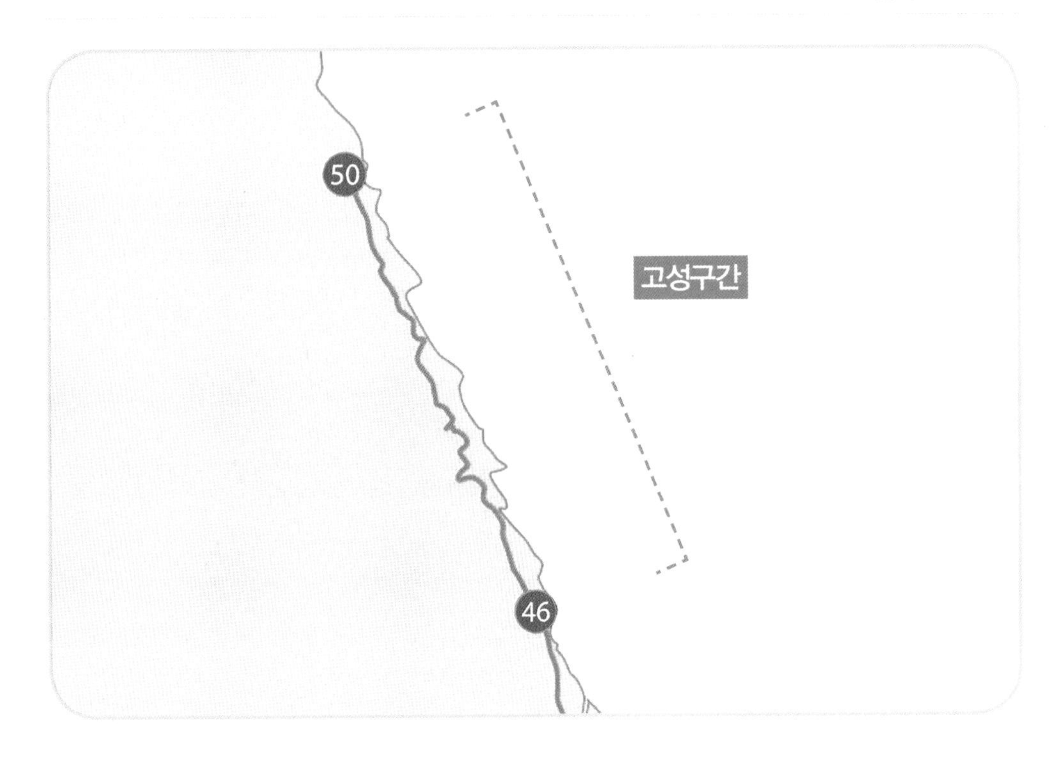
50
고성구간
46

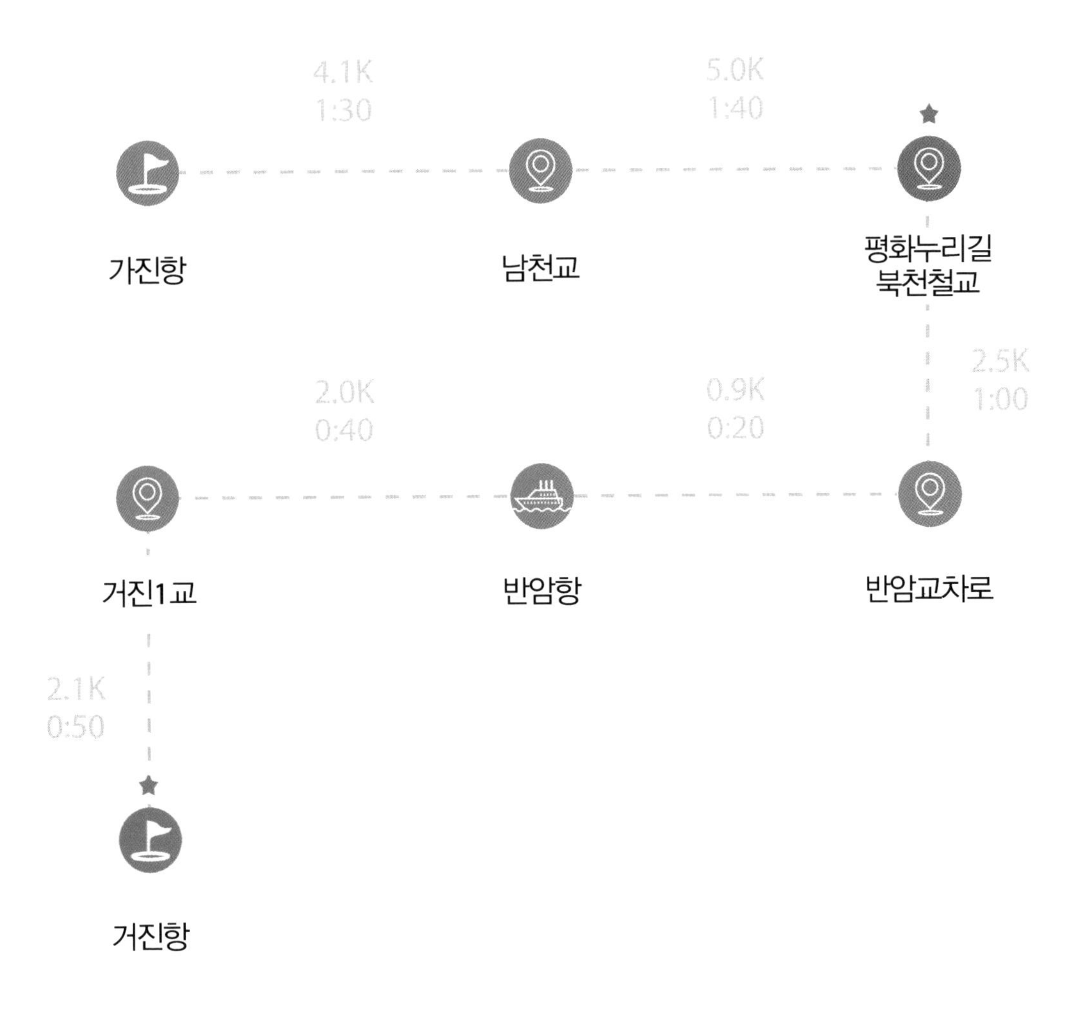
가진항
4.1K
1:30
남천교
5.0K
1:40
★
평화누리길
북천철교
2.5K
1:00
반암교차로
0.9K
0:20
반암항
2.0K
0:40
거진1교
2.1K
0:50
★
거진항

해파랑길 48코스 (가진항~거진항)

6.25전쟁 비극의 현장 평화누리길 북천철교

반암해변

가진해변을 지나 남천을 따라 내륙으로 들어서니 청둥오리를 비롯한 다양한 철새들이 남천에서 한가롭게 노닐고 있었다. 향목리 마을회관을 거쳐 남천교와 남천마루교를 건너갔다. 동호리의 한 집에는 '오늘은 어제보다 많이 웃자' 등 예쁜 글씨와 여러 가지 모형으로 집을 예쁘

가진항

향목리

남천

동호리

게 꾸며놓아서 매우 흥미로웠다. 해안가를 따라 늘어서 있는 철책 장벽만 없다면 정겨운 산골마을 풍경 그 자체였다.

동호리의 해안길을 걸어가는데 해파랑길 표지판이 전혀 없어서 길을 잘못 들어 군인들이 경계근무를 서고 있는 해안가 초소를 향해 걸어갔다. 해안순찰로는 정글같이 온통 잡풀로 우거져 있었고 가면 갈수록 숲이 깊어만 갔다. 주변을 살펴보다가 북천 도로변으로 빠져나와 북천철교에 도착했다. 북천철교는 1930년경 일제가 자원수탈을 목적으로 원산-양양 간 놓았던 동해북부선 철교로서, 6.25 전쟁 당시 북한군이 이 철교를 이용하여 군수물자를 운반하자 아군이 함포사격으로 폭파했던 철교이다. 평화누리길 북천철교의 교량하부의 폐철각의 수많은 포탄자국을 들여다보며 그 당시 전쟁이 얼마나 치열했는지 상상해 보았다. 북천을 가로지르는 북천철교 다리 위로 구름들이 아름답게 걸려있는 북한땅 금강산 능선이 눈앞에서 아른거렸다. 바로 앞에 보이는 금강산을

북천

북천철교

북천해안교

65년이나 오매불망하면서 가지 못하고 있는 한반도 분단의 현실이 가슴 아팠다. 생태계 교란식물의 내부확산방지를 위해 대체식물로 돼지감자를 식재한 북천둑방길을 걸어 마산해안교에 도착했다.

마산해안교 부근에 조성된 데크와 해안경치를 감상하고 고성 8경 안내판에 도착했다. 고성 8경은 1경 건봉사, 2경 천학정, 3경 화진포, 4경 청간정, 5경 울산바위, 6경 통일전망대, 7경 송지호, 8경 마산봉설경

송죽삼거리

이다. 고맙게도 이번 해파랑길을 완주하면서 고성 8경을 모두 만나볼 수 있어서 기뻤다. 벼들이 누렇게 무르익어 황금물결을 이루고 있는 송죽리 황금들판을 바라보며 해안가 소나무숲길을 걸어 송죽교차로에 도착해서 1-1번 시내버스를 타고 거진항의 VIP모텔에 투숙한 다음 함흥식당에서 오삼불고기로 저녁식사를 했다.

아침 6시, 거진항에서 일출광경을 감상했다. 지평선 위로 붉게 솟아오르는 태양을 바라보노라니 가슴속에서 큰 불덩이가 이글이글 타올랐다. 온몸에서 에너지가 샘솟는 것 같았다. 즐거운 하루가 시작되리라. 함흥식당에서 백반정식으로 아침식사를 하고 1번 시내버스를 타고 송죽교차로에 도착했는데 버스기사가 운전을 너무 거칠게 해서 송죽교차로를 지나쳐 버렸다. 30분 이상 되돌아와서 송죽교차로에 도착하여 송

거진항일출

거진항

거진전통시장

죽리 황금들판을 걸어 소나무숲길을 지나고 고성군 각자전수교육관을 지나 반암해변에 도착했다.

해변가에 도착하니 '이 지역은 군 작전지역으로 승인되지 않은 지역에 무단출입을 금지한다'라는 경고판이 수시로 나타났고, 해안가는 높은 철조망으로 둘러쳐져 있어서 분위기가 매우 살벌했다. 왠지 긴장되고 약간 무서웠다. 반암항을 지나 거진1교에 도착해서 거진항과 반암항 쪽의 해안을 둘러보니 경치가 너무나 아름다웠다. 고성명태산업안내도와 고성명태산업 관광홍보자원센터를 지나면서 지난날 고성에서 명태산업이 활발했던 시절을 회상해 보았다. 지금은 지구온난화로 해류가 따뜻해져서 명태가 러시아 근해로 이동했다고 하니 너무나 안타까웠다. 도로변에서 거대한 그물을 늘어놓고 손질하는 어부를 바라보며 거진항에 도착하여 수협바다마트에서 도착스탬프를 찍었다.

반암해변

거진1교

거진항

도착스탬프 찍는 곳

거진항 → 통일전망대출입신고소

화진포와 화진포호수, 이승만별장과 김일성별장

도보여행일: 2018년 09월 12일

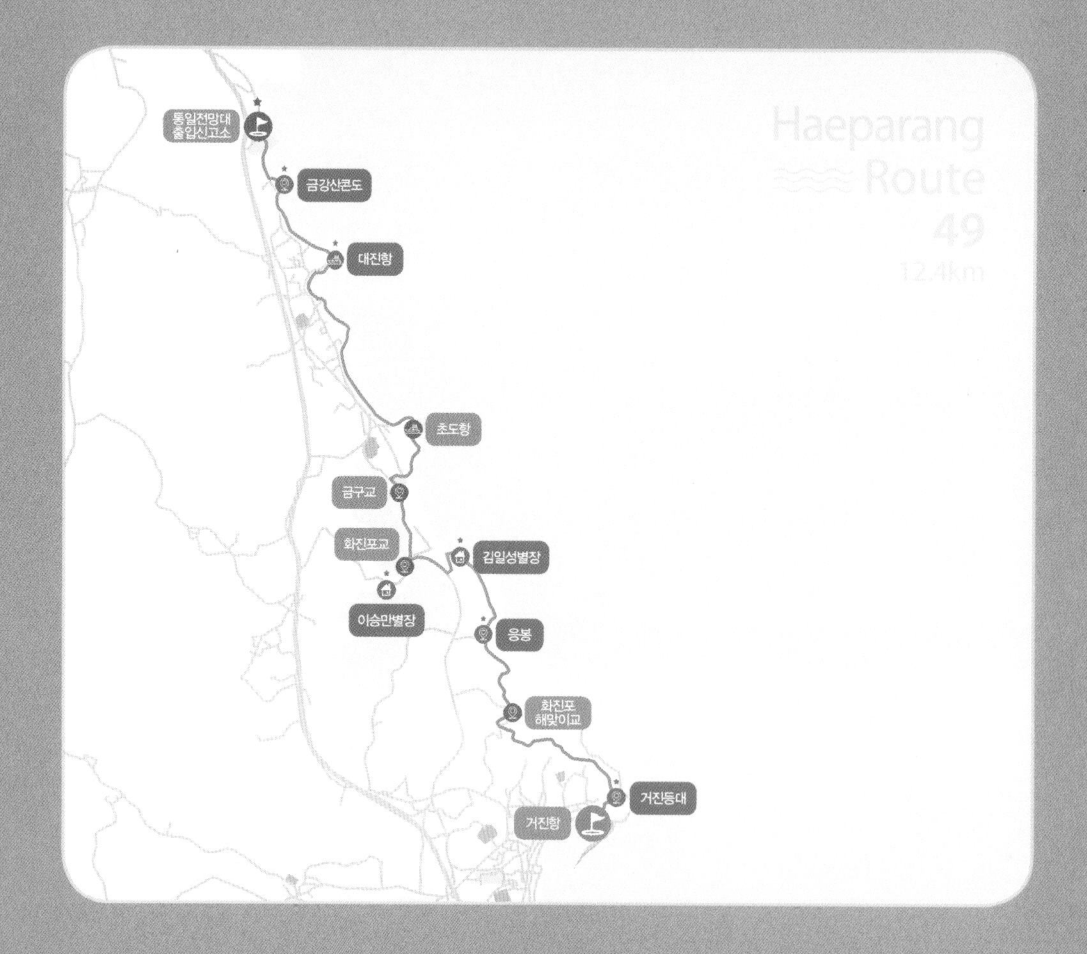

★ 꼭 들러야 할 필수 코스!

50
고성구간
46

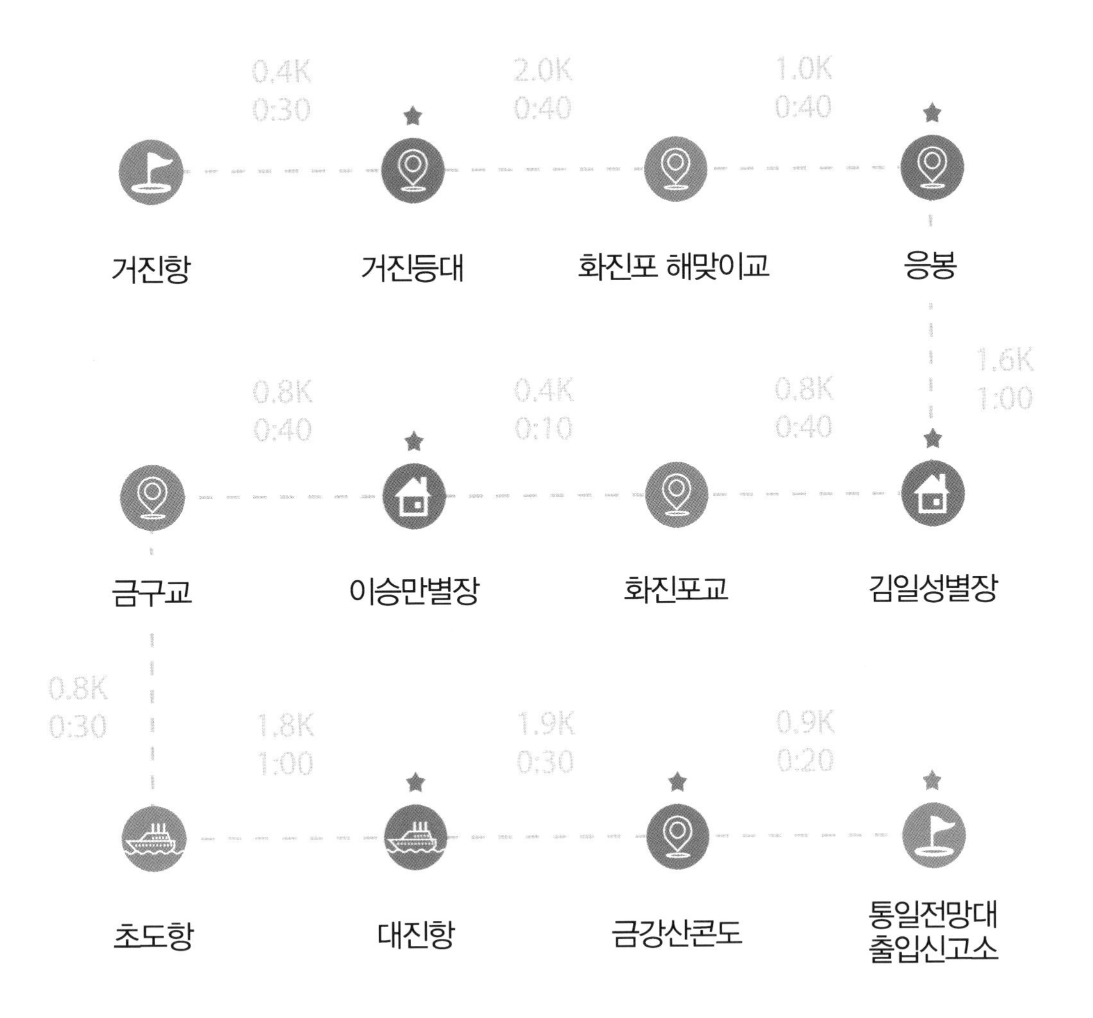
0.4K
0:30
2.0K
0:40
1.0K
0:40
거진항
거진등대
화진포 해맞이교
응봉
1.6K
1:00
0.8K
0:40
0.4K
0:10
0.8K
0:40
금구교
이승만별장
화진포교
김일성별장
0.8K
0:30
1.8K
1:00
1.9K
0:30
0.9K
0:20
초도항
대진항
금강산콘도
통일전망대
출입신고소

해파랑길 49코스 (거진항~통일전망대출입신고소)

화진포와 화진포호수, 이승만별장과 김일성별장

대진항

거진항의 VIP모텔에서 수평선 너머로 붉게 떠오르는 태양을 감상하고 함흥식당에서 아침식사를 한 다음 거진등대 해맞이공원으로 올라갔다. 길 양옆으로 쭉쭉 뻗은 금강소나무가 너무 아름다웠다. 거진등대에서 거진항을 내려다보니 커다란 금강송 한그루와 어울려 웅장한 산들로 병풍을 두른 듯한 항구의 풍경이 너무나 아름다웠다. 거진해맞이봉 산림욕장을 걸으며 명태축제비, 거진등대, 거진의 바다정원 흰 섬, 백섬 전망대, 12지신상, 해오름쉼터 등을 둘러보고 화진포해맞이교에 도착했다. 화진포해맞이교에서 이정표가 정확하지 않아 다리를 건너가서 한참을 헤매다가 다시 다리를 건너와서 화진포소나무숲 산림욕장으로 들어섰다.

거진항

십이지신상

화진포 해맞이교

산야초원을 지나 솔숲향이 향기로운 금강소나무 숲길을 걷다 보니 응봉 정상에 도착했다. 응봉 정상에서 내려다본 화진포호수와 화진포해변, 초도항, 금구도 전경은 너무나 환상적이었다. 화진포호를 중심으로 김일성별장, 이승만별장, 이기붕별장, 화진포교, 금강산 자연사박물관, 금강삼사 삼불사 등이 위치하고 있었다. 화진포는 바다와 접해있는 남한에서 가장 넓은 면적의 자연호수로 남호와 북호로 이루어져 있었다. 주변에 해당화가 많이 자생한다고 해서 화진포라 불렀다고 하며, 전설

응봉

응봉에서 바라본 화진포

화진포둘레길

에 따르면 옛날 이 마을에 인심이 고약한 '이화진'이라는 사람이 살았는데 시주 나온 스님을 푸대접하여 천벌을 받아 그의 집과 논, 밭이 모두 물에 잠겨 호수로 변해서 화진포호가 되었다고 한다. 호수 주변에는 총 길이 11km의 화진포둘레길을 잘 조성해 놓았다.

아름다운 화진포호수를 돌아보고 화진포해변에 도착하니 고성명태 조형물과 사랑의 열쇠, 광개토대왕릉으로 추정되는 거북이 형상의 금구도 조형물이 세워져 있었다. 소나무숲길을 걸어 언덕 위의 김일성별장에 도착했다. '화진포의 성'이라고도 하는데 6.25 한국전쟁이 발발하기 전 1948년부터 김일성 가족들이 여름휴양 때 숙소로 이용하였다고 해서 '김일성별장'이라고 불리게 되었다고 한다. 6.25 한국전쟁 관련 자료들이 전시되어 있어 그날의 참혹했던 순간들이 되살아나는 것 같았다. 상대적으로 부통령 이기붕별장은 너무나 초라하고 허술해서 불쾌했고 차라리 없애버리는 것이 좋을 듯했다. 초대대통령 이승만별장은 화진포호 한가운데 있었는데 이승만의 일대기를 잘 전시하고 있었다.

김일성별장

이승만별장

화진포해변의 고성명태상

화진포해변의 사랑의 열쇠

초도항

초도해변

화진포해양박물관을 지나 성게 주산지인 초도항에 도착했다. 초도항을 상징하는 성게조형물과 붉은 등대가 초도항 앞바다 금구도와 어울려 아름다운 풍경을 자아냈다. 초도해변을 지나 대진항에 도착하자 해상 낚시터인 대진항 해상공원에서 강태공들이 바다낚시를 즐기고 있었다. 대진항은 우리나라 최북단 어항으로 해안가를 따라 높이 세워진 철책장벽이 살벌한 분위기를 자아냈다. 대진1리해변을 걸으며 해안가

대진항

를 바라보자 이산가족 상봉 때 우리나라 이산가족들이 숙소로 사용했던 금강산콘도가 나타났다. 금강산콘도를 지나 통일전망대 출입신고소에서 도착스탬프를 찍고 최북단 마지막 버스정류장인 마차진리 정류장에서 1-1번 시내버스를 타고 거진항으로 돌아와 내일 통일전망대로 들어갈 개인택시(김현희)를 예약했다. 거진항에 있는 무진장 횟집에서 강도다리회로 저녁식사를 하고 VIP모텔에 투숙했다.

대진항

금강산콘도

도착스탬프 찍는 곳

통일전망대출입신고소 → 통일전망대

더 이상 갈 수가 없구나! 고성 통일전망대

거리(km)
12.7

시간(시, 분)
3:00

도보여행일: 2018년 09월 13일

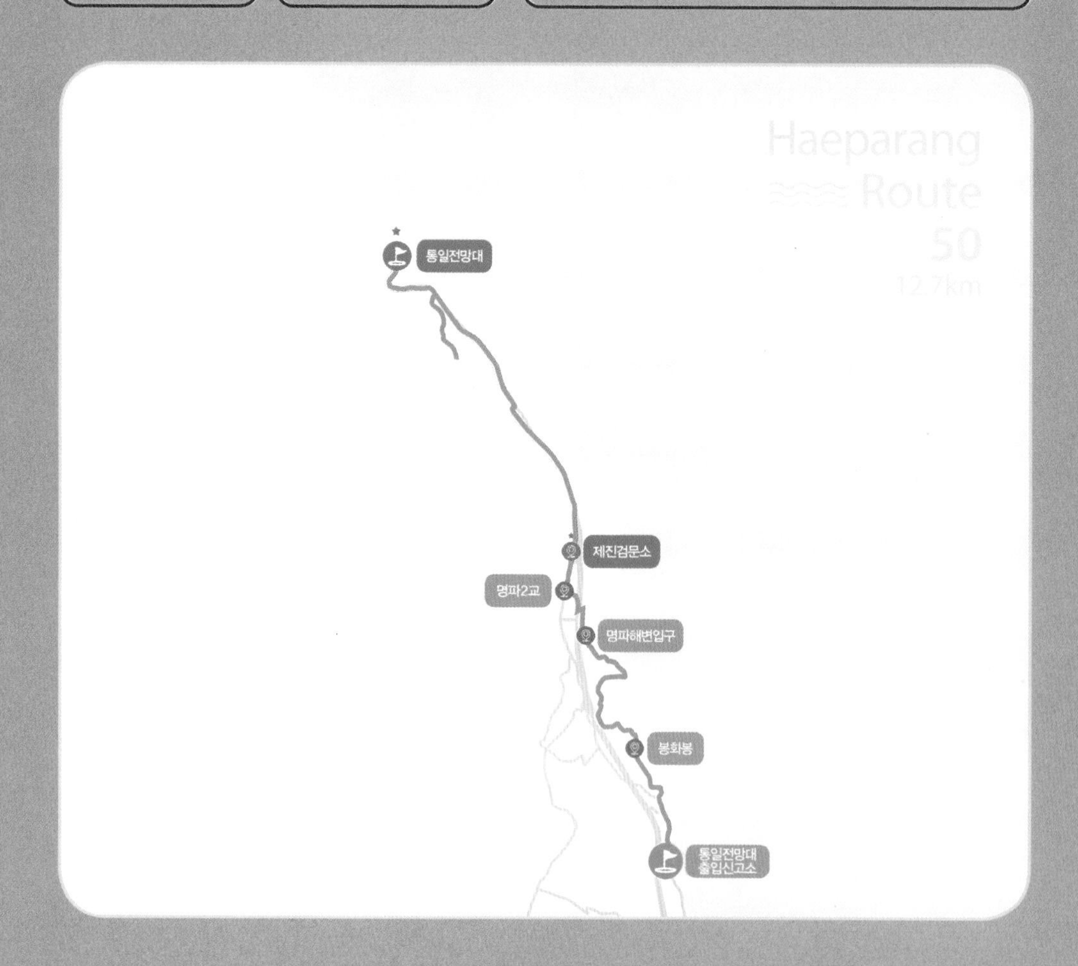

★ 꼭 들러야 할 필수 코스!

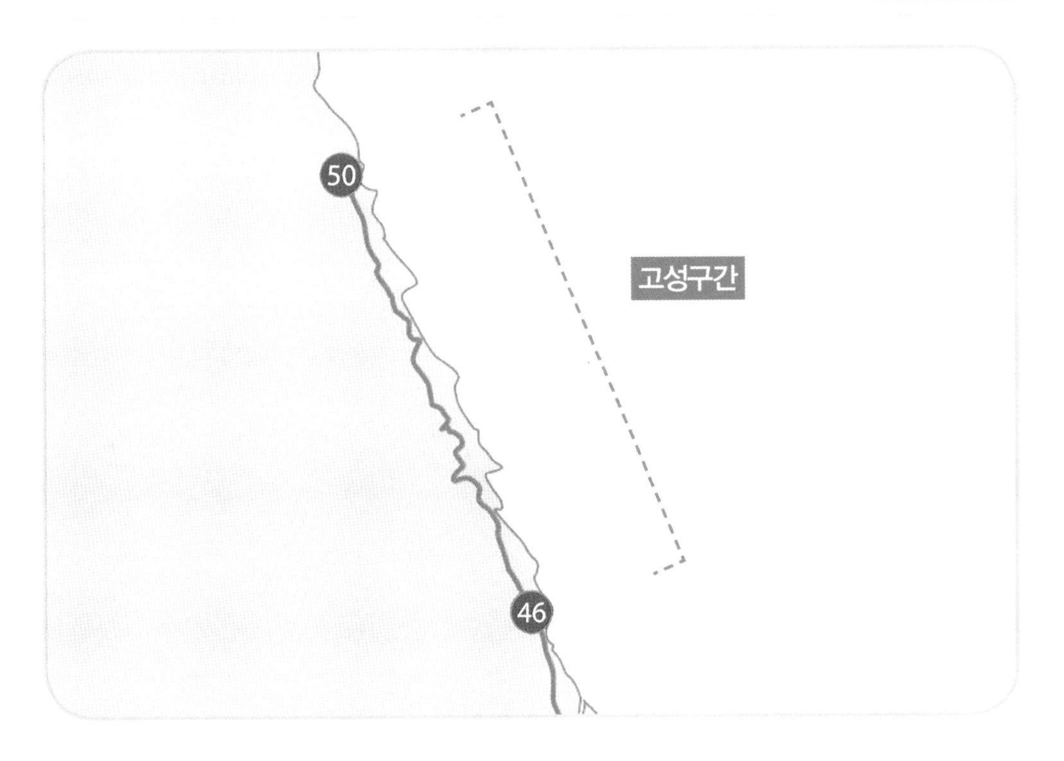
50
고성구간
46

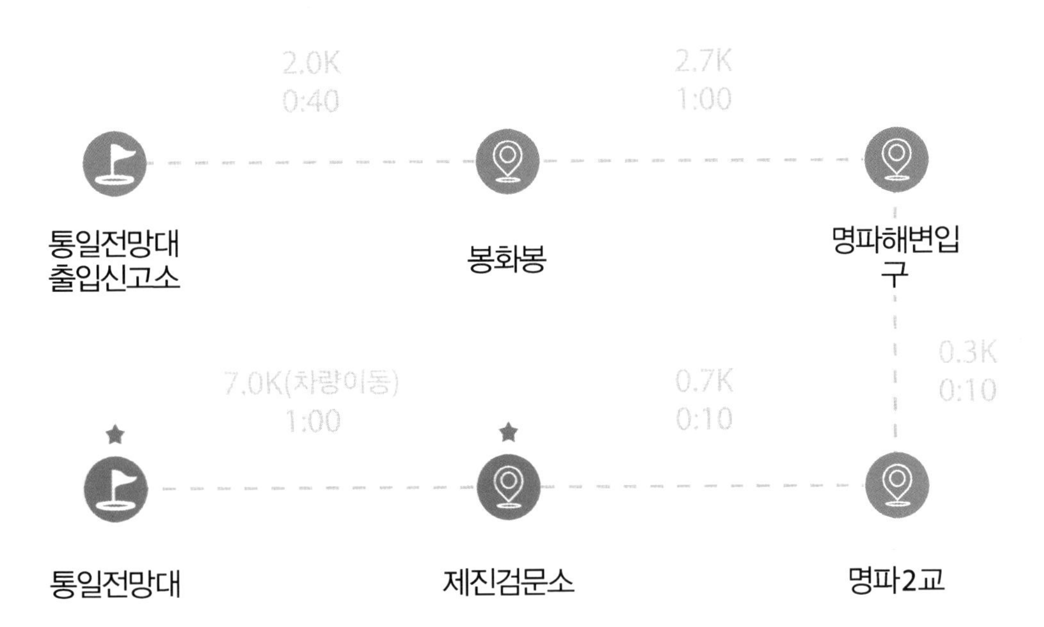
2.0K
0:40
2.7K
1:00
통일전망대
출입신고소
봉화봉
명파해변입
구
0.3K
0:10
7.0K(차량이동)
1:00
0.7K
0:10
★
★
통일전망대
제진검문소
명파2교

해파랑길 50코스 (통일전망대출입신고소~통일전망대)

더 이상 갈 수가 없구나! 고성 통일전망대

통일전망대에서 바라본 해금강

해파랑길 대장정의 마지막 날이다. 거진항의 일출장면을 감상하고 설레이는 마음으로 마차진리 정류장에 하차하여 금강산콘도, 마차진해변을 지나 통일전망대 출입신고소에 도착했다. 08시에 출입신고서를 작성하고, 8분간의 교육영상을 시청한 다음 출입신고소를 출발했다. 대부분은 여기서부터 통일전망대까지 차량으로 이동하는데 우리는 완벽하게 해파랑길을 완주하기 위하여 봉화봉과 명파해변을 거쳐 제진검문소까지 걸어가기로 했다. 마차진에서 관동해변에 이르는 4.1km 구간의 관동팔경 녹색경관길로 접어들었다. 금강소나무 숲이 울창한 녹색경관길은 인적이 전혀 없고 곳곳에 군사작전지역이라는 경고판이 설치되어 있으며 멧돼지들이 헤집어 놓은 흔적들이 즐비했다. 산골짜기 분위기도 음산하고 스산했다. 안내 리본은 탈색되어 오랫동안 사람 통행이 없었다는 것을 알 수 있었다. 혹시나 지뢰는 없는지? 가끔씩 총소리 같은 소리가 나서 무섭기도 하고 궁금하기도 했다. 멧돼지라도 출몰하면 어떻게 할까? 조마조마하면서 숲길을 걸어갔다. 봉수대를 지나갈 무렵 땅에 떨어진 도토리 하나를 주워서 민통선 출입기념품으로 간직했다. 최북단 마을인 명파리와 인접한 명파해변으로 내려오자 한국재활승마교육센터가 보였다. 명파2교를 건너 명파교차로를 지나니 통일전망대 차량출입통제소인 제진검문소가 저 멀리 보였다.

금강산콘도

통일전망대 출입신고소

봉화봉

명파리

봉수대 가는 길

한국재활승마교육센터

제진검문소에서 통일전망대까지는 차량으로만 이동할 수 있어서 거진 개인택시를 대절했다. 통일전망대 관광과 DMZ박물관 관람까지 8만 원을 지불했다. 제진검문소를 지나 7km가량 이동해서 마지막 종착지인 통일전망대에 도착했다. 실향민들이 고향을 그리며 명절 때 절을 올린다는 망향탑, 통일전망대, 조국통일선언문 비석, 성모마리아상, 관세음보살상 등을 둘러보았다. 통일전망대에서 북쪽을 바라보니 철조망 너머로 북한 땅인 말무리반도와 구선봉, 해금강이 손에 닿을 듯 가깝게 다가왔고 왼쪽 위로 금강산 전망대, 월비산, 351고지가 보이며 155마일

제진검문소

의 DMZ를 한국군 초소와 북한군 초소들이 마주 보며 대치하고 있었다. 금강산 육로길인 국도 7호선과 동해선 철도도 북쪽을 향하여 연결되어 있었지만 철조망이 가로막혀 더 이상 걸을 수 없었다. 아쉬운 마음으로 앞으로 언젠가는 갈 수 있기를 기원하며 해파랑길 50코스 종착지

통일전망대

통일전망대

통일전망대에서 바라본 해금강

통일전망대

통일전망대에서 바라본 DMZ

도착스탬프 찍는 곳

에서 동해안 해파랑길 대종주 기념현수막을 들고 완보 인증샷을 찍었다. 가슴이 뿌듯하고 행복했다. 우리는 정말로 용감한 형제였다.

돌아오는 길에 DMZ박물관에 들러 1953년 7월 27일 정전협정으로 인한 비무장지대 DMZ 생성배경과 현황, 향후 DMZ를 평화생명지대(PLZ, Peace Life Zone)로 개발하기 위한 전략들을 시청하였다. 한반도가 정전 대립 상태에서 종전 평화 상태로 변화하기를 바라며…. 해파랑길 770km 대장정 종주를 마치고 거진항으로 돌아와 거진항의 한양식

DMZ 박물관

당에서 삼겹살로 축하파티를 했다. 고속버스 편으로 집으로 돌아오는데 특별한 감흥이 없이 그저 멍한 상태였다. 우리 형제가 해파랑길 대장정을 마무리했다는 것이 믿어지지 않지만 시간이 지나면 종주의 희열을 느낄 수 있지 않을까?

Kapayapaan
O amor
Peace
Pace
Paz

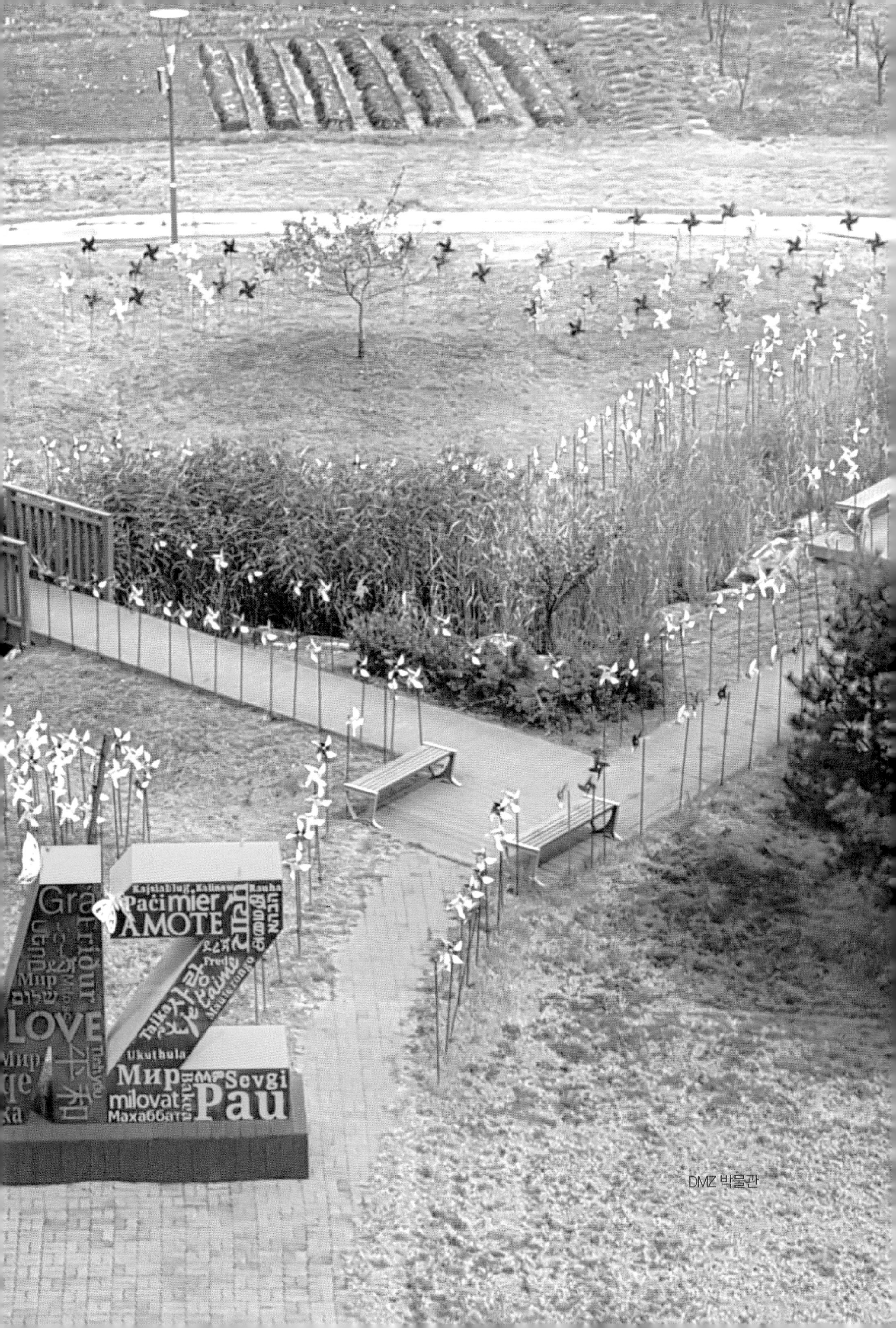
Pači mier
AMOTE
Мир
שלום
LOVE
Ukuthula
Мир
Sevgi
milovat
Pau
平和

DMZ 박물관

해파랑길 완주를 마치며

완보인증메달

해파랑길 완보 인증서
Haeparang Trail Completion Certificate

완보기간 : 2018.06.26 ~ 2018.09.13
(36일간)
성 명 : 최 병 욱
인증번호 : H2018-0914-01

위 사람은 해파랑길 770km 전구간을 완보하였기에 이 증서를 드립니다.
This certifies that the above person has successfully completed the 770km Haeparang Trail.

2018 년 09 월 14 일

(사)한국의 길과 문화 이사장

해파랑길

해파랑길 완보 인증서
Haeparang Trail Completion Certificate

완보기간 : 2018.06.26 ~ 2018.09.13
(36일간)
성 명 : 최 병 선
인증번호 : H2018-0914-02

위 사람은 해파랑길 770km 전구간을 완보하였기에 이 증서를 드립니다.
This certifies that the above person has successfully completed the 770km Haeparang Trail.

2018 년 09 월 14 일

(사)한국의 길과 문화 이사장

해파랑길

완보인증서(최병욱), 완보인증서(최병선)

해파랑길 773.3km를 8차례에 걸쳐서 10주간 39일 만에 완주했다. 해파랑길을 완주한 일정은 표와 같다.

회	도보일자		구간	코스	거리[km]	소요시간
1	2018. 06.26 ~ 06.29	3박 4일	부산	1, 2, 3, 4	73.8	29:20
2	07.10 ~ 07.13	3박 4일	울산	5, 6, 7, 8, 9	82.1	34:40
3	07.17 ~ 07.20	3박 4일	경주 포항	10, 11, 12, 13, 14	79.5	30:30
4	07.24 ~ 07.30	6박 7일	포항 영덕	15, 16, 17, 18, 19 20, 21, 22, 23	144.9	60:30
5	08.10 ~ 08.13	3박 4일	울진	24, 25, 26, 27, 28	76.6	31:10
6	08.17 ~ 08.21	4박 5일	동해 삼척	29, 30, 31, 32, 33, 34	99.6	39:50
7	08.27 ~ 09.01	5박 6일	강릉 양양	35, 36, 37, 38, 39 40, 41, 42, 43, 44	133.7	54:10
8	09.09 ~ 09.13	4박 5일	속초 고성	45, 46, 47, 48, 49, 50	83.1	33:20
계					773.3	313:30

2018년 한 해 동안에 한국의 3대 트레킹인 지리산둘레길, 제주올레길, 해파랑길을 완주하기로 계획을 세웠다. 4월 16일까지 제주올레길을 완주하고 잠시 휴식을 취하면서 정리 작업을 하다가 더 이상 미룰

수가 없어서 6월 26일부터 해파랑길을 출발하기로 계획을 세웠다. 계획은 아주 치밀하게 세웠다. 계획이 치밀해야 실행하기가 쉽고 성공확률이 높다. 며칠간 걸을 것인가? 시작점과 도착점까지의 교통편은? 식사는 언제 어디서 무엇을 먹을 것인가? 숙소는? 휴식은? 무엇을 볼 것인가? 등을 중점으로 계획을 세웠다.

KTX 편으로 부산에 도착해서 아침까지 굶어가며 동해와 남해의 분기점인 오륙도해맞이공원에 도착했는데 비가 억수로 내려서 조망이 전혀 없었다. 부산구간을 마칠 때까지 비가 내려서 아름다운 경치를 감상하지 못한 것이 못내 아쉬웠고 젖은 옷과 신발을 처리하느라 무척 고생을 했다.

울산구간부터는 계속되는 폭염으로 선크림을 발랐는데도 화상을 입어 손등에 물집이 잡혔고, 온 몸이 땀으로 범벅이 되어 바지까지 다 젖었으며, 등산화도 땀이 흘러내려서 질퍽거렸다. 발바닥은 물집이 잡혀서 저녁마다 터트리기 바빴고 사타구니는 짓물러서 쓰라렸으며 아기 코티 분 한 통을 다 발랐다.

휴가철인데도 해수욕장이 한가했다. 손님을 맞이할 준비는 많이 해 놓았는데 해수욕을 즐기는 사람은 별로 없었다. 경기가 나쁜 탓인지? 날씨가 너무 무더운 탓인지? 경기가 어렵다는 것이 피부에 와 닿았다. 덕분에 아침식사는 자주 걸렀고 자두 두 개로 식사를 대신했으며, 점심은 여름이라 식중독을 염려하여 중식을 주로 먹었다. 숙소를 구하기가 어려워 가까운 도시로 접근하다 시간이 늦어져 저녁식사도 힘들었다.

내가 선택한 길이지만 하루에 20km씩 매일 걷기가 정말로 힘들고 어려웠다.

내륙길을 걸을 때는 하루 종일 사람구경 못할 때도 많았다. 식당 구하기는 하늘의 별 따기고. 검봉산 소공대비에서 멧돼지 무리와 만나고서는 동물을 대하는 태도가 달라졌다. 영상매체를 통해서 본 멧돼지는 사람을 공격하고 농작물에 피해를 주는 동물이었는데 내가 등산을 하면서 수차례 만난 멧돼지는 나에게 먼저 공격한 적이 단 한 번도 없었고, 자기 영역에 들어오지 말라고 계속 신호를 주었다. 검봉산에서 만난 멧돼지 대장은 우리가 대처하고 있는 상황을 뒤에서 오랫동안 물끄러미 쳐다보고 있다가 공격할 의사가 없다는 것을 판단하고 서서히 물러나 주었다. 분명 생각이 있었고 판단이 있었다. 그래서 위험을 모면할 수 있었다. 생각할수록 대장 멧돼지가 고마웠다. 다람쥐, 까마귀도 자주 만났는데, 이제 동물을 사랑하는 마음이 생겼다.

완보 플래카드

찌는 듯한 폭염 속에서 온갖 역경을 극복하고 서로를 격려하며 통일전망대에 도착해서 지나온 길을 되돌아보니 아니! 우리 형제가 이렇게도 지독했나? 아무리 최씨에 곱슬이라지만!

이 기상으로 해남 땅끝에서 통일전망대까지 국토대장정이나 해야겠다!

통일전망대

1) 소요경비 내역

단위 : 원

회	도보일자	소요경비내역				
		교통비	식 비	숙박비	잡 비	계
1	2018. 06.26 ~ 06.29	78,050	349,000	120,000	39,500	586,550
2	07.10 ~ 07.13	68,300	240,300	140,000	43,700	492,300
3	07.17 ~ 07.20	55,800	308,800	120,000	86,190	570,790
4	07.24 ~ 07.30	163,310	445,000	320,000	195,050	1,123,360
5	08.10 ~ 08.13	79,100	238,000	160,000	125,790	602,890
6	08.17 ~ 08.21	95,400	365,000	200,000	163,200	823,600
7	08.27 ~ 09.01	100,900	448,800	239,000	110,470	899,170
8	09.09 ~ 09.13	170,370	436,000	195,000	129,450	930,820
계		811,230	2,830,900	1,494,000	893,350	6,029,480

1. 교통비는 대중교통을 이용한 1인 기준
2. 식비는 대중음식점, 숙박비는 모텔을 이용한 2인 기준
3. 잡비는 간식, 음료수 등 2인 기준

2) 우리가 찾아간 음식점 및 숙소

구간	상호명	전화번호	주소	메뉴
부산	홍성방	(051)-468-9495	부산광역시 동구 중앙대로 179번길 16	중화요리
부산	해운대기와집 대구탕	(051)-731-5020	부산광역시 해운대구 달맞이길 104번길 46	대구탕
부산	기장곰장어	(051)-721-2934	부산광역시 기장군 기장읍 기장해안로 70	곰장어
부산	남항횟집	(051)-721-2301	부산광역시 기장군 기장읍 기장해안로 572	가오리찜
부산	일광아구찜	(051)-721-5250	부산광역시 기장군 일광면 삼성3길 55	아구찜
부산	전산가든	(051)-724-3756	부산광역시 기장군 일광면 학리길 16	아구찜
부산	발리모텔	(051)-722-8046	부산광역시 기장군 일광면 일역길 95-3	모텔
부산	추바우 삼겹살	(051)-723-1633	부산광역시 기장군 일광면 일역길 92-7	삼겹살
울산	장궤	(052)-237-7795	울산광역시 울주군 온산읍 덕남로 98	중화요리
울산	강남회센터	(052)-233-5707	울산광역시 동구 해수욕장10길 10	생선회
울산	원조 진배기 할매국밥	(052)-233-8884	울산광역시 동구 방어진순환로 807	국밥
경주	가자미친구코다리	(054)-772-0662	경북 경주시 감포읍 동해안로 1581	코다리찜
경주	방파제회센터	(054)-744-3110 0507-1320-3110	경북 경주시 감포읍 감포로2길 93	생선회
경주	늘시원모텔	(054)-743-6500	경북 경주시 감포읍 감포로2길 47	모텔

포항	양포추어탕	(054)-272-7081	경북 포항시 남구 장기면 동해안로 3262-1	한식
포항	부영식당	(054)-276-4635	경북 포항시 남구 구룡포읍 호미로 227-10	생선찌개
포항	둘레길 왕짜장	(054)-291-7747	경북 포항시 남구 동해면 흥환리 366-1	중화요리
포항	수향회식당	(054)-241-1589	경북 포항시 북구 죽도시장14길 3	물회
포항	하봉석 회 대게타운	(054)-252-1110	경북 포항시 북구 삼호로 468번길 16-1	문어숙회
포항	미도건어물백화점	(054)-241-0222	경북 포항시 북구 죽도시장14길 27	건어물
포항	남다른 감자탕	(054)-284-2110	경북 포항시 남구 포스코대로 442-1	감자탕
포항	조방낙지	(054)-242-1467	경북 포항시 북구 중앙상가6길 10	낙지볶음
포항	FOU 모텔	(054)-262-2805	경북 포항시 북구 송라면 동해대로 3378번길 3	모텔
포항	청기와횟집	(054)-261-4249	경북 포항시 북구 송라면 동해대로 3378번길 8	생선회
영덕	돈박	(054)-733-9289	경북 영덕군 영덕읍 덕곡2길 30	항정살
울진	귀빈모텔	(054)-787-5577	경북 울진군 평해읍 평해로 58-1	모텔
울진	신토불이	(054)-787-4010	경북 울진군 기성면 기성로 635	중화요리
울진	S모텔	(054)-781-5005	경북 울진군 울진읍 읍내리 205-1	모텔
울진	송학면옥	(054)-781-3888	경북 울진군 울진읍 읍내2길 39 1층	보쌈

울진	월변식당	(054)-781-0133	경북 울진군 울진읍 울진중앙로 90	가정식백반
울진	SOL 모텔	(054)-783-9898	경북 울진군 죽변면 죽변항길 109	모텔
울진	이모네	070-4235-2265	경북 울진군 죽변면 죽변북로 37 동아스쿨	콩나물국밥
울진	솔밭식당	(054)-783-0303	경북 울진군 근남면 천연1길 3	막국수
삼척	대성원	(033)-574-5605	강원도 삼척시 봉황로 3	중화요리
삼척	쿡 모텔	(033)-572-7887	강원도 삼척시 원덕읍 삼척로 1200	모텔
삼척	철암횟집	(033)-572-5351	강원도 삼척시 원덕읍 임원리 1208	생선회
삼척	임원식당	(033)-575-1258	강원도 삼척시 원덕읍 임원항구로 7	한식
삼척	정라횟집	(033)-573-3670	강원도 삼척시 대학로 28	도루묵찜
삼척	바다횟집	(033)-574-3543	강원도 삼척시 새천년도로 89-1	생선회
삼척	금메달 한식뷔페	(033)-574-9595	강원도 삼척시 근덕면 삼척로 2775	가정식백반
삼척	소나무집	(033)-572-6222 0507-1324-6222	강원도 삼척시 중앙로 178	흑돼지구이
삼척	만금	(033)-575-4497	강원도 삼척시 엑스포로 3	중화요리
동해	킹 모텔	(033)-531-6804	강원도 동해시 동굴로 131-6	모텔
동해	해왕해물탕	(033)-535-0889	강원도 동해시 한섬로 113-1	가오리찜

동해	꿈의 궁전 호텔	(033)-532-9996	강원도 동해시 일출로 174	호텔
동해	청보횟집	(033)-535-1531	강원도 동해시 일출로 151 삼양비치타워 내	생선회
동해	묵호등대 건어물	(033)-535-7573	강원도 동해시 일출로 79	건어물
강릉	정동진 항구회센터	(033)-643-1055	강원도 강릉시 강동면 헌화로 1017	생선회
강릉	정동진 어머니밥상	(033)-643-1518	강원도 강릉시 강동면 헌화로 1096–1	가정식백반
강릉	해장국마을	(033)-645-0825	강원도 강릉시 강동면 안인진길 26	감자탕
강릉	동성호	010-5706-3865	강원도 강릉시 견소동 286 강릉항 수산물회센터 내	돌도다리회
강릉	산토리니커피	(033)-653-0931	강원도 강릉시 경강로 2667	커피
강릉	정은숙초당순두부	(033)-652-3695 0507-1424-3696	강원도 강릉시 난설헌로 200	순두부
강릉	보헤미안 박이추커피	(033)-642-6688	강원도 강릉시 사천면 해안로 1107	커피
강릉	테라로사 사천점	(033)-648-2760	강원도 강릉시 사천면 순포안길 6	커피
강릉	일출건어물	(033)-662-0024	강원도 강릉시 주문진읍 주문리 시장2길 4	건어물
강릉	호텔 메모리	(033)-662-8778 0507-1308-8778	강원도 강릉시 주문진읍 주문로 51–1	모텔
강릉	꽃 보다 소	(033)-662-2043	강원도 강릉시 주문진읍 주문로 51	삼겹살
양양	남애면옥	(033)-671-6688	강원도 양양군 현남면 동해대로 280	황태냉면

양양	곤드레 산나물 밥집	(033)-672-3222	강원도 양양군 현북면 동해대로 1292	곤드레정식
속초	리츠 모텔	(033)-638-8233	강원도 속초시 영금정로 27	모텔
속초	대선횟집	(033)-635-3364	강원도 속초시 영랑해안길 12	생선회
속초	진양횟집	(033)-635-9999	강원도 속초시 청초호반로 318	생선회
속초	어부전복뚝배기	(033)-638-8038	강원도 속초시 동명동 353-1	전복뚝배기
속초	김정옥할머니 순두부	(033)-636-9877 0507-1312-9877	강원도 속초시 원암학사평길 187	순두부
고성	경동반점	(033)-633-9393	강원도 고성군 토성면 토성로 64	중화요리
고성	장안숯불갈비	(033)-681-1711	강원도 고성군 간성읍 간성로 30번길 10	돼지갈비
고성	VIP 모텔	(033)-682-6363	강원도 고성군 거진읍 거탄진로 72번길 28	모텔
고성	함흥식당	(033)-682-1180	강원도 고성군 거진읍 거탄진로 148	가정식백반
고성	무진장횟집	(033)-681-9765	강원도 고성군 거진읍 거진항 1길 49-1	생선회
고성	한양식당	(033)-682-1504	강원도 고성군 거진읍 거탄진로 85	삼겹살